大宗工业固体废弃物制备绿色建材技术研究丛书（第一辑）

煤矸石资源化利用技术

王栋民　房奎圳◎编著

中国建材工业出版社

图书在版编目（CIP）数据

煤矸石资源化利用技术/王栋民，房奎圳编著. --北京：中国建材工业出版社，2021.1

（大宗工业固体废弃物制备绿色建材技术研究丛书.第一辑）

ISBN 978-7-5160-3026-4

Ⅰ.①煤… Ⅱ.①王… ②房… Ⅲ.①煤矸石利用-综合利用 Ⅳ.①TD849

中国版本图书馆 CIP 数据核字（2020）第 152778 号

煤矸石资源化利用技术

Meiganshi Ziyuanhua Liyong Jishu

王栋民 房奎圳 ◎ 编著

出版发行：中国建材工业出版社

地 址：北京市海淀区三里河路 1 号

邮 编：100044

经 销：全国各地新华书店

印 刷：北京天恒嘉业印刷有限公司

开 本：787mm×1092mm 1/16

印 张：18

字 数：310 千字

版 次：2021 年 1 月第 1 版

印 次：2021 年 1 月第 1 次

定 价：198.00 元

本社网址：www.jccbs.com，微信公众号：zgjcgycbs

请选用正版图书，采购、销售盗版图书属违法行为

序　一

FOREWORD 1

大宗工业固体废弃物产生量远大于生活垃圾，是我国固体废弃物管理的重要对象。随着我国经济高速发展，社会生活水平不断提高以及工业化进程逐渐加快，大宗工业固体废弃物呈现了迅速增加的趋势。工业固体废弃物的污染具有隐蔽性、滞后性和持续性，给环境和人类健康带来巨大危害。对工业固体废弃物的妥善处置和再生利用已成为我国经济社会发展不可回避的重要环境问题之一。当然，随着科技的进步，我国大宗工业固体废弃物的综合利用量不断增加，综合利用和循环再生已成为工业固体废弃物的大势所趋，但近年来其综合利用率提升较慢，大宗工业固体废弃物仍有较大的综合利用潜力。

我国“十三五”规划纲要明确提出，牢固树立和贯彻落实创新、协调、绿色、开放、共享的新发展理念，坚持节约资源和保护环境的基本国策，推进资源节约集约利用，做好工业固体废弃物等大宗废弃物资源化利用。中国建材工业出版社携同中国硅酸盐学会固废与生态材料分会组织相关领域权威专家学者撰写《大宗工业固体废弃物制备绿色建材技术研究丛书》，阐述如何利用煤矸石、粉煤灰、冶金渣、尾矿、建筑废弃物等大宗固体废弃物来制备建筑材料的技术创新成果，适逢其时，很有价值。

本套丛书反映了建筑材料行业引领性研究的技术成果，符合国家绿色发展战略。祝贺丛书第一辑获得国家出版基金的资助，也很荣幸为丛书作序。希望这套丛书的出版，为我国大宗工业固废的利用起到积极的推动作用，造福国家与人民。

中国工程院　院士
东南大学　教授

序　二

FOREWORD 2

习近平总书记多次强调，绿水青山就是金山银山。随着生态文明建设的深入推进和环保要求的不断提升，化废弃物为资源，变负担为财富，逐渐成为我国生态文明建设的迫切需求，绿色发展观念不断深入人心。

建材工业是我国国民经济发展的支柱型基础产业之一，也是发展循环经济、开展资源综合利用的重点行业，对社会、经济和环境协调发展具有极其重要的作用。工业和信息化部发布的《建材工业发展规划（2016—2020年）》提出，要坚持绿色发展，加强节能减排和资源综合利用，大力发展循环经济、低碳经济，全面推进清洁生产，开发推广绿色建材，促进建材工业向绿色功能产业转变。

大宗工业固体废弃物产生量大，污染环境，影响生态发展，但也有良好的资源化再利用前景。中国建材工业出版社利用其专业优势，与中国硅酸盐学会固废与生态材料分会携手合作，在业内组织权威专家学者，撰写了《大宗工业固体废弃物制备绿色建材技术研究丛书》。丛书第一辑阐述如何利用粉煤灰、煤矸石、尾矿、冶金渣及建筑废弃物等大宗工业固体废弃物制备路基材料、胶凝材料、砂石、墙体及保温材料等建材，变废为宝，节能低碳；第二辑将阐述利用工业副产石膏、冶炼渣、赤泥等工业固体废弃物制备建材的相关技术。丛书第一辑得到了国家出版基金资助，在此表示祝贺。

这套丛书的出版，对于推动我国建材工业的绿色发展、促进循环经济运行、快速构建可持续的生产方式具有重大意义，将在构建美丽中国的进程中发挥重要作用。

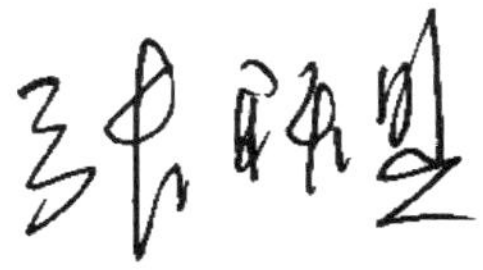

中国工程院　院士

武汉理工大学　教授

丛书前言

PREFACE TO THE SERIES

中国建材工业出版社联合中国硅酸盐学会固废与生态材料分会组织国内该领域专家撰写《大宗工业固体废弃物制备绿色建材技术研究丛书》，旨在系统总结我国学者在本领域长期积累和深入研究的成果，希望行业中人通过阅读这套丛书而对大宗工业固废建立全面的认识，从而促进采用大宗固废制备绿色建材整体化解决方案的形成。

固废与建材是两个独立的领域，但是却有着天然的、潜在的联系。首先，在数量级上有对等的关系：我国每年的固废排出量都在百亿吨级，而我国建材的生产消耗量也在百亿吨级；其次，在成分和功能上有对等的性能，其中无机组分可以谋求作替代原料，有机组分可以考虑作替代燃料；第三，制备绿色建筑材料已经被认为是固废特别是大宗工业固废利用最主要的方向和出路。

吴中伟院士是混凝土材料科学的开拓者和学术泰斗，被称为“混凝土材料科学一代宗师”。他在二十几年前提出的“水泥混凝土可持续发展”的理论，为我国水泥混凝土行业的发展指明了方向，也得到了国际上的广泛认可。现在的固废资源化利用，也是这一思想的延伸与发展，符合可持续发展理论，是环保、资源、材料的协同解决方案。水泥混凝土可持续发展的主要特点是少用天然材料、多用二次材料（固废材料）；固废资源化利用不能仅仅局限在水泥、混凝土材料行业，还需要着眼于矿井回填、生态修复等领域，它们都是一脉相承、不可分割的。可持续发展是人类社会至关重要的主题，固废资源化利用是功在当代、造福后人的千年大计。

2015 年后，固废处理越来越受到重视，尤其是在党的十九大报告中，在论述生态文明建设时，特别强调了“加强固体废弃物和垃圾处置”。我国也先后提出“城市矿产”“无废城市”等概念，着力打造“无废城市”。“无废城市”并不是没有固体废弃物产生，也不意味着固体废弃物能完全资源化利用，而是一种先进的城市管理理念，旨在最终实现整个城市固体废弃物产生量最小、资源化利用充分、处置安全的目标，需要长期探索与实践。

这套丛书特色鲜明，聚焦大宗固废制备绿色建材主题。第一辑涉猎煤矸石、粉煤灰、建筑固废、冶金渣、尾矿等固废及其在水泥和混凝土材料、路基材料、地质聚合物、矿井充填材料等方面的研究与应用。作者们在书中针对煤电固废、冶金渣、建筑固废和矿业固废在制备绿色建材中的原理、配方、技术、生产工艺、应用技术、典型工程案例等方面都进行了详细阐述，对行业中人的教学、科研、生产和应用具有重要和积极的参考价值。

这套丛书的编撰工作得到缪昌文院士、张联盟院士、彭苏萍院士、何满潮院士、欧阳世翕教授和晋占平教授等专家的大力支持。缪昌文院士和张联盟院士还专门为丛书写序推荐，在此向以上专家表示衷心的感谢。丛书的编撰更是得到了国内一线科研工作者的大力支持，也向他们表示感谢。

《大宗工业固体废弃物制备绿色建材技术研究丛书》（第一辑）在出版之初即获得了国家出版基金的资助，这是一种荣誉，也是一个鞭策，促进我们的工作再接再厉，严格把关，出好每一本书，为行业服务。

我们的理想和奋斗目标是：让世间无废，让中国更美！

王栋民

中国硅酸盐学会固废与生态材料分会　理事长

中国矿业大学（北京）　教授、博导

前言

PREFACE

我国是世界上最大的煤炭生产国和消费国，全国70%以上的能源供给都来自煤炭。随着煤炭开采的快速发展，在支持和促进全国经济快速发展的同时，也给产煤地区留下了数量巨大的煤矸石固体废弃物。为解决煤矸石综合利用率低、大量占用土地、严重污染环境等因素对我国区域生态文明建设和国家能源战略实施造成的不利影响，煤矸石资源化利用已成为我国能源与生态安全的重大任务。

煤矸石是采煤、洗煤过程中排放的固体废弃物，是我国目前排放和堆存量最大的一种工业固体废弃物，但也是可利用的重要非金属资源，具有双重性，弃之为害，用之为宝。自20世纪50年代以来特别是21世纪以来，我国科技工作者一代接一代地对煤矸石的综合利用进行了开拓性和持续不断的研究，至今在许多领域都取得了重要进展并形成了一系列成套技术和工业生产线。

随着科技进步和社会发展，煤矸石的资源化利用逐渐走向成熟化、规模化，取得的研究进展和科研成果也在不断翻新和迭代，为广大学者和研究人员提供了更多方向和契机。因此，为能及时更新和反映煤矸石资源化利用的最新研究进展和动态，作者结合自身对煤矸石相关领域的应用研究积累和体会，在北京市科委重点项目“矿山废弃物资源化利用”和教育部博士点基金、教育部基本科研业务基金“煤矸石活化技术及其建材资源化利用研究”以及科技部“十三五”固废资源化重点研发项目“大型煤电化基地固体废弃物规模化利用成套技术和集成示范”成果的基础上，参考近10年来国内外煤矸石资源化利用的相关资料，对目前煤矸石的大宗利用进行了系统归纳和梳理。

本书共13章，从煤炭工业可持续发展的总体规划到煤矸石综合利用的相关政策及技术原则，从煤矸石的来源分类、属性特征及活化改性再到热解、发电、建材、农业、化工等领域的研究内容和技术应用，进行了较为详细的整理和概述。尤其是煤矸石建材资源化利用方向，作者在本书中呈现了自身科研团队关于煤矸石在水泥和混凝土中的应用（制备辅助胶凝材料）、矿井充填材料、道路稳定碎石层等领域的研究成果和进展，希望能起到“抛砖引玉”的效果，激发更多人对煤矸石建材资源化利用的研究兴趣，为广大研究学者提供更多的研究思路和参考价值。

本书内容理论与实践相结合，重点梳理了近几年国内外关于煤矸石资源化利用方面的研究思路、进展和技术应用，涵盖面较广，其中建材资源化利用是本书的重点和特色所在。书中还介绍了相关研究技术和工程应用，希望可以为从事煤炭、化工、电力，尤其是建材领域等科研技术人员及相关专业师生提供参考和帮助。

本书的出版得到了国家出版基金的支持，在此表示衷心的感谢。

本书在编写过程中参考并引用了大量的文献资料，在此谨向这些文献的作者表示衷心感谢。因编者认知水平和经验有限，部分产品和技术未能了解全面，因此在本书中可能会有取舍不当和疏漏之处，敬请各位读者批评指正。

编著者

2020 年 10 月于北京

目 录

CONTENT

1 煤炭工业可持续发展总体规划

1.1 煤炭工业可持续发展的必要性

全球经济的迅速发展推动了城市化进程的不断深化，提高了人们的生活水平。同时社会发展过程不断地对能源产生更大的需求。煤炭资源作为一种重要的、不可再生的自然资源，在社会的生产和生活中起着举足轻重的作用，能源消费统计表见表 1-1[1]。纵观人类经济发展史，煤炭资源一直是人类生存发展的重要资源保障，中国煤炭资源储量丰富但消费总量高[2]。当前，我国的生产结构依然是以原始资源的开采和使用为主。据统计（图 1-1），自 2007 年以来原煤产量呈稳步增长态势，2014 年首次出现负增长，2016 年又开始缓慢平稳上涨。截至 2016 年，我国累计完成煤炭去产能 5 亿吨以上，截至 2017 年年底，全国煤矿数量减少到 7000 处以下，多个大型企业完成合并重组[3]。

表 1-1　2011—2016 年能源消费统计表

单位：亿吨标准煤

项目	2011 年	2012 年	2013 年	2014 年	2015 年	2016 年
煤炭	27.2	27.5	28.1	27.9	27.5	27.0
石油	6.5	6.8	7.1	7.4	7.7	7.9
天然气	1.8	1.9	2.2	2.4	2.5	2.9
非化石能源（水能、核能、风能）	3.3	3.9	4.3	4.8	5.2	5.8
合计	38.8	40.1	41.7	42.5	42.9	43.6

可见煤炭经济在我国的能源经济中依然占有相当大的比重，煤炭经济对市场的影响仍旧巨大。由于近年来能源原材料工业的迅速发展，国内对于煤炭资源的需求量不断增加，这就加剧了稀缺的煤炭资源和日益增长的生产发展需求之间的矛盾，且由于之前煤矿的开采处于粗放式发展模式，造成现在煤炭资源不必要的浪费。面对这些问题，只有着力推行可持续发展战略，在保证煤炭开采量的同时，着力协调煤炭经济与绿色发展之间统一和谐的关系，从而确保我国经济能够健康、稳定地发展，构建与社会主义市场经济体制相适应的新型煤炭工业体系，加快建设资源节约型社会，为全面建设小康社会提供可靠的能源保障[4]。

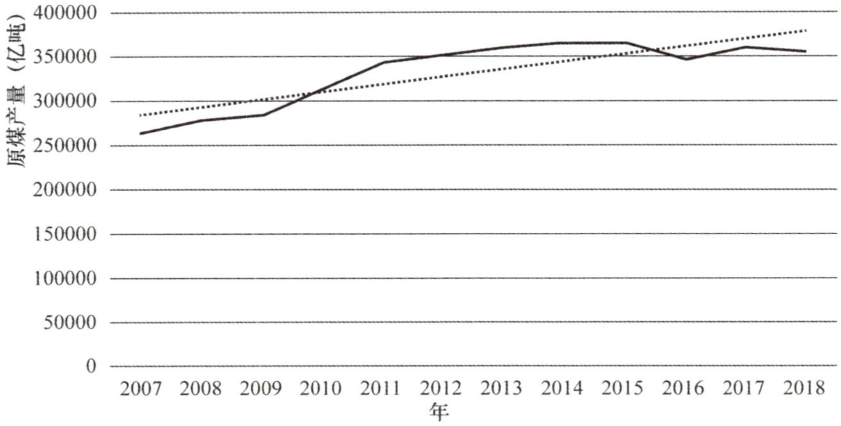

图 1-1　2007—2018 年中国原煤产量

（数据来源：国家统计网站）

2014 年 6 月 13 日，习近平总书记在中央财经领导小组第六次会议上就推动能源生产和消费革命提出 5 点要求，国家能源局公布的《2014 能源工作指导意见》中也强调“一挂两控”的措施，并提出“提高能源效率、优化能源结构、增强能源生产能力、控制能源消费”4 大主要目标。同时，国家“十三五”规划重点强调“去产能”“可持续”等能源发展问题[5]。这些都要求我国煤炭行业必须着力于综合构建可持续发展的战略思维，改变以往长期形成的粗放型发展模式，不断丰富和优化产品结构，创新和完善产业发展方式。

1.2　煤炭工业可持续发展理论及方向

“可持续发展”这一关于发展的全新理念由联合国人类环境研讨会于 1972 年在斯德哥尔摩首次提出，此后，世界各国都致力于给它一个明确的定义，但直到如今众说不一。现代经济领域大多引用巴伯和布伦特朗的定义。巴伯在《经济、自然资源不足和发展》一书中将可持续发展定义为：“在保持自然资源的质量和其所提供的服务前提下，使经济发展的净利益增加到最大限度。”曾担任过挪威首相的布伦特朗夫人则是这样对可持续发展进行定义的：“既满足当代人的需求，又不对后代人满足其自身需求的能力构成危害的发展。”其所涉及的领域广泛，涵盖经济学、人口学、生态学等更高层的理论系统，要求经济、社会、资源和环境保护的协调发展。作为一个理论体系，“可持续发展”当前仍处于形成和发展的过程中。

“可持续发展”这个概念从提出发展到现在，逐步深入人心，并越来越被人们重视。无论从哪个角度解读，它的实质就是注重长远的经济发展模式，注重经济、社会发展与资源节约和环境保护相互协调、良性互动的发展[6]。

1. 煤炭工业可持续发展的含义

煤炭工业可持续发展是一种崭新的发展观，它与煤炭工业传统的发展观有着本质区别，它注重经济与环境、社会的协调，追求人类与自然生态的和谐发展，其目标是保证人类社会具有长远的持续发展能力。

要想保证和实现我国现在煤炭企业的可持续稳定发展，正确解读和分析可持续发展是首先要做到的。对于我国煤炭行业实现可持续发展的研究分析中，可以重点涉及以下两个重要思路：一方面，合理、有效地运用现有的科学创新技术，对我国煤炭企业的生产设备和矿区环境进行最大限度的完善和改观；另一方面，合理并有效地利用相关改革和科技手段，制定出更加完善的可持续发展的战略方针，保证煤炭资源循环高效的利用，实现社会资源、生态环境和经济发展之间的协调运作。

煤炭可持续发展宏观把控方向大致分为两点：第一，积极发挥国家宏观调控的能力，在宏观调控的作用下，煤炭行业应当营造出良好的市场竞争氛围，坚持公平、公正、公开的基本原则，积极制定煤炭行业相关的法律法规，并将其落实到位，加大对煤炭企业的扶持力度和限制力度。第二，大力推行可持续发展观念，坚持循环发展模式。将节能减排、绿色发展等政策落到实处，一方面，在生产活动中体现出循环发展的基本原则，另一方面，将循环发展与经济效益有机地结合起来，以实现经济效益和社会效益的和谐统一。

2. 绿色能源规划的前进方向

煤炭革命是一个长期的过程，在100多年的煤炭技术发展过程中，我国的煤炭资源经历了人工开采、机械化开采两个阶段，称为煤炭1.0阶段和2.0阶段，在这两个阶段中，煤炭仅仅作为燃料被开采、利用。目前，已经发展到2.0阶段的后期，煤炭开采效率、利用水平大幅提升，在满足能源需求的同时带来了一系列问题，所派生出来的煤炭结构、能源发展以及环境保护彼此之间的矛盾，逐渐表现了出来。社会生活层面当中，由于煤炭能源的消耗，我国已经进入煤炭短缺、供给量和需求量均不足的阶段。2016年，某煤炭集团所推出的《世界能源展望》当中，就对低碳经济和国际范围内能源结构的调整进行了规划。而国务院在《能源发展战略行动计划（2014—2020）》

当中则明确提出，煤炭结构需要从根本上进行调整，不断深化改革、推进减量替代。在2020年前完成煤炭比重下降62%的战略目标，切实改变原有能源格局。

除了能源损耗和国际能源结构调整之外，由于煤炭的过度开发和利用所带来的环境污染问题，也逐渐成为人们关心并广泛议论的话题之一，成为新时期发展的主题。我国环境保护的开展相较于国外环保事业，起步较晚，新出台的《中华人民共和国环境保护法》《中华人民共和国大气污染防治法》等法律文件，虽然已经颁布实施，但是在具体的可操作性、可执行性层面仍然有待考量。但不可否认的是，绿色发展这一观念，已经深入人心。中共中央2015年审议通过的《加快推进生态文明建设意见》中就将循环经济、绿色经济作为指导战略落实到基层能源单位当中，引导国有能源企业积极进行调整和转型[7]。

现如今，关于煤炭企业可持续发展的研究文献也有很多。对煤炭企业可持续发展的研究主要从技术、企业、制度三个层面进行。

第一，从技术角度，杨建林分析了提高煤炭质量对国有煤炭企业可持续发展的作用。牛泰山认为煤矸石综合利用是煤炭企业可持续发展的重要对策之一。程乐团分析了煤炭综合利用的更多方面，如煤炭深加工获得化工原料、燃料；煤炭副产品的利用，如煤矸石、煤灰、沼气等；煤炭开采附带出的其他有用矿物的开发利用。郭兴红从清洁生产的角度分析了企业的可持续发展。

第二，从企业层面，朱永华认为，只有采用技术创新，才有可能降低环境负担。张麟认为，煤炭企业应大力进行技术创新，并应将多种经营作为发展重点，使企业不因将来煤炭资源的枯竭受到影响，能够平稳持续发展。

第三，从制度层面，叶柏青认为煤炭资源的资本化是对煤炭企业管理的有效方法。沈振宇指出煤炭资源资本化是指煤炭企业经营者或其他投资主体要通过向煤炭资源所有者——国家支付采矿权整体价值的方式取得煤炭资源的采矿权。它的现实意义在于真正实现了煤炭资源有偿开采，使煤炭资源的所有者权益真正得到体现[8]。

我国煤炭资源的可持续发展至少需要在这三个层面得以体现：既需要考虑煤炭资源的可持续性，又应评估煤炭资源开发利用对水资源、生态环境的影响及后者对前者的约束，更应最大限度地发挥煤炭资源开发利用对社会经济发展的促进作用，使上述各方协调发展。因而，应从三个层面认识煤炭资源可持续发展的战略意义[9]。

3. 实现煤炭经济可持续发展的对策

（1）改进技术，提高煤炭回采率，综合利用资源

首先，国家和当地政府要加大煤炭产业技术研发和专业人才培养的资金投入，为安全、高效地进行煤炭回采提供技术保障；其次，规范开采方法和技术，督促开采人员科学开采，避免破坏周围生态环境；最后，进一步利用原材料，发展相关行业，将其在生产和使用过程中产生的废弃物进行回收和再次利用，提高资源的利用率，减少污染。

（2）加强环境治理与生态保护，实现煤炭经济的多元化发展

首先，一定要加强环境治理。煤炭企业应大幅削减工业污染，淘汰落后技术和生产设备，广泛引进先进的洁净煤技术。提高加工生产以及污染处理等相关产业技术水平，引进先进的各方面设施，加强污染物处理系统。推行严格的排放标准，降低污染物排放，实现煤的高效、洁净利用，实行污染物的集中治理，最大限度地减少环境、生态污染。建立健全环保监管体系，实行动态监管，建立先进的自动监测系统；其次，加强生态环境保护机制。强化对耕地、森林、水资源、地表植被等生态地区的环境保护，有效推动生态系统的良性循环。增强城市绿化建设，增加绿地面积，改善人居环境。

（3）改变煤炭企业的经营理念

企业如果想要有一个长期稳定的发展，那么必须要有一个科学、合理的投资，并且能够根据自身企业的条件和市场的需求做出正确的选择，还有就是要摆脱以前那种粗放型的发展模式，企业必须要选择比较先进、合理的方法去对企业进行管理，这样就可以帮助企业在发展的时候取得更多的利益，还可以提高开采出来的煤炭资源的利用率；最后，企业一定要以自身企业的实际情况为出发点，引进先进的生产技术，购买新研发出来的设备，这对企业长期发展会有一个非常大的帮助。

（4）加强煤炭总量调控

密切关注世界金融动荡对我国经济的影响，关注国民经济发展与国家宏观经济政策趋势，关注主要用煤行业发展变化，关注煤炭市场走向及变化。有关部门要加强市场监测，做好总量调控，保持煤炭供需基本平衡。煤炭企业要根据市场需求科学组织生产力；要加强与主要用煤行业重点企业的战略合作，重合同、守信用，努力提高产品质量；要共同为稳定公平竞争、健康有序的煤炭市场秩序努力。

（5）推进煤炭市场体系建设，完善煤炭市场体系

建立完善的煤炭市场体系，是为了更有效地发挥市场在资源配置中

的基础性作用。对此，国家应该对煤炭的地方保护政策有一定的规范，以便稳定煤炭的价格，不让市场人为地将煤炭的价格无限抬高，保证市场的稳定性。这样有利于我国煤炭经济的健康运行，促进我国煤炭经济的又好又快发展。

（6）实现煤炭经济发展与循环经济双重接轨

根据目前煤炭经济发展存在的问题以及发展循环经济的要求，实现煤炭经济与循环经济双重接轨有着必然的趋势，这不仅能提高煤炭企业的经济效益，更是实现企业可持续发展的重要措施。作为煤炭企业，需要积极采取措施，促使本企业的煤炭经济发展与循环经济相接轨。

（7）全面落实科学发展观，优化产业结构，积极探索发展持续产业

要实现煤炭产业的可持续发展，首先要做好市场调查，从行业的长远利益出发，切忌急功近利地投资和盲目投资；其次是要转变经济增长方式，不要以单一的开采煤炭来提高经济利益，要解放思想，充分发挥市场的优化配置作用，注重市场需求，振兴和发展煤炭相关产业，形成一条良好的产业链，使经济效益的增长与煤炭利用率的提高并举；最后是应当立足于现有的基础和条件，加快采矿设备更新改造，增加原煤入洗率，实现采矿的现代化。

1.3　煤炭工业可持续发展革新技术

能源科技创新与发展是抢占世界能源领域制高点的重要手段。中华人民共和国成立 70 多年，我国走过了西方发达国家 200 年的工业化历程，煤炭开发利用技术取得重要进展，在煤炭开发、燃煤发电和煤炭转化等领域取得了一批重大成果。但当前我国技术创新能力仍显不足，燃气轮机等核心技术和关键装备与国外差距较大。

增强煤炭科技创新能力，应加快建立煤炭清洁高效可持续发展科技支撑体系，争取在 10 ~ 20 年内使我国煤炭科技自主创新能力和技术装备达到世界先进水平。实施煤炭清洁高效开发利用重大工程，重点要突破煤炭资源勘查、安全高效绿色开发、煤炭提质、先进煤炭燃烧技术和气化、现代煤化工、先进输电、煤炭污染控制、节能等一批核心技术，着力突破一批重大成套装备。积极跟踪世界煤炭技术进展，大力加强国际煤炭技术合作交流，促进创新技术的集成优化[10]。

洁净煤技术是跨世纪利国利民的新技术，是一个国家科学技术发展的标志。煤炭工业是国民经济的基础产业，要保持煤炭工业的可持续发展，必须把洁净煤技术作为发展的重大战略目标，消除环境因素对大规

模使用煤炭的制约。只有这样，煤炭工业才能迎接知识经济时代面临的各种挑战，才能使煤炭工业走上可持续发展的道路[11]。

通过推行清洁生产，可使资源得到最合理的开发和利用，可以减少甚至消除污染物的产生，不仅减少了末端处理设施的建设投资，而且大大降低了末端处理负担，从而减少日常运行费用，缓解环境保护和经济发展的矛盾，改善环境及生态状况，对煤炭企业走可持续发展道路起着至关重要的作用[12]。

表 1-2 展示了我国煤炭清洁高效可持续开发利用的战略目标。到 2020 年，煤炭科学开发模式基本形成，清洁高效的煤炭消费模式初步建立，煤炭清洁高效开发利用水平明显提高，与煤炭相关的环境污染问题得到明显控制，煤矿矿区生态环境基本改善，煤炭清洁高效利用技术支撑体系得到明显加强，初步形成煤炭可持续发展的局面。国内煤炭开采量控制在 4.5×10^9t 以内，煤炭科学产能达到 3.2×10^9t，煤炭系统整体效率达到 50%，燃煤 SO_2 排放量控制在 1.315×10^7t 以内，燃煤 NO_x 排放量控制在 1.065×10^7t 以内。

到 2030 年，全面形成煤炭科学开发模式和清洁高效的煤炭消费模式，煤炭清洁高效利用技术达到国际先进水平，形成中国特色的煤炭清洁高效利用体系，全面形成煤炭可持续发展的局面。国内煤炭开采量控制在 4.5×10^9t 以内，煤炭科学产能达到 3.9×10^9t，煤炭系统整体效率达到 52%，燃煤 SO_2 排放量控制在 9.6×10^6t 以内，燃煤 NO_x 排放量控制在 7.6×10^6t 以内[13]。

表 1-2　我国煤炭清洁高效可持续开发利用的战略目标

目标	数量指标	2020 年	2030 年
清洁	燃煤 SO_2 排放量（$\times10^4$t）	<1315	<960
	燃煤 NO_x 排放量（$\times10^4$t）	<1065	<760
	燃煤烟尘排放量（$\times10^4$t）	<465	<360
	燃煤 Hg 排放量（t）	<229	<159
高效	平均供电煤耗［$gce\cdot(kW\cdot h)^{-1}$］	<320	<310
	煤炭开发利用综合能效（%）	>50	>52
可持续	煤炭消费量控制目标（$\times10^8$t）	<49	<50
	煤炭开发量控制目标（$\times10^8$t）	<45	<45
	科学产能（$\times10^8$t）	>32	>39
	科学产能比重（%）	>70	>85

注：煤炭开发利用综合能效是指综合国内煤炭平均开采提质能效（不考虑回采率）、煤炭平均输送能效（主要考虑平均铁路输煤能效）和煤炭平均利用能效（考虑煤炭利用各行业消费比率和行业平均生产能效的加权平均能效）的折算能效。

目前世界最先进的，煤炭清洁、高效、低碳利用方法如下：

（1）超超临界燃煤发电技术

超临界机组是指主蒸汽压力大于水的临界压力的机组，临界机组参数：压力等于22.15MPa、温度374.15℃；超临界机组参数：压力大于25.5MPa、温度大于593℃。我国超临界技术参数为压力25～28MPa、温度600℃，热效率44.6%～44.99%；发达国家正积极发展更高参数的超超临界火力发电技术（压力大于26MPa，温度达到600～700℃）。国际上超超临界机组的参数已经达到27～32MPa，蒸汽温度为560～600℃，热效率可以达到45%～47%。

①上海外高桥第三发电厂：全年平均供电煤耗（包括脱硫和脱硝）276gce/（kW·h），折算到额定负荷下的供电煤耗为264gce/（kW·h），全年平均实际供电效率（包括脱硫和脱硝）为44.5%，折算至额定负荷工况，则供电效率应为46.5%。但减排的根本问题是CO_2的捕捉与处理，这是该发电厂模式所不能处理的问题。

②世界运行效率最高的丹麦 Nordjylland 电厂 3 号 411MW 两次再热、低温海水冷却机组，2009 年供电煤耗（不含供热）286.08gce/（kW·h）（净效率42.93%），平均发电负荷率89%。折合75%负荷率下的供电煤耗288.48gce/（kW·h）。

（2）整体煤气化联合循环（IGCC）

IGCC 即整体煤气化联合循环，是将煤气化技术和联合循环相结合的动力系统。IGCC 技术把洁净的煤气化技术与高效的燃气-蒸汽联合循环发电系统结合起来，既有高发电效率，又有极好的环保性能，是一种有发展前景的洁净煤发电技术。

（3）煤基多联产能源系统技术

煤基多联产能源系统技术：就是在煤炭气化过程中，实现能量流、物质流等总体优化。做到氢碳比合理优化利用，尽量减少“无谓”的化学放热过程，并实现热量的梯级利用、压力潜力和物质的充分利用。气化过程中可以得到多种具有高附加值的化工产品、液体燃料（甲醇、F-T 合成燃料、二甲醇、城市煤气、氢气），以及用于工艺过程的热和进行发电等[14]。

1.4 老旧矿业性城市的转型升级

在以往的发展经验中，煤炭企业要想实现有效的转型，可以拓展非煤产业，发展循环经济。在现有的产业结构上，煤炭企业可以开展新的有机调整，将新拓展的非煤产业与之前的煤炭辅助产业相结合，形成独具特色的产业链，然后根据资源和市场动向，开展新的战略转型。从理论上来说，这种转型思路是较为科学的，但是在实际开展过程中，需要注意如下几个方面：第一，煤炭企业的产业转型必须要建立在企业结构稳定、经济基础扎实、工作人员专业化程度较高的基础之上。所拓展的非煤产业必须要具备创新性、科技性。企业管理人员、决策人员要共同商讨难题，优化配置现有资源，逐渐实现产业转型。第二，要通过产业延伸或者产业替代等手段，实现产业转型。第三，对现有的产业结构进行有效调整，对于新拓展的非煤产业，需要对其产权中的期权、股份等进行合理调整。在此过程中，煤炭企业应当大胆吸引社会资金，有效保障资金链的畅通。其可以在内部开展有效的股份改革，以激发员工工作积极性为基本目标，然后对企业现有的资源进行优化配置和综合利用。第四，描绘企业发展的美好愿景，创建初步的发展战略。一个强大的自主品牌能够让煤炭企业在产业转型中展现出明显的优势。因此，我国煤炭企业在产业转型之初，就应当合理利用自身的品牌优势，为新开展的非煤产业保驾护航。这不仅可以充分发挥企业品牌优势，还能拉动企业整个产业链的发展[15]。

1. 关于资源型城市转型的内涵

资源型城市是因为自然资源的开采而兴起或发展壮大的，经济结构以资源型产业为主导。资源型城市的最基本特征就是经济社会的资源依赖性。在这类城市中，可耗竭资源的开采是城市的主导产业和支柱产业，主导产业表明资源产出占据了城市产出的主要份额。支柱产业表明资源产出对城市经济的重要性：资源采掘数量的多少是城市经济稳定和繁荣与否的必要条件。也就是说，如果自然资源产出高，城市经济存在繁荣的可能性就高。自然资源产出高会带动城市产出的增加，但不一定带来城市经济的繁荣，因为城市经济稳定和繁荣不仅仅取决于主导产业产出的多寡，还要受到价格、政策等多种其他因素的影响。但是，如果资源产出衰竭，那么资源型城市的经济一定垮台或崩溃。因为，产出降低将导致资源企业亏损甚至破产，大量在资源采掘企业工作的人员失业，城市经济将陷入困境。因此，资源型城市经济转型的目的要突破自然资源产出是城市经济稳定和繁荣的必要条件的制约。这要求资源型城市改变支柱产业单独依赖资源采掘产业的格局，使支柱产业延深化和广化，逐渐去资源化，实现支柱产业多元化。支柱产业去自然资源化是指支柱产业类型由可耗竭的自然资源采掘业转为依赖非耗竭资源产出的产业，比如高技术产业、旅游业、信息服务业等。支柱产业多元化是指改变支柱产业单一的状况而培育和建立多个支柱产业。

由上述可以看出，资源型城市经济转型是指城市主导产业由现有的高度依赖不可再生性自然资源的开采和加工转向其他产业，使城市发展摆脱对自然资源存量的依赖，从而规避“矿竭城衰”的风险，实现城市经济的可持续发展。关于这个概念，主要包括如下内涵：

（1）资源型城市经济转型的实质就是城市支柱产业逐渐摆脱自然资源存量束缚的过程。这意味着城市经济转型可以选择多种途径，既可以是转变支柱产业的类型，比如发展旅游业、现代服务业等产业，使支柱产业摆脱自然资源存量的束缚，也可以通过延伸原自然资源产业链条，向资源深加工要产出和效益，节约资源使用的办法延缓城市衰退；还可以利用支柱产业多元化的方法规避城市经济衰退风险，这种方法兼有前面两种途径的特点。

（2）资源型城市转型的根本目的是实现城市的可持续发展。城市经济转型不是为了转型而转型，而是为了实现城市经济社会的可持续发展。这意味着无论采用哪种方法，都应该注重资源的节约利用，保护我们赖以生存的自然环境。实现人与自然、人与人的和谐共处，资源的永续利用[16-17]。

2. 资源型城市转型的政策建议

我国政府高度重视资源型城市转型，在《全国资源型城市可持续发展规划（2013—2020 年）》中明确提出“促进资源富集地区协调发展，走出一条中国特色的资源型城市可持续发展道路”。为资源型城市可持续发展提供了难得的历史机遇，但在这个机遇之下，资源型城市也面临诸多挑战。城市经营者必须直面挑战，抓住机遇，主导和推动城市的可持续发展。

（1）明确转型目标，制订规划，以科学态度引导城市可持续发展。为了实现城市的可持续发展必须首先明确城市的发展目标。城市经营者必须在比较优势和因地制宜的原则下制定城市发展的目标和定位。首先，发展定位上，一个城市的存在不是因为它在国内或国际上有多么大的影响力，而在于它是否具有自己的特色，能否为其居民营造一个心情舒畅、生活舒适、有归属感的城市家庭。因此，城市经营者应该从本地的自然资源禀赋、地理区位和社会人文特色出发，凝练独特的发展定位和方向。其次，在发展方向上，未来的产业结构和经济结构一定是本地区域优势和特色相结合的产物，也是该地区历史继承和创新的产物。最后，这个目标一经确立就要以规划的方式确定下来，演化为一代人或几代人为之努力的行动。

（2）以创新为手段，以科技推动和引领城市可持续发展。创新是一个城市发展的不竭动力，这个创新既包括技术的创新，也包括经营理念的创新和文化的创新。无论是化解资金瓶颈还是解决历史遗留问题，都是城市可持续发展必须跨越的门槛。这些难题历经多年的沉淀积压，已经相互交织，错综复杂。解决这些问题既需要历史的勇气，也需要创新的思维和手段。要突破因循守旧的思想、求稳怕变的惰性，创新城市经营的理念和方法，运用创新的思维解决前进中的问题。城市要加大创新的投入，有意识地营造鼓励创新的文化舆论氛围。积极引进高等学校和科研院所，提升城市科技软实力。加大科技创新的投入和成果的转化，让创新成为城市发展的新动力。

（3）以改善民生为基本出发点和落脚点，推动转型成果全民共享。城市发展的根本目的是为居民提供心情舒畅、生活舒适、归属感强的城市家庭。在这个家庭里成员和睦相处，财富共享，社会和谐。因此，城市发展中要以民为本，要着重解决居民的就业、教育、医疗、养老、居住困难，提高全民的生活幸福指数，让全体市民共享改革发展成果。这是城市全部工作的出发点和落脚点，也是衡量一切发展成败的根本标准。

（4）加强城市软实力建设，为企业和市民提供优质的生存生活环境。一座城市的实力既包括硬实力，也包括软实力。后者包括城市的文化水平、人文环境和体制机制。在现代经济社会发展中，软实力建设对城市发展的影响越来越大，成为城市核心竞争力的一个重要部分。提升市民的文化层次，提高城市居民素养，提炼城市精神，培育城市独特文化氛围和传统，提高政府部门的服务意识和效率显得日益重要。城市经营者要从教育、文化等多方面着手，加大建设力度。同时，政府应当以提高行政效率为重点，改革行政管理机制，为企业提供良好的政府服务。支持企业家的创业，保护企业家的财富，形成全民创业，全民敬业的良好社会氛围。

在中国矿业学报网的报道中，中国矿业联合会矿城工委秘书长赵连荣介绍，根据《全国资源型城市可持续发展规划（2013—2020年）》的规划，全国共有262个资源型城市。294个地级城市中有126个是资源型城市，占43%。因此资源型城市的可持续发展决定着我国经济社会可持续发展的历程。根据资源型城市的发展历程，通过定量、开发强度及人气指数等方面评估，我国资源型城市分为成长型、成熟型、衰退型等。除了成长型城市之外，成熟型和衰退型的城市都面临着转型。资源型城市的转型分为三大类，一是资源枯竭必须进行转型的城市；二是产业单一，即将资源枯竭，或者经济发展没有突破的城市；三是乘着我国资源型城市转型之风主动寻求转型的城市，包括盘锦、丽江、张掖等城市，这些地方先有城市，后来发现了资源，成为资源型城市，城市功能较为健全、完善，由于具备城市的基本功能，所以转型升级快。

据了解，为促进资源型城市转型，我国陆续出台了一系列相关政策。2001 年，国务院开始进行资源枯竭型城市转型试点，2013 年，国务院发布了《全国资源型城市可持续发展规划（2013—2020 年）》，提出到 2020 年基本解决资源枯竭型城市历史遗留问题，显著增强可持续发展能力，基本实现城市转型。2016 年，发展改革委等部委和国家开发银行联合制定印发了《关于支持老工业城市和资源型城市转型升级的实施意见》，要求争取通过 10 年左右时间，健全内生动力机制、建立平台支撑体系，支撑产业转型升级，构建特色鲜明的现代产业集群，重新建立起老工业城市和资源型城市的转型竞争力。2017 年 4 月 21 日，发展改革委等五部门联合印发了《关于支持首批老工业城市和资源型城市产业转型升级示范区建设的通知》，支持辽宁中部（沈阳—鞍山—抚顺）、河北唐山等 12 个城市（经济区）建设首批产业转型升级示范区。

3. 转型升级仍面临难点和问题

赵连荣表示，资源型城市的转型升级在社会、经济、环境等方面取得了明显成效，改变了“矿城”面貌，优化了经济结构，非矿经济贡献比重增加，对外资本吸引力逐步加大，以棚户区改造工程及塌陷区治理工程为龙头的环境改善工作进展非常快。在看到成果的同时还应该清醒地看到存在的一些问题。这些城市矿业占比仍然很高，对资源型产业的依赖仍比较严重；还没有理顺矿山、矿业、矿城的关系，大型国有矿山仍很艰难；城市功能的缺位与矿山企业社会功能的越位并存，一方面城市功能的缺位导致对非资源型产业很难有吸引力，同时矿山企业功能的越位又使得矿山企业积重难返，竞争力不强。同时，他表示，资源的开发确实会对环境造成不良影响，但是资源开发是经济发展不可或缺的，是刚性需求。从矿业发展史来看，通过技术的创新、制度的创新，可以使资源开发所带来的环境问题控制在可接受的范围内。

发展改革委经济体制与管理研究所研究员常健认为，绿色矿业还遭遇另一发展困境，矿业的资源开发支撑了我国改革开放40年来的经济快速发展，但同时存在着“把子孙后代的资源拿到现在来消耗”的问题，关系到资源的可持续性。矿业城市占全国城市将近一半，随着经济的发展，资源枯竭城市越来越多。另外，很多矿业城市因矿而建，矿山多是大型国有企业，矿业企业的发展也是国企改革的难点所在。

中国自然资源学会副理事长兼秘书长沈镭表示，我国绝大部分资源型城市规模是10万人到20万人口，以中小城市为主。一些资源型城市地方财力非常有限，特别缺乏科技创新投入，没有综合竞争力优势。在他看来，资源枯竭型城市转型要解决接续产业、融资两个核心问题。

4. 积极探索转型升级新路径

“绿色矿业发展的核心不是末端治理，而是前端绿色设计，设计矿山时就要考虑将来矿山废弃之后不会对环境造成影响，从设计的源头抓住绿色矿业。”常健表示，矿业城市转型升级，没有全国统一标准，要实事求是，探索本地实际的发展路径，不仅要把眼光放在自己身上，更要把眼光放得长远一些，例如与“一带一路”相结合。

以淮北市为例，淮北市因煤而建，是全国13个重点煤炭生产基地之一，经过近60年的矿业开发，铸就了“华东能源基地”的美誉，同时付出了沉重的资源环境代价，采空塌陷，地面沉降，土地、植被、水等资源被破坏，山体裸露，留下了一段“晴天一身灰，雨天一腿泥”的矿业殇城的沉重记忆。

淮北市水务局副局长张震介绍了淮北市生态环境治理的具体做法，淮北市不断积极探索生态环境治理修复的路径。从20世纪80年代开始，就在全国率先开展了采煤塌陷区综合治理工作，并形成了“三大类型、六种模式”的成功经验。历经30多年的实践探索，淮北市矿山生态环境综合治理工作也经历了一次次蝶变、提升。“十八大”以来，淮北市努力探索转型发展的新路径，以“绿水青山就是金山银山”理念为引领，坚持不懈地做好“青山”“碧水”“蓝天”三篇大文章，坚持规划引领，做好顶层设计，大力推进城乡环境综合治理，努力打造山水生态城市，形成“三山环绕、六湖珠连、城在山中、水在城中”的山水生态城市格局。石质山披上绿装，做活“青山”文章，具体做法是持续投入，市财政坚持每年拿出2000多万元推进荒山绿化，近7年累计投入石质山绿化资金近1.6亿元。反复实践，刻苦攻关，技术人员持续开展石质山造林恢复技术研究，摸索出七步造林法，并在全国推广。政策支持有保障，市场运作，出台育苗复制办法，对造林连片10亩①以上的每亩补助500元，鼓励和调动社会资本参与矿山开发，开展林下养殖，发展生态旅游、荒山绿化工程，采取市场化运作、合同化管理、专业化施工，全过程监理、工程化造林的模式。全民总动员，建立义务植树等级卡制度，成立义务植树志愿者服务队，开展认建认养活动，全民义务植树规模位居全省前列。开展采煤塌陷区综合治理，做精“碧水”文章。根据煤田构造特点，打造生态廊道，根据每个湖泊的大小、形态和区位的不同，赋予不同的定位和文化内涵。以河湖连通为抓手，建构健康水网。根据淮北城市特点，充分考虑不同河段、湖泊的生态系统特点和功能定位，兼顾雨洪资源利用、防洪除涝、环境水景观、水生态修复，通过有效的水系沟通，形成了流通的健康水网格局，有效支撑了城市转型与可持续发展。以整治黑臭水体为目标，提升人居环境，基本实现了城市规划区内污水应收尽收、入河污水全面截污并经污水处理厂处理后达标排放的目标。以创新实践为源泉，提高综合收益。在多年的探索实践中，摸索出“深挖湖、浅造田，不深不浅种莲藕”“稳建厂，沉修路，半稳半沉栽上树”“充填开采减沉降，注浆固基起高楼”“科学预测沉降量，超前治理保耕地”等10余种采煤塌陷地综合治理的方法，走出了一条具有淮北特色的塌陷区综合治理、煤炭城市转型发展之路。淮北市正在实现由资源消耗型向生态型城市的转型。

作为另一个资源型城市的白银市，是发展改革委和财政部确定的循环化改造示范试点城市，国家工业和信息化部确定的新兴工业化产业示范基地，科技部确定的新材料高新技术产业化基地。根据资源型城市转型发展的阶段性特征，正在以高新技术带动产业转型，以资源综合利用和循环化改造促进工业经济发展。

白银市人大常委会副主任宿俊乾表示，建设生态文明，推动绿色发展，这是资源型城市创新发展的战略选择。现在对环境的要求越来越高，资源型城市应当走绿色发展之路。面对经济下行压力，绿色发展也面临严峻挑战，要处理好经济发展和环境保护的关系，关键是要扭转发展的传统惯性模式，增强转型升级的决心和勇气。

---

① 1亩≈667m^2。

2 煤矸石的综合利用概述

我国是全球煤炭开采量最大的国家，2012 年煤炭产量达 36.5 亿 t，占全球煤炭产量的 46.4%。煤矸石是煤炭的一种共伴生矿物，产生于煤炭的开采和洗选加工过程。其热值一般低于 6.3MJ·kg，含有 Al_2O_3、SiO_2 和 Fe_2O_3 等无机灰分，总含量达到煤矸石总量的 60% ~95%，因难以利用而成为一种工业固体废弃物。一般地，每生产 1t 原煤会产生 0.15 ~0.2t 煤矸石。2012 年，我国煤矸石产生量达 6.2 亿 t，约占全国工业固废产生量的 40%。大量煤矸石露天堆放，已形成 2600 余座煤矸石山，累积堆存量达 50 多亿 t，占地 20 余万亩，成为我国积存量和年产量最大、占用堆积场地最多的一种工业废弃物。煤矸石的大量堆放带来了非常严重的社会、环境和经济问题。大量土地被占用，造成耕地、林地等面积的减少；因自燃产生 SO_2、NO_x 等有毒有害气体，有毒有害元素也会随着雨水淋溶和渗滤而污染地下水体和土壤，对生态环境造成严重危害；而且，煤炭企业每年需要投入大量资金用于解决堆放煤矸石土地的征用、矸石山的污染以及应对山体滑坡和泥石流自然灾害等问题。BP 世界能源统计表明，2012 年全球煤炭产量 78.6 亿 t，其中，煤炭产量超过 1 亿吨的前 10 个国家分别是中国、美国、印度、澳大利亚、印度尼西亚、俄罗斯、南非、德国、波兰和哈萨克斯坦（表 2-1），占全球煤炭总产量的近 90%。各国因煤炭种类和加工水平的差异，煤矸石的产生量与煤炭产量并非呈严格的线性关系，如波兰，每生产 1t 煤炭，会产生 0.3 ~0.6t 煤矸石，由于我国煤炭产量的绝对领先地位，近 40% 的煤矸石产生于我国。除此之外，美国、印度、澳大利亚等国也因煤炭产量大而产生了大量的煤矸石，如 2011 年美国产生煤矸石 1.09 亿 t；2009 年欧洲产生煤矸石 1.75 亿 t；波兰每年产生近 4000 万 t 煤矸石，截至 2007 年共堆存 5.06 亿 t。煤矸石的产生及堆存也引起国外各大产煤国的关注。煤矸石化学组成多样，内含大量元素 Al、Si、C，常量元素 Fe、Ca、K、Mg、Ti 等，微量元素 Hg、As、Pb、Cr、Cd、Mn 等，此外，还含有 Sc、Ga 等贵重痕量元素。煤矸石也是多矿物混合体，含有高岭石、伊利石、白云母、长石、石英、黄铁矿、石灰石、铝土矿等。煤矸石丰富的化学和矿物组成，使其具有资源特性。我国人均资源占有量严重不足，将废弃资源进行有效利用是缓解我国资源短缺的重要手段。我国非常重视煤矸石的资源利用，目前，煤矸石已经广泛应用于发电、填埋、筑路、建材和化工等领域。然而，煤矸石的利用率仍然比较低，2011 年煤矸石利用仅 62%，年新增煤矸石堆存量达 2.5 亿 t。而近 20 年来随着我国煤炭产量的持续增加，煤矸石的产生和堆存量也逐年增加。加大煤矸石的资源化利用是进一步解决其带来的社会、环境和经济等问题的必要途径[18]。

煤矸石的综合利用引起各国的关注。英国煤管局在 1970 年成立了煤矸石管理处，波兰和匈牙利联合成立了海尔得克斯矸石利用公司，专门从事煤矸石处理和利用。其中，最普遍的利用方式是煤矸石发电、生产建筑材料和工程填料。法国煤矸石年产量约 850 万 t，煤矸石的堆积总量已超过 10 亿 t，在煤矸石综合利用方面取得了很多成功的经验，从 20 世纪 70 年代起至今，共利用煤矸石 1 亿 t 左右，主要用于制砖、生产水泥和铺路，此外，还通过煤矸石洗选回收其中的可燃物用于发电；德国、荷兰把煤矿自用电厂和选煤厂建在一起，以利用其中的煤、煤泥和煤矸石发电；英国将已燃煤矸石用于公路、填坝和其他土建工程的填充物；德国、美国、俄罗斯、日本等国利用煤矸石代替部分黏土生产水泥，取得了节煤、降低成本等效果。

此外，许多国家近年来大力发展煤矸石高值利用技术。日本、波兰、英国将含碳量较高的煤矸石用于生产轻集料，使建筑物质量减轻 20%，法国、比利时用含碳量低的煤矸石生产陶粒。我国在煤矸石综合利用方面也开展了大量工作[19-27]。

表 2-1　2012 年产煤量最大的 10 个国家煤炭产量及在全球煤炭产量中的占比

国家	煤炭产量（Mt）	在全球煤炭产量中的占比（%）
中国	3650	46.4
美国	922	11.7
印度	606	7.7
澳大利亚	431	5.5
印度尼西亚	386	4.9
俄罗斯	355	4.5
南非	260	3.3
德国	196	2.5
波兰	144	1.8
哈萨克斯坦	116	1.5
合计	7066	89.8

煤矸石属于聚煤盆地里面的煤层在沉积过程的附属产物，它一般是属于成煤物质和沉积物质相结合生成的一种可以燃烧的矿石。由于聚煤盆地特殊环境下的沉降运动的变化，导致成煤物质的植物遗体在堆积过程中的下沉速度和盆地沼泽水面上升速度之间出现了“不足补偿”（例如成煤物质的植物遗体堆积速度远远小于沼泽水面上升速度、沼泽水面的继续上升，恶劣的沼泽环境出现变坏的现象），由此会影响泥炭作用不断地减弱直到停止，含碳泥层和泥砂层在沉积过程中，在复杂的地质环境作用下，煤层的底板和顶板以及煤层中间的含碳质泥岩或其他成分的岩层就会逐渐形成。因此，煤矸石可以视为在煤炭开采过程中开采出来的碳质砂岩和泥岩。我国每年煤炭产量约30~40亿t，居世界第一位。煤炭生产和加工中产生的煤矸石，占当年煤炭产量的10%~15%，而且每年约以1亿t的速度递增[28]。

国家“十三五”规划提出：提高建筑节能标准，推广绿色建筑和建材。实施循环发展引领计划，推行企业循环式生产、产业循环式组合、园区循环式改造，减少单位产出物质消耗。加强生活垃圾分类回收和再生资源回收的衔接，推进生产系统和生活系统循环链接。积极响应国家大政方针，进一步发展符合国家关于产业结构调整政策，更好地把煤矸石废弃物资源化处理、无害化利用，是我们迫在眉睫的课题。根据现有和最新研发所具备的煤矸石综合利用技术，结合煤矸石原料的特性：①发展高科技含量、高附加值、绿色环保的煤矸石综合利用项目、技术和产品，坚持大宗量综合利用、无害化处理，不断提高煤矸石综合利用的技术水平和煤矸石产品的技术含量，才能在现阶段科技创新、技术引领的时代生存、立足、发展；②根据煤矸石所具有的物理、化学特性，经筛分处理后，根据不同颗粒大小的煤矸石热值、硬度、化学元素含量不同，采用不同的处理、利用办法；③根据周边市场情况，可以多措并举、因地制宜发展各类煤矸石深加工产品，把煤矸石综合利用的先进技术转化为产业化的实体项目。

2.1　煤矸石的来源及分类

2.1.1　煤矸石的来源

煤矸石是采煤过程和洗煤过程中排出的固体废物，是一种在成煤过程中与煤层伴生的一种含碳量较低、比煤坚硬的黑灰色岩石。它包括巷道掘进过程中的掘进矸石、采掘过程中从顶板、底板及夹层里采出的矸石以及洗煤过程中挑出的洗矸石。一般每采 1t 原煤排出矸石 0.2t 左右。煤矸石通常是煤矿在建井、开拓掘进、采煤和煤炭洗选过程中排出的含碳岩石和岩石，以及煤矿建设生产过程中所排放出的固体废弃物的总称。煤矸石产生主要有三种途径，见表 2-2[29]。

（1）采煤或者巷道掘进过程中，煤层中夹杂的矸石和部分顶、底板岩石随煤一起产出，最终被拣出的矸石；

（2）井筒与巷道施工过程中开凿出的矸石；

（3）洗煤厂煤炭洗选过程中选出的矸石。

表 2-2　煤矸石的来源及生产情况

煤矸石来源及产生情况	露天开采剥离及采煤巷道掘进排出的白矸	采煤过程选出的普矸	选煤过程产生的选矸
所占比率（%）	45	35	20

其中，煤层顶板常见的岩石包括泥岩、粉砂岩、砂岩、砂砾岩；煤层底板的岩石多为泥岩、页岩、黏土岩、粉砂岩；煤层夹矸的岩石有黏土岩、碳质泥岩、粉砂岩、砂岩等。

岩石巷道掘进时产生的煤矸石，通常称为原矿石，主要岩石有泥岩、页岩、粉砂岩、砂岩、砾岩、石灰岩等。

煤炭分选或洗选过程中产生的煤矸石，又被称为洗矸石。其主要由煤层中的各种夹石（如高岭石、黏土岩、黄铁矿等）组成。

2.1.2　煤矸石的分类

对煤矸石的分类和命名不仅是煤矸石综合利用的基础工作，而且是一项综合性较强的工作。各地煤矸石成分复杂，物理化学性能各异，不同的煤矸石综合利用的途径对煤矸石的化学成分及物理化学特征要求也不一样。为煤矸石进行科学、合理的分类对推动煤矸石资源化利用具有十分重要的理论和实际意义，主要体现在最大限度地使煤矸石物尽其用，基于利用途径对煤矸石进行归类堆放，为探索高附加值利用煤矸石技术途径和其长远发展提供决策性依据。

关于煤矸石的分类命名，目前国内外至今尚无系统、完整和统一的方案，多是不同研究者根据某些特征提出自己的分类标准。煤矸石的分类及命名方案很多，其中最简单、最常用的是以煤矸石的产地来分类。煤炭生产部门则习惯用颜色来分类命名，如黑矸、灰矸、白矸、红矸等；或根据矸石产出层位来分类命名，如顶板矸、夹石矸等。煤矸石常见的分类依据有按来源分类、按自然存在状态分类、分级分类法以及按利用途径分类法。

1. 按来源分类

根据煤矸石的产出方式即来源可以将煤矸石分为洗矸、煤巷矸、岩巷矸、手选矸和剥离矸。有的研究中将自燃矸也作为按来源分类中的一类。

（1）洗矸　从原煤洗选过程中排出的尾矿称为洗矸。洗矸的排量集中，粒度较细，热值较高，黏土矿物含量较高，碳、硫和铁的含量一般高于其他各类矸石。

（2）煤巷矸　煤矿在巷道掘进过程中，凡是沿煤层的采掘工程所排出的煤矸石，统称煤巷矸。煤巷矸主要是由采煤层的顶板、夹层与底板岩石组成，常有一定的含碳量及热值，有时还含有共伴生矿产。

（3）岩巷矸　在煤矿建设与岩巷掘进过程中，凡是不沿煤层掘进的工程所排放出的煤矸石，统称岩巷矸。岩巷矸所含岩石种类复杂，排出量较为集中，其含碳量较低或者不含碳，所以基本上无热值。

（4）手选矸　混在原煤中产出，在矿井地面或选煤厂由人工拣出的煤矸石称为手选矸。手选矸具有一定的粒度，排量较少，主要来自所采煤层的夹矸，具有一定的热值，与煤层伴生的矿石也往往一同被拣出。

（5）剥离矸　煤矿在露天开采时，煤系上覆岩层被剥离而排出的岩石，统称为剥离矸。其特点是所含岩石种类复杂，含碳量极低，一般无热值，目前主要是用来回填采空区或填沟造地等，有些剥离矸还含有伴生矿产。

（6）自燃矸　自燃矸也称为过火矸，是指堆积在矸石山上经过自燃后的煤矸石。这类煤矸石（渣）原岩以粉砂岩、泥岩与碳质泥岩居多，自燃后除去了矸石中的部分或全部碳，其烧失量较低，颜色与煤矸石原岩中的化学组成有关，具有一定的火山灰活性和化学活性。

2. 按自然存在状态分类

在自然界中，煤矸石以新鲜矸石（风化矸石）和自燃矸石两种形态存在，这两种矸石在内部结构上有很大的区别，因而其胶凝活性差异很大。

（1）新鲜矸石（风化矸石）是指经过堆放，在自然条件下经风吹、雨淋，使块状结构分解成粉末状的煤矸石。该种煤矸石由于在地表下经过若干年缓慢沉积，其结构的晶型比较稳定，其原子、离子、分子等质点都按一定的规律有序排列，活性也很低或基本上没有活性。

（2）自燃矸石是指经过堆放，在一定条件下自行燃烧后的煤矸石。自燃矸石一般呈陶红色，又称红矸。自燃矸石中碳的含量大大减少，氧化硅和氧化铝的含量较未燃矸石明显增高，与火山渣、浮石、粉煤灰等材料相似，也是一种火山灰质材料。自燃矸石的矿物组成与未燃矸石相比有较大的差别，原有高岭石、水云母等黏土类矿物经过脱水、分解、高温熔融及重结晶而形成新的物相，尤其生成的无定型 SiO_2 和 Al_2O_3，使自燃煤矸石具有一定的火山灰活性。

3. 分级分类法

以上方法对煤矸石进行分类只能反映煤矸石某一方面的特性，不利于煤矸石的综合作用。欧洲各主要产煤国如美国、澳大利亚等国对煤矸石的综合利用进行了大量的研究，提出过多种分类方案，其中以苏联的研究最具代表意义。他们按煤矸石的来源、特点、成分等不同指标分等级列出分类符号，然后根据各种利用途径对煤矸石质量的要求，填入所需的分类符号。根据分类符号所规定的质量要求，可以方便地选择煤矸石的加工工艺和综合利用途径。

20 世纪 80 年代以来，我国科技工作者针对我国的煤矸石情况进行了较为深入的研究，同时借鉴国外的分类方法，提出了各种分类方案，并采用多级分类命名的方法，希望能够充分反映煤矸石的物理化学以及岩石矿物学特征，为煤矸石的利用提供方便。其分类方法介绍如下。

（1）重庆煤炭研究所提出煤矸石的三级分类命名法。三级分别为矸类（产出名称）、矸族（实用名称）、矸岩（岩石名称）。该方案首先按煤矸石的产出方式将其分为洗矸、煤巷矸、岩巷矸、手选矸和剥离矸五类，最后按煤矸石的岩石类型划分矸岩。

（2）中国矿业大学以徐州矿区煤矸石的研究为基础，提出了华东地区煤矸石分类方案。该方案是以煤矸石在建材方面的利用为主要途径的一种分类方案。分类指标为岩石类型、含铝量、含铁量和含钙量，四项指标均分为四个等级，除岩石类型以笔画顺序排等级外，其他三项指标都以含量多少排等级，以阿拉伯数字表示等级次序。然后以岩石类型等级序号为千位数字，依次与其他三项指标的等级序号组成一个四位数，作为煤矸石分类代号。

4. 按利用途径分类

分级分类方法虽然能比较全面地反映煤矸石的相关特征，但该方法过于复杂。鉴于煤矸石活性与煤矸石所含黏土矿物种类以及含量相关，便于煤矸石建材资源化利用，有些人建议按煤矸石黏土矿物组成和含量对煤矸石进行分类，按煤矸石中高岭土、蒙脱土和伊利石含量多少将煤矸石分为高岭土质矸石、蒙脱土质矸石、伊利石质矸石和其他矸石，其他矸石是指所含黏土矿物总量低于 10% 的煤矸石。根据煤矸石主要利用途径，一是作为原料，二是利用其热值，结合煤矸石的矿物组成和铝硅比、碳含量和全硫含量，可以对煤矸石进行以下分类。

（1）根据煤矸石的岩石矿物组成特征，可以将其分为高岭石泥岩、碳质泥岩、砂质泥岩、伊利石泥岩、砂岩与石灰岩类煤矸石。高岭石泥岩、伊利石泥岩可以用来生产多孔烧结料、煤矸石砖、建筑陶瓷、含铝精矿等，以及硅铝合金、道路建筑材料。砂质泥岩、砂岩可以用来生产建筑工程用的碎石、混凝土密实集料。石灰岩主要可以用来生产胶凝材料、建筑工程用的碎石、改良土壤用的石灰等。

（2）根据煤矸石中 Al_2O_3 和 Al_2O_3/SiO_2 比值，可以将其分为高铝质、黏土岩质和砂岩质类煤矸石。煤矸石化学成分中，铝、硅的比例，即三氧化二铝与二氧化硅的质量比，是确定煤矸石综合利用途径的一项重要指标。一般来说，铝硅比大于0.5的煤矸石，铝含量高，硅含量较低，其矿物成分以高岭石为主，含有少量的伊利石、石英，质点粒径小，可塑性好，有膨胀现象，可作为制造高级陶瓷、煅烧高岭土及分子筛的原料等。

（3）根据固定碳的含量可以将其分为四个等级：Ⅰ级<4%（少碳的）；Ⅱ级4%～6%（低碳的）；Ⅲ级6%～20%（中碳的）；Ⅳ级>20%（高碳的）。其中，第四类煤矸石的发热量较高（发热量6.27～12.54MJ/kg），可以用作燃料；第三类煤矸石（发热量2.09～6.27MJ/kg）可用作生产水泥、砖等建材制品；一类、二类煤矸石（发热量2.09MJ/kg以下）可作为水泥的混合材料、混凝土集料和其他建材制品的原料，也可用于采煤塌陷区的复垦和回填矿井采空区等。

（4）按煤矸石中硫元素的总质量占化学成分的比率（简称全硫量），也可将煤矸石分为四类：Ⅰ类含硫量<0.5%，Ⅱ类含硫量0.5%～3%，Ⅲ类含硫量3%～5%，Ⅳ类含硫量>5%。煤矸石的全硫量，一是决定了煤矸石中的硫是否有回收价值；二是可以决定煤矸石的工业利用范围。全硫量达5%的煤矸石即可回收其中的硫精矿。而用作燃料的煤矸石，需要根据其全硫量的多少，在燃烧过程中采取相应的除尘、脱硫措施，以减少烟尘和二氧化硫的排放，防止由此产生大气环境污染[30-32]。

实际上，不同类型的煤矸石质量上有很大的差别。发热量（$Q_{gr,ad}$）大部分为2.09～8.36MJ/kg；灰分（A_d）在60%～90%，其发热量随着固定碳含量的增高而增高；挥发分（V_d）为10%～30%；硫分（$S_{t,d}$）一般在1%以下。发热量在4.18MJ/kg以上的煤矸石占到总矸石量的1/3以上。尤其是山西，高位发热量的矸石占的比率较高，发热量在4.18MJ/kg以上的煤矸石占总煤矸石量的50%以上。部分省（区）煤矸石工业分析结果见表2-3[33]。

表 2-3　中国部分省煤矸石工业分析结果

省份	矿务局矿井	$Q_{gr,ad}$(MJ·kg^{-1})	M_{af}（%）	A_d（%）	V_d（%）	C_d（%）	$S_{t,d}$(%)
山西	轩岗矿黄家堡矿	1.21	0.66	85.22	11.82	2.96	1.17
	东山煤矿	7.72	1.31	74.45	9.23	16.82	—
	荫营煤矿	10.77	1.58	61.36	9.66	28.98	0.47
内蒙古	包头局长汉沟	0.72	1.92	90.72	7.69	1.59	0.65
	海渤湾局红石矿	6.98	0.86	68.48	15.20	16.32	0.77
	海渤湾局平沟矿	8.95	0.82	64.59	15.90	19.51	0.38
河南	平顶山三矿	0.84	1.25	90.14	9.67	0.29	0.59
	平顶山二矿	6.60	0.91	69.24	18.12	12.64	0.89
	开封大峪沟3号井	8.45	0.14	59.78	28.18	12.04	0.36
宁夏	石炭井乌兰矿	1.60	0.76	87.27	10.48	2.25	—
	石嘴山一矿	6.36	0.92	71.61	14.88	16.61	1.55
	石嘴山一矿	3.97	0.89	79.40	13.14	10.37	3.02
陕西	韩城局象山矿	1.88	1.62	83.37	10.52	6.11	0.39
	铜川局东坡矿	6.34	1.10	71.74	12.90	15.46	1.32
	澄合局权家河矿	9.08	0.96	65.37	11.67	22.96	1.40

当前煤矸石的分类方法很多，尚未形成一个统一的、明确的分类及命名方案。只有对各地区的煤矸石物理、化学以及岩石矿物性质进行系统的研究，建立起比较完备的煤矸石数据库，才能基于煤矸石综合利用来确定煤矸石的分类。从有利于煤矸石综合利用，且分类简单的方面来说，有些人认为根据煤矸石的碳含量和矿物组成进行分类是一种比较适合的分类方法。

目前通用普遍被认可的分类依据为1985年1月重庆煤炭研究所王长根提出来的分类依据，即三级分类命名法，他提出将煤矸石分为岩巷矸、煤巷矸、洗矸、手选矸和剥离矸等；1991年5月，焦作矿业学院的葛宝勋教授提出二级分类命名方案，他将煤矸石分为自燃矸、煤巷矸、洗矸、岩巷矸、手选矸；1998年焦作工学院的邓寅生提出更新的命名方案，他在分析上述所有二级、三级分类方案的基础上，对以上两种方法进行了整合和汇总，提出将煤矸石分为井岩巷矸、煤巷矸、剥离矸、手选矸、选煤矸和自燃矸（过火矸）六大类；2001年关于煤矸石的命名再次被开创性地进行改进，在对前两个分类方案的认真分析基础上，中国矿业大学北京研究生部许泽胜又提出了将煤矸石分为剥离矸、手选矸、自燃矸、煤巷矸、岩巷矸、洗矸六大类。从这四类方案中可以看出，最后两种方式略有不同。根据以往的习惯，它们在大类划分命名上基本相同，都包含了我国煤矸石产业分类的基本类型，都十分全面地阐述了煤矸石基本性质。综上所述，煤矸石按产出方式划分为剥离矸、煤巷矸、岩巷矸、手选矸、选煤矸、自燃矸（过火矸）[34]。

2.1.3　煤矸石的产地分布概况

世界探明可采煤储量为9842亿t，主要集中在美国（约2400亿t）、俄罗斯（约1500亿t）、中国（约1100亿t）、澳大利亚（约900亿t）、印度（约700亿t）、德国（约600亿t）、南非（约500亿t）等。有煤的地方就有煤矸石。在煤炭的开采过程中，产生的大量固体废弃物煤矸石堆也主要分布在这些国家，只不过煤矸石的综合利用很早以前就受到欧美等发达国家的重视。从20世纪60年代开始，英国就开始对煤矸石的综合利用进行系统研究。波兰和匈牙利联合成立了专门处理和利用煤矸石的海尔德克斯公司。到20世纪70年代，法国、德国等国家的煤矸石利用率已达30%～50%，部分矿区的煤矸石利用率已经达到100%[35]。

煤矸石是我国最大的工业固体废弃物。由于我国煤炭一般埋藏较深，适合露天开采的煤炭资源仅占4%左右，绝大部分煤炭主要由井工开采，因此煤矸石产出率较高，2010年按年产煤30亿t，入洗煤按50%计，煤矸石排放量预计达7.1亿t。2020年煤炭产量将超过30亿t，入洗煤比率按70%计，煤矸石排放量将达到10亿t左右。全国历年堆存的煤矸石含有大量的工业固体废弃物，占我国工业固体废弃物总量的1/4左右。煤矸石天然存在状态如图2-1所示[36-37]。

(a)　(b)　(c)　(d)

图2-1　煤矸石天然存在状态

（a）天然煤矸石；（b）非自燃煤矸石；（c）煤矸石山；（d）原状新鲜煤矸石

煤矸石主要是与煤层相伴而生的矿物质，在煤炭开采过程和洗选的过程中被逐渐地分离出来，故在煤炭生产单位一般又称之为“夹矸”，一般煤炭生产企业普遍存在煤矸石山。由于我国煤矿生产单位呈现出分布广泛，而又相对集中的特点，我国的煤矿生产单位主要以山西、陕西、内蒙古、新疆等省、自治区为主，其次为宁夏、安徽、云南、贵州、山东、河南、黑龙江等省区。目前国内主要的重点煤矿分布：内蒙古自治区的伊敏、霍林河、扎赉诺尔、乌达、大雁、平庄、海渤湾等煤矿；陕西省的铜川、韩城、澄合、浦白等煤矿；山西省的大同、阳泉、潞安、汾西、荫营、小峪、王坪、太原、寨沟、平朔、轩岗、西山、东山、霍州、晋城等矿区；贵州省的林东、六枝、水城、盘江等；新疆维吾尔自治区的乌鲁木齐、哈密等矿区；河南省的义马、鹤壁、郑州、焦作、平顶山等矿务局；宁夏回族自治区的石炭井、石嘴山、灵武等矿区；安徽省有淮南、淮北等矿务局；山东省有淄博、龙口、肥城、新汉、枣庄、兖州等矿务局；黑龙江省的双鸭山、七台河、鹤岗、鸡西等矿区；河北省的开滦、峰峰、邯郸、邢台、井陉等矿务局；辽宁省的阜新、铁法、北票、沈阳、南票、抚顺等煤炭企业。

随着我国社会和经济的快速蓬勃发展，对于煤炭的需求量逐年递增，由此产生的煤矸石的堆积量也快速增加。由于煤矸石的来源及堆放时间长短不同，其性质差别很大，从煤矸石利用情况分析，全国煤矸石质量情况见表 2-4。

表 2-4　我国煤矸石质量情况

地区	省份	灰分（%）	发热量（$GJ \cdot kg^{-1}$）	煤灰中 SiO_2 含量（%）	煤灰中 Al_2O_3 含量（%）
华北地区	河北	61.5～94.3	2～6	54.5～63.6	0～25
	山西	64.3～89.6	0～20	49.5～77.2	15.5～23.7
	内蒙古	81.1～96.2	0～6	40.2～60.4	20.2～47.1
东北地区	黑龙江	60～70	5～13	30～50	10～25
	吉林	60～90	5～10	40～60	40～60
	辽宁	70～90	0～8	60～70	12～24
华东地区	山东	85 左右	0～5	63（平均）	28（平均）
	安徽	54～88	3～11	51（平均）	13（平均）
	江苏	75～93	0～13	40（平均）	20（平均）

续表

地区	省份	灰分（%）	发热量（$GJ\cdot kg^{-1}$）	煤灰中 SiO_2 含量（%）	煤灰中 Al_2O_3 含量（%）
中南地区	河南	53~82	0~6	44~56	5~18
	湖南	60~70	0~10	64~73	9~21
西北地区	陕甘宁三省	0~50	10~18	40~60	4~8
	其他地区	80~100	0~6	60~83	10~21
西南地区	四川	60~85	0~10	30~47	0~25
	云南	60~90	4~13	53~64	4~13
	贵州	0~50	30~88	36~46	2~12
	西藏	30~88	—	—	—

从表2-4我们可以看出，我国各个地区煤矸石质量差异大。煤矸石的灰分为50%~90%，一般煤矸石的灰分为40%~85%，煤矸石发热量变化范围较大。因此，需要对不同地区的煤矸石详细分析后再进行合理化利用。

目前，国内的煤矿矸石山有1600余座，分布没有规律，大多是哪里方便哪里堆。煤矸石的常规填埋法，是将煤矸石直接填入塌陷而成的塘、湖、沟或低洼地区，对场地和废弃物不做任何处理。其工艺简单，成本低，但是造成环境的二次污染，是具有较大威胁的污染源。

有的矿区采用煤矸石的卫生填埋法，可以减少对水资源的污染，恢复地面植被，复垦造田，取得了一定的环境效益和经济效益。煤矸石卫生填埋场，主要由底部防渗层、间隔黏土层、侧衬、封顶层、煤矸石填埋单元及截水沟等附属设施组成[38]。其结构如图2-2所示：

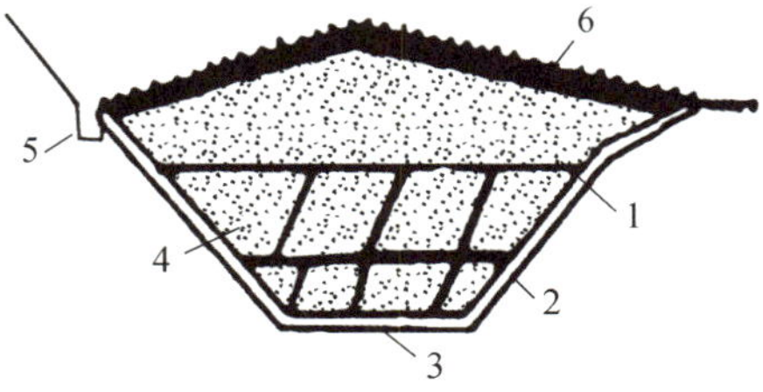

图2-2 煤矸石卫生填埋场模式

1—间隔黏土层；2—衬防水层；3—底部防水层；4—煤矸石；5—截水沟；6—上覆土层

实际上，有的煤矿矸石山只用了几年，由于地理位置不合适就废弃；有的煤矿矸石山自建矿以来一直在使用，堆积过高，坡度太大，随时都有发生滑坡的危险。因此，应对煤矿矸石山的合理性布局做深入研究，以使煤矸石山的分布符合一些基本原则。

1. 煤矸石山分布就近原则

煤矸石山分布不能离井口太远，否则排矸的轨道就要加长，增加成本；另一方面，煤矸石山离井口越远，它的污染范围就会越大，社会经济和生态环境的负面影响也会越大。通过对某矿区分布的 21 座煤矸石山进行调查，离井口最近的只有 39m，最远的有 1338m，平均值为 294m。经实际调查，矸石山离井口的距离以 150 ~ 300m 最佳。

2. 远离居民区和工农业生产区原则

煤矸石山的分布应尽可能远离居民区和工农业生产区域，减少其对附近居民的危害以及对工农业生产的影响。

3. 煤矸石山堆放危害性最小原则

图 2-3 所示是煤矸石山堆放分层处理模式，可以防止煤矸石山自燃和淋溶水析出对周围环境的二次污染。按照一定的倾斜度，煤矸石山每增加 5 ~ 10m，就用黏土将其分层压实，使其淋溶水流入采集沟，经处理后达标排放。煤矸石山表层覆一层薄土后，种植花草树木，以免尘土飞扬，危害周围环境。同时，还可以减少进入煤矸石山内部的空气量，防止自燃。

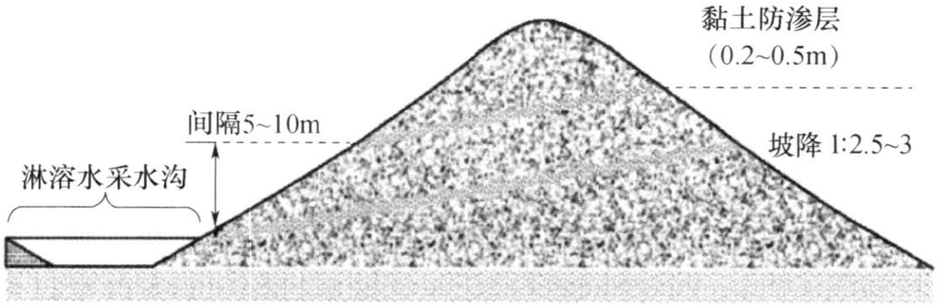

图 2-3　煤矸石山堆放分层处理模式

应切断煤矸石山与地表水系和地下水系之间的联系，远离民用供水水源。另外，煤矸石山最好分布在低洼、沟壑或山沟里，以减少其裸露在外的表面面积，减少环境污染。对于废弃的煤矸石山应该进行绿化。

4. 自然与景观相协调原则

对煤矿矸石山的改造，无论采取何种堆放形式，都要坚持与矿区周围自然景观相协调的原则，从根本上改变开采、排放煤矸石给矿区环境带来的不良影响[39]。

2.2 煤矸石综合利用现状

煤矸石是在煤矿开采中所产生的一种固体废物，是在成煤过程，伴煤而生的一种废弃岩石。相关数据表明，煤矸石的产量约占煤炭产量的10%，我国当前煤矸石的总积累量已达70多亿吨，且积累量逐年递增，这些大量的煤矸石需要更多的土地盛放，而随着其数量的不断增加，占用的土地面积也越来越大，这在很大程度上浪费了我国的土地资源，而且煤矸石在存放过后会出现风化的现象，它在风化的过程中会产生大量的有毒物质以及有毒的气体，这些有毒物质和气体对人类有极大的危害，也会对环境造成严重的危害，极大地威胁生态环境，很可能会使得生态环境遭到破坏而无法恢复。另一方面，在对煤矸石进行利用的过程中，并没有对其进行严格的处理，而且煤矸石的利用率相当低下，这也是当前煤矸石数量居高不下的根本原因[40]。

近些年，我国煤矸石产生量情况如图2-4所示，2006年以来随着煤炭产能的快速扩张，我国原煤品质下降、原煤灰分上升，与此同时采煤机械化程度日益提高，原煤洗选规模逐步扩大。在上述多种因素的叠加影响下，我国煤矸石的产排量呈快速增长趋势，由2006年的3.78亿t，增长到2015年内的7.07亿t，2017年我国煤矸石产生量约为6.7亿t，占全国大宗工业固体废弃物的比重约20%[41]。

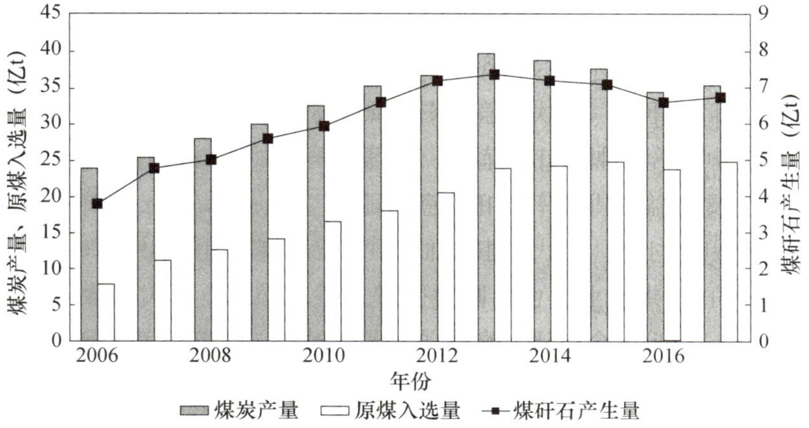

图2-4 我国煤矸石产生量情况

数据来源：根据国家统计局、行业协会数据整理

2.2.1 国内煤矸石综合利用现状

近几年来，在资源综合利用相关政策的推动下，煤矸石综合利用

量也保持了稳定的增长，各级煤炭企业和资源综合利用企业，依靠科技进步，拓宽利用渠道，克服煤炭经济下行压力，积极推进煤矸石综合利用。煤矸石综合利用量由2006年的2亿t增长至2017年的4.52亿t，综合利用率67.3%，较2006年增加14个百分点，详情如图2-5所示。技术进步推动煤矸石综合利用水平进一步提升，极大地拓展了综合利用的方式和途径。目前，煤矸石综合利用的主要方式包括煤矸石综合利用发电、充填采空区、井下充填开采、沉陷区治理和土地复垦、生产利废建材、填坑造地筑路等。2017年，在煤矸石综合利用领域占据重要位置的煤矸石、低热值煤等综合利用发电得到进一步发展，总装机规模达到36GW，一批350MW等级超临界低热值煤发电机组在2017年陆续投产，河北、山西、山东等多个省份煤矸石综合利用电厂实施完成超低排放改造。煤矸石、低热值煤综合利用发电机组环保排放控制水平也在2017年得到很大改善。煤矸石井下充填绿色开采、原煤井下预排矸、井下选煤厂等一批先进技术得到进一步应用和推广，涌现出山东能源、冀中能源等典型煤炭企业。这些技术的应用在减少矸石升井、降低能源消耗方面发挥了积极作用。

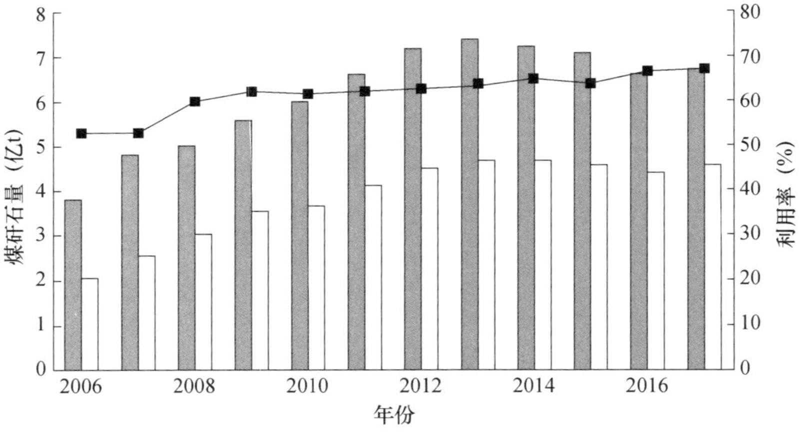

图2-5　我国煤矸石综合利用情况

数据来源：根据行业协会数据整理

煤矸石综合利用，是世界各产煤国如英国、美国、法国、日本、波兰、苏联等都十分关注的研究课题，而将煤矸石建材资源化的研究与应用是国内外煤矸石综合利用的主要方向之一[42]。20世纪70年代初期我国煤矸石建材资源化的主要应用实例见表2-5。

表 2-5　20 世纪 70 年代初期国内煤矸石的主要处理和利用情况一览表

地区	已投产的产品	研究试制成功尚未投产
辽宁省	煤矸石砖、硫酸铝、氯化铝、煤矸石支架、电瓷元件、陶瓷制品、化肥、沸腾炉燃料、水泥混合材	煤矸石陶粒
吉林省	煤矸石砖、沸腾炉燃料	
黑龙江省	煤矸石砖、沸腾炉燃料	煤矸石煤球
河北省	煤矸石砖、火山灰质水泥混合材	
河南省	煤矸石砖、水泥混合材、矸石棉	
山西省	煤矸石砖、明矾、硫黄、化肥、硫酸	
山东省	煤矸石砖、硫黄、井下充填、燃料	
安徽省	煤矸石砖、煤矸石支架、建筑构件、井管、水泥、烧料	煤矸石铸石
四川省	煤矸石砖、煤矸石支架、建筑构件、水泥、烧料	陶瓷制品

目前，我国煤矸石建材资源化的有效利用，主要表现在以下几个方面：

（1）我国煤矸石砖已实现规模化生产，年产量可达 200 多亿块，与黏土砖相比，每年可节省 224 万 t 标煤，可节约土地 28000～40000 亩。

（2）煤矸石已被广泛应用于水泥生料、熟料及新型水泥的研发与生产。如河南义马煤业集团公司利用煤矸石作为熟料代替黏土生产水泥，在水泥中的掺量达到 30%，使得水泥中吨熟料（非标准煤）由 475kg 降至 378kg。同时，提高了水泥的生产效率，熟料台时产量由 6.54t 提高到 8.33t，降低了能源的消耗，吨熟料电耗下降 6.93kW · h。

（3）煤矸石属煤系高岭土，是与煤共生的泥岩夹矸，利用其生产沸石、陶瓷材料、耐火材料也是煤矸石综合利用的又一途径。国家 863 计划资助项目——中国地质大学（武汉）以煤矸石与粉煤灰为原料，进行高档瓷质砖的研发、制备及产业化的推广，取得了显著的成果。

（4）利用煤矸石生产混凝土轻集料（陶粒），目前已可研制出 700～900kg/m^3 的高强陶粒、500～700kg/m^3 的普通陶粒、<500kg/m^3 的超轻陶粒以及多孔陶粒等多个品种，并已投产使用。

《煤炭工业发展“十三五”规划》中提出，到 2020 年我国煤炭产能控制在 39 亿 t 以内，原煤入选率达到 75% 以上。根据相关测算，到 2020 年全国煤矸石年新增量预计接近 8 亿 t，矿井年涌水量 60 亿 m^3，煤矿瓦斯抽采量达到 240 亿 m^3，而“十三五”规划中提出的综合利用发展目标：煤矸石综合利用率达到 75%，矿井水综合利用率达到 80%，井下瓦斯抽采量140亿 m^3，利用量70亿 m^3，地面煤层气抽采量100亿 m^3，利用量90亿 m^3以上。要实现上述目标，按照当前资源综合利用面临的外部形势而言，难度非常高。特别是煤炭产能向西部、西北部地区转移后，东部、中部等资源综合利用发展较好的矿区已积累的发展基础将进一步萎缩，远离煤炭消费中心后，资源综合利用消费需求不足将制约煤炭资源综合利用的发展。

随着国家节能减排事业的逐渐推进，煤矸石资源化利用程度逐渐加强，利用率不断提高，利用领域不断拓展。据统计，1983年我国煤矸石利用率为17%，2000年达43%，2015年已达到65%，我国煤矸石资源化利用已经取得很大的发展，朝着产业化方向迈进。然而必须看到的是，我国煤矸石资源化利用总体水平还不够高，部分企业的经济效益也不是很好，究其原因在于对煤矸石的资源属性研究还不够，尚需有针对性地开展不同煤矸石资源化利用技术的系统研究[43-44]。

目前，依据煤矸石的组成特点，我国煤矸石资源化综合利用途径：作为燃料；作为化工原料；作为肥料；作为陶瓷原料；作为建筑材料原料；回收矿产品；制备新型材料；直接利用等。煤矸石还被用作新型工业的填料，例如薄膜、人造革、橡胶工业制品、泡沫和涂料等，也可以取代轻钙、炭黑和立德粉等。我国对煤矸石资源化利用的主要途径和煤矸石行业利用情况见表2-6和图2-6。

表2-6　我国煤矸石综合利用现状

利用途径	主要项目	利用规模	备注	煤矸石类型及消耗量
资源回收利用	煤矸石发电	煤矸石电厂72座，总装机容量 83×10^4kW，单机容量 $(0.15\sim2.2)\times10^4$kW	煤矸石与劣质煤混烧	主要利用洗选煤矸石；每年洗选矸石消耗量约0.1万t，占当年洗矸产量的20%左右，约占当年煤矸石利用量的6%
	生产煤矸石砖及煤矸石水泥	砖厂200座，年生产能力18亿块；水泥厂50座，年生产能力200万t	煤矸石替代黏土	
	回收硫精砂	设计生产能力50万t	已达30万t	
工程利用	回填塌陷区复用	年复填面积4600万 m^2	复垦率23%	主要利用采掘矸石；利用煤矸石约0.5万t，约占当年煤矸石利用量的70%

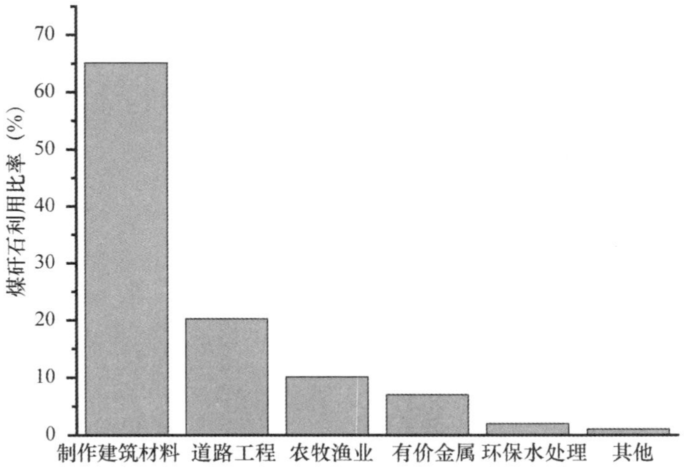

图 2-6 各行业煤矸石利用比率

近年来，我国在煤矸石资源化方面做了大量基础研究工作，煤矸石综合利用取得了长足发展，煤矸石利用量逐年增加，综合利用途径不断扩展，为煤矸石综合利用向大宗量、高科技、产业化发展奠定了基础。随着高新技术的发展，煤矸石的高值化利用逐渐形成新的发展方向，利用煤矸石为原料制取化工产品成为其高值利用的重要方向。在该方面，国内一些单位，如内蒙古电力科学研究院、西安石油大学、内蒙古大学、山西大学、河北大学、唐山学院、河北电力大学等开展了相关研究，开发的技术大多为单一提取铝组分制备氧化铝或铝系絮凝剂，有些已进入工业化放大和中试研究阶段，如宁夏大学对煤矸石提取氧化铝进行了工业放大，并提出了 1.5 万 t/a 的工业化中试的可行性研究报告。总体而言，单一提取过程不经济，且由于工艺过程中的残渣、废水和废气等无利用途径，导致二次污染严重。因而，充分利用煤矸石中的有用组分，进行综合提取制备多元化工产品，并且充分利用过程中产生的废物，提高过程经济性和降低二次污染，成为今后煤矸石高值利用制取化工产品技术的发展方向[45]。

国家《煤矸石综合利用技术政策要点》指出，煤矸石综合利用以大宗量利用为重点，将煤矸石发电、煤矸石建材及制品、复垦回填以及煤矸石山无害化处理等大宗量利用煤矸石技术作为主攻方向，发展高科技含量、高附加值的煤矸石综合利用技术和产品。对某些化学元素含量高的煤矸石可以提纯，以回收有益组分及制取化工产品。当煤矸石中氧化铝含量高于 30% 时，可提取铝组分制备含铝化合物，如聚合氯化铝和硫酸铝以及氢氧化铝、氧化铝、沸石等铝盐系列化工产品；氧化硅含量高于 50% 以上，可开发硅系列化工产品，如 SiC、白炭黑等；含硫量达

5%的可回收黄铁矿生产工业硫酸；含碳量高的可做燃料或制备活性炭；利用煤矸石可制备新材料，如塞隆、堇青石等高性能陶瓷和复合材料。对某些矿物成分含量高的煤矸石可对此矿物提纯并加工，如高岭石含量高的经过煅烧及表面改性处理，可用作塑料、橡胶、涂料等高分子材料和复合材料的活性填料，纯度不够的可以做水泥混合材或混凝土矿物掺合料[46]。煤矸石的利用途径如图2-7所示。

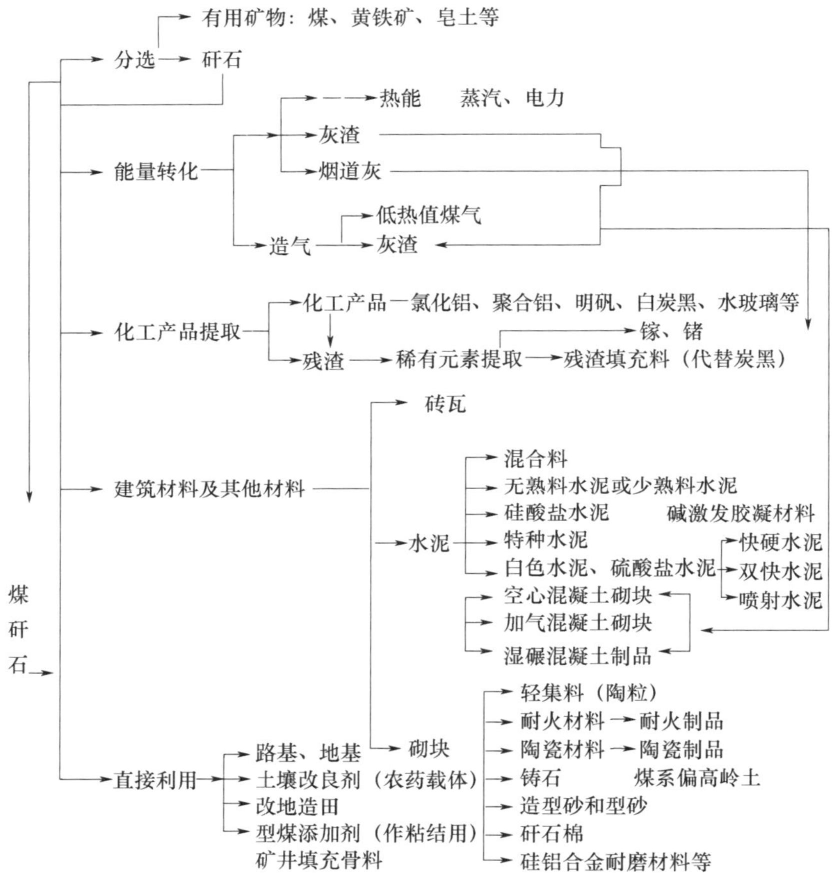

图2-7　煤矸石处理和利用的途径

2.2.2　国外煤矸石综合利用现状

国外对煤矸石综合利用非常重视，如美国、日本和欧洲发达国家相继推出污染预防法案，将煤矸石综合利用技术研发列入国家战略性高技术发展的日程，目前已形成较为完善的煤矸石资源化利用的政策法规，支持煤矸石生产技术的基础、应用与产业化研究。在荷兰、法国等西欧国家，煤矸石的利用率已达到60%～100%。俄罗斯对有机质20%以上的煤矸石生产有机矿物肥料，可使农作物增产15%～40%，但是在煤矸石高值化生产铝系絮凝剂和白炭黑方面的研究利用较少，尚缺乏重大原创性的工业化技术成果。

早在第二次世界大战以前国外利用煤矸石就已经开始，但是直到20世纪60年代后期这项工作才真正地引起各国的重视。对煤矸石的资源化利用始于20世纪70年代的西方国家，其中以美国、英国、法国、苏联、波兰、匈牙利开始得很早。美国现存的矸石量已经达到2.7亿t，首先应该对煤矸石进行严格的分类，对于一些含碳量高于20%的煤矸石应采用选矿的方法对其进行二次分选，剩余的煤矸石可以应用于建材行业。欧洲的国家主要是通过对煤的高度净化和纯化，将煤矸石作为二次能源资源利用，目前一些西方发达国家对煤矸石的利用已高达95%[47-50]。

20世纪70年代，德国、法国等国的煤矸石利用率已经达到30%～50%，部分国家矿区的煤矸石利用率已达到100%，例如，德国、法国、日本、巴西、美国等已经对煤矸石的综合开发利用开始了比较全面的试验研究，主要应用实例见表2-7。现如今已经进入一套技术的推广和应用阶段。

表2-7 20世纪70年代初期国外煤矸石的主要处理和利用情况一览表

工程类型	用途	主要工程实例
公路（包括普通公路和高速公路）	路基和路堤的充填材料	法国北部公路网；德国Rubr地区公路网；英国Nottingham、Liverpool等地区公路干线及Cateshead高速公路
铁路、水工建筑及其他	路基和路堤的充填材料、坝体充填材料、护层地基垫层	英国Cloucester、Croydon铁路编组站，Victor-Brighne铁路 拦河坝、浅坝（荷兰）；海岸护堤、水库大坝、运河河堤等（英国）； 停车场地基、软弱地基处理等
建筑材料	煤矸石烧结砖	英国、苏联、法国
	提取氧化铝同时生产水泥	美国、波兰、法国
	作水泥原料	英国、日本、波兰
	生产耐火材料	日本
	烧制轻集料——陶粒	荷兰（1953）、波兰（1966）、英国、匈牙利
	生产铸石	苏联

综合利用煤矸石来生产建筑材料已经是一种成熟的技术，生产品种越来越多，生产的规模和利用量也在不断地扩大。目前英国有已燃

煤矸石约 3 亿 t，每年销售量为 600 万～700 万 t，其中大部分已燃煤矸石被用作填坝、公路和其他的土建工程普通的填充物。多年来已燃矸石已经得到广泛利用，被认为是一种经济的和优良的材料。将已燃矸石与铝土矿物以 4∶1 的比例混合起来可以制造成满意的防滑路面，一些已燃的煤矸石也适宜用作混凝土集料，特别是适用于低强度等级的混凝土。但是不利的因素是煤矸石中含有的硫元素，若含硫量符合标准要求，类似碳质页岩尤其是已燃的页岩就可代替砾石制造出混凝土。目前，法国将红色页岩进行了破碎和分级后可以获得准确的粒级，然后可以用于公共广场和空地的表面的装饰、铺路或者用于停车场，每年用量可以达到 40 万～50 万 t。目前，美国利用“红矸石”作为筑路原材料，是煤矸石用量最大的一种途径。其中，宾夕法尼亚州某公司调查了用烧过的无烟的煤矸石作为防滑材料的大概情况，随之又进行了一些试验研究，结果表明利用沥青的混合物可以制成特别坚固的混合料，这个混合料可用作修补路面、路面处理的材料或者机动车辆铺路材料等。苏联某矿区每年的排出煤矸石约为 6000 万 t，堆存的矸石约为 8 亿 t。碳和硫在空气中会因为氧化而自燃，致使煤矸石经受自燃煅烧后变成烧岩，其结果是黏土颗粒中的高岭土脱水且具有水硬性掺合料的性质。这一种烧岩常被当作碎石铺在沥青混凝土的路面下，作为双垫层底层每平方米造价要比利用高炉矿渣低一半。

以美国、英国为代表的西方国家煤矸石总综合利用率突破 90%。琴希托霍瓦工业大学环境工程学院通过氮吸附法研究了天然和改性煤矸石的结构和表面性质，从而开发了煤矸石作为工业废水预处理中的廉价吸附剂的新应用；马来西亚大学则利用棕榈—燃油—粉煤灰（POFA）、粉煤灰（FA）、高炉矿渣（BFS）作为粘合剂和细集料，分别可以替代传统材料。当前国外煤矸石综合利用的发展趋势为在工艺选择上坚持节能降耗；在产品性能上大力生产轻质、高强产品；在建材产品上由传统的混凝土向新型保温墙材料转换[51]。

综上所述，煤矸石已经在世界各国获得非常广泛的应用。但由于煤矸石的组成成分较复杂，不同地区、不同矿井所排放的煤矸石成分都有比较大的差别，而且煤矸石中的有害成分——硫和未燃烧的物质——碳都给煤矸石的利用带来极大的不便。

2.3 煤矸石综合利用的国家政策及技术原则

国家发展改革委、原国家经贸委以及各地方政府等相继出台了《国务院批转国家经贸委等部门关于进一步开展资源综合利用意见的通知》《财政部、国家税务总局关于部分资源综合利用及其他产品增值税政策问题的通知》《关于加快发展循环经济的实施意见》等鼓励煤矸石综合利用政策。从规划、技术、资金、税收、土地等方面出台优惠政策，支持循环经济发展。将煤矸石资源化利用与企业发展相结合，资源化利用与污染治理相结合，实现经济效益、环境效益、社会效益的统一。

国家发展改革委、科技部、财政部等10部门联合发布新版《煤矸石综合利用管理办法》（以下简称“新《办法》”），自2015年3月1日起施行。据国家发展改革委有关负责人介绍，此次修订主要在立项审批、土地约束、环境保护、安全生产等方面强化了对企业和各级人民政府有关部门的要求，相应的鼓励和处罚措施也更加明确。同时，进一步建立完善了煤矸石产生和利用情况的统计体系，对煤矸石综合利用发电也强化了相关技术指标和环境保护要求。一是明确了煤矸石综合利用应坚持减少排放和扩大利用相结合，实行就近利用、分类利用、大宗利用、高附加值利用，加强全过程管理，提高煤矸石利用量和利用率的总体要求。二是建立完善了煤矸石产生和利用情况的统计机制。明确地市级环境保护部门、资源综合利用主管部门会同煤炭行业管理部门负责统计和发布本地区煤矸石产生、贮存、流向、利用、处置等数据信息。各省（区、市）环境保护部门和资源综合利用主管部门将本地区上年度统计数据报环境保护部、国家发展改革委。三是在立项审批、土地、环境保护等方面建立了相应约束机制和指标要求。新《办法》规定，煤炭开发规划和建设项目的可行性研究报告中须编制煤矸石综合利用和治理方案，明确煤矸石综合利用途径和处置方式。禁止新建煤矿及选煤厂建设永久性煤矸石堆场，确需建设临时堆场（库），其占地规模要与煤炭生产和洗选加工能力相匹配，原则上占地规模按不超过3年储矸量设计，且应有后续综合利用方案。煤矸石临时性堆放场（库）选址、设计、建设及运行管理应当符合《一般工业固体废物贮存、处置场污染控制标准》（GB 18599—2001）《煤炭工程项目建设用地指标》等相关要求。煤矸石发电要严格执行《火电厂大气污染物排放标准》（GB 13223—2011）等相关标准规定的限值要求和总量控制要求。煤矸石使用量要不低于入炉燃料的60%（质量比），且收到基低位发热量不低于1200kcal/kg。四是对煤炭产量超亿吨的产煤省份提出进一步要求。明确提出主要产煤的省、区（内蒙古、山西、陕西、河南、山东、新疆、贵州、安徽、云南等）资源综合利用主管部门要会同有关部门组织编制本行政区域煤矸石综合利用发展规划。五是鼓励措施和处罚更加明确。通过国家科技计划（基金、专项）等，对煤矸石高附加值利用关键共性技术的自主创新研究和产业化推广给予支持。煤矸石利用单位可根据国家有关规定申请享受并网运行、财税等资源综合利用鼓励扶持政策。对符合燃煤发电机组环保电价及环保设施运行管理的煤矸石综合利用发电（含热电联产）企业，可享受环保电价政策。对弄虚作假、不符合质量标准和安全要求、超标排放的，取消其享受国家财税、价格等鼓励扶持政策资格，对已享受国家鼓励扶持政策的，将按照有关法律和相关规定予以处罚和追缴[52]。

早在1985年，国务院批转国家经济贸易委员会《关于开展资源综合利用若干问题的暂行规定》的通知中就提出了鼓励企业积极开展包括煤矸石在内的资源综合利用措施和优惠政策。1998年和1999年出台的《煤矸石综合利用管理办法》与《煤矸石综合利用技术政策要点》，提出煤矸石综合利用要坚持因地制宜、积极利用的指导思想，实行谁排放、谁治理、谁利用、谁受益的原则。对煤矸石综合利用项目从投资政策、建设资金上按照国家法律、法规的规定给予支持。煤矸石综合利用企业（项目、产品）按国家有关规定享受减免税优惠政策。2001年发出的《关于部分资源综合利用及其他产品增值税政策问题的通知》中包括了煤矸石生产的水泥和电力及有关墙体材料实行减免税的政策。2006年发展改革委发布的《“十一五”资源综合利用指导意见》中对煤矸石综合利用提出了具体要求：其综合利用率达到70%；重点发展领域：重点工程采用较高发热量煤矸石发电，利用煤矸石生产建筑材料、筑路、回填、复垦等。在《“十二五”资源综合利用指导意见》中提出要继续扩大煤矸石发电及生产建材、复垦绿化、井下充填等利用规模；鼓励利用煤矸石提取有用矿物元素制造化工产品和有机矿物肥料等新型利用。2012年，科技部发布的《废物资源化科技工程“十二五”专项规划》中也明确提出重点研发煤矸石低温活化矿井填充技术，煤矸石生态治理技术，煤矸石制造岩面保温材料及提取超细纤维造纸技术，煤矸石制备环保材料技术及尾渣资源化利用技术等[53]。

国家经济贸易委员会、科学技术部发布的《煤矸石综合利用技术政策要点》（国经贸资源〔1999〕1005号）中也明确了煤矸石综合利用的主要技术原则，提出了煤矸石综合利用技术要求。《热电联产和煤矸石综合利用发电项目建设管理暂行规定》（发改能源〔2007〕141号）中明确了煤矸石综合利用发电项目，应优先在大型煤炭矿区内或紧邻大型煤炭洗选设施规划建设，具备集中供热条件的，应考虑热电联产，限制分散建设以煤矸石为燃料的小型资源综合利用发电项目。《产业结构调整指导目录（2011 年本）》鼓励煤矸石、煤泥、洗中煤等低热值燃料综合利用，鼓励矿井采空区矸石回填技术开发与应用，鼓励单机 30 万 kW 及以上采用流化床锅炉并利用煤矸石、中煤、煤泥等发电项目，鼓励 3000 万标砖/年以下的煤矸石、页岩烧结实心砖生产线。《关于煤炭工业“十三五”节能环保与资源综合利用的指导意见》提出加大煤矸石（含洗矸、煤泥）固废资源综合利用产业化和多重功能化发展。按照煤-电-热-冷-蒸汽-建材一体化、多功能化模式和燃煤超低排放发电标准，继续改造和新建一批邻近矿井工业广场的煤矸石、煤泥等低热值煤综合利用发电为龙头的循环经济园区项目。充分发挥综合利用发电在废弃物消纳处置，减少堆存占地，减少自燃污染，矿区供热、供暖、供冷，剩余灰渣生产利废建材和替代供热供暖燃煤小锅炉等方面的多重职能。

目前，煤矸石的堆存量很大、成分复杂，而且存放的时间以及自燃的程度各不相同，因此煤矸石的综合利用应该遵循“技术的可行性、实施的经济性、一级产品的适用性”的原则。煤矸石的综合利用以规模化为重点，将煤矸石发电、煤矸石建材及制品、复垦回填以及煤矸石无害化处理等技术作为主攻方向。

2.4　煤矸石综合利用存在的问题

1. 煤矸石利用的研究薄弱

煤矸石的利用主要是对其中含有的化学元素和矿物质进行利用。我国对于矿物质等的利用能力远远低于国际平均水平，而且对其利用的研究能力也比较低下。另外，国内企业的规模较小，无法很好地引进国外先进的煤矸石利用技术，从而导致煤矸石的利用中存在着许多的不足，严重地制约着煤矸石利用的发展和进步。

2. 各地区发展不平衡

在国内，地区不同，对于煤矸石的利用能力和重视程度也有所不同，一些资源匮乏的地区十分重视煤矸石中的资源，会加大对煤矸石的再利用。而一些资源丰富的地区则不在乎煤矸石中的资源，对其利用不重视。例如，四川地区煤炭资源贫乏，但煤矸石的综合利用率可达 65% 左右。原因可能是不同地区的重视程度和政府扶持力度不同。

3. 环境的保护力度不够

在煤矸石的处理之中，很多企业对于煤矸石对环境的影响不重视，因此他们随意地进行煤矸石的排放，对其处理也不重视，处理的标准远远没有达到国家的要求，容易对环境造成污染。因此，煤矸石项目的开展，必须要以环境为出发点，保证不污染环境，研究出一些新的技术对煤矸石进行处理。

图 2-8 所示是历年不同方式处理煤矸石量的情况。从历年的数据看，发电利用占煤矸石总处理量的 10% ~40%，2010 年以来，约占煤矸石处理总量的 33%，煤矸石产生总量的 21% 和可入炉低热值燃料的 30%，煤矸石发电仍有很大的发展空间；填埋、筑路和充填采空区等是最主要的无害化处理方式，占总处理量的 50% ~80%，约为产生总量的 30%；建材的处理能力较低，仅占总处理量的 10% ~15%，低于产生总量的 8%；煤矸石的堆存量仍很大，近年来堆存量占产生量的比率仍高于 35%。这些数据表明，目前煤矸石的资源利用比率仍然较低，而且，仍主要以煤炭企业的处理、消纳为导向，资源利用的社会化水平不高，使煤炭企业承受着巨大的负担。

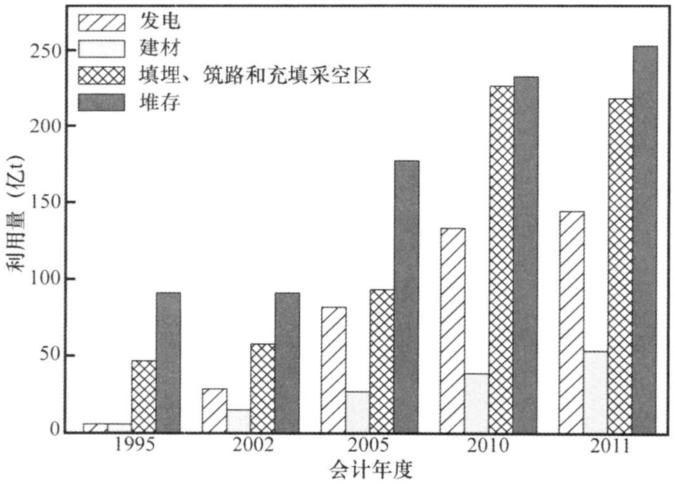

图 2-8　我国历年不同利用途径处理煤矸石量

造成这些现象的原因主要是目前各种利用途径的产业链短，利润空间小。如煤炭工业协会调查的 24 家煤矸石发电企业中有 9 家亏损，即便是盈利的企业，其利润大多依赖于资源综合利用企业的优惠退税。而开发煤矸石高附加值利用技术，扩展煤矸石利用途径，提高煤矸石资源利用企业的利润空间，充分调动其他非煤企业的投资热情，从而进一步提高煤矸石资源利用的社会化比率，是实现煤矸石由“无害化”向“资源化”转变，以及进一步提高煤矸石综合利用率以及利用水平的根本途径，可成为煤矸石资源利用“社会化”的重要切入点。而且，单一利用技术产业链短，形成产品少，企业效益差，会产生大量的废液、废渣，企业常常会因环保压力大而难以为继。开展煤矸石中多元素、多组分梯级利用，建立煤矸石综合利用的循环经济路线，可延长煤矸石资源利用的产业链。

煤矸石中可利用的元素主要是碳和无机组分，目前煤矸石高附加值利用的主要方式是利用其无机组分进行有价元素提取，制备保温隔热材料，生产陶瓷、沸石以及生产肥料等。图 2-9 所示是根据目前煤矸石高附加值利用的发展现状，以碳含量为基准构建的煤矸石高附加值利用的循环经济路线图。碳含量高的煤矸石热值高，可用于煤矸石发电、供热等。含煤矸石的低热值煤发电后会形成大量的灰渣，相比煤矸石，灰渣中的无机元素进一步得到富集，可用于提取有价元素、制备多孔陶瓷、生产高性能保温材料等，残余废渣用于生产建材制品，构建“煤矸石发电-（灰渣）多元素梯级提取/生产保温材料/陶瓷、沸石系列-（废渣）制建材”的循环经济路线，实现煤矸石多途径、多组分利用。碳含量低的煤矸石可直接利用其无机灰分，根据其矿物及组成特点，可用于生产煤系高岭土、元素提取、制备陶瓷和保温材料等，构建“煤矸石生产高岭土/肥料/保温材料/陶瓷、沸石系列/多元素梯级提取-（废渣）制建材”的循环经济路线。煤矸石高附加值利用不仅可以提高企业经济效益，还能充分利用煤矸石各组分，降低废渣排放，将成为煤矸石综合利用的发展方向。然而，高附加值利用技术目前尚不完善，仍然存在能耗物耗高、二次污染严重、企业经济效益差等问题，需要进一步开发或完善现有技术，达到物质、能量的高值高效利用。

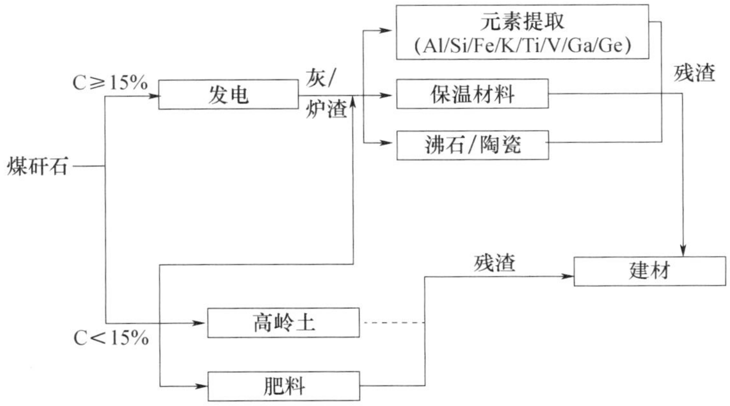

图 2-9 煤矸石高附加值利用循环经济路线

2.5 煤矸石应用的经济、环境和社会效益

煤矸石的综合利用和治理是指从产生煤矸石到对煤矸石进行生态修复和综合利用的整个管理、处理和应用的过程。煤矿企业从控制产矸到煤矸石的处理及应用，既达到清洁生产，又做到循环经济，减少了对生态环境的破坏和污染，建立了新的产业链，增加了就业，对矿区经济实现可持续发展具有重大战略意义。同时，带来了巨大的经济效益、环境效益和社会效益。

1. 经济效益

（1）煤矸石发电

利用煤矸石发电是大宗量利用煤矸石的有效途径，其带来的环境效益和经济效益显而易见。据估算，一座 100MW 容量的循环流化床锅炉煤矸石电厂，每年消耗煤矸石 60 多万 t，折合约 23 万 tce（吨标准煤当量）。在煤矸石排放源头建厂，供电成本比电网售电价格低 0.10 元/（kW·h）以上。据统计，2000 年煤矸石电厂发电约 120 亿 kW·h，占矿区用电量的 30%。全国购电的综合电价为 0.3～0.4 元/（kW·h），煤矿矸石电厂的供电成本为 0.15～0.25 元/（kW·h），价差为 0.15 元/（kW·h）。全国国有煤矿年用电量 300 亿 kW·h 以上，如果全部采用矸石发电，仅购电一项，煤炭企业就可少支出 45 亿元以上。

（2）煤矸石建材

据统计，全国年利用煤矸石作建材约 4000 万 t，占全国利用各类固体废弃物总量的 8% 以上。每年可节约能源 720 多万 tce，节约土地 1.17 万亩。

整体上，煤矸石排量的降低，减少了煤炭企业的排矸费用。煤矸石用于空巷道的填充，降低了地质灾害的发生概率，改善了地质环境质量，间接减少了经济损失。煤矸石综合利用，延伸了采煤产业链，促进了循环经济的发展，带来的经济效益明显。同时，环境污染得到了控制，减少了环境污染造成的经济损失。煤矸石堆复垦和生态的恢复，还原了土地的使用价值属性，会带来地上物的收益。

2. 环境效益

（1）煤矸石发电

煤矸石发电有利于改善矿区环境。资料显示，每燃烧 1000 万 t 煤矸石，与煤矸石山自燃相比，可少排放二氧化硫 24 万～38 万 t，少占地

300亩，排矸企业少交排污费1600万～2800万元。仅2004年，全国就因煤矸石发电而少排放二氧化硫96万～152万t，少占地1200亩，排矸企业少交排污费6400万～11200万元。另外，大多数煤矸石电厂采用热电联产工艺，从而大量减少供热锅炉数量，更加有效地改善矿区环境。循环流化床是低温（850～900℃）燃烧，可有效抑制燃烧过程中NO_x的生成。与粉煤炉相比，NO_x排放浓度可从（300～400）$\times 10^{-6}$降到（120～150）$\times 10^{-6}$。

（2）煤矸石建材

用煤矸石生产建材的环境效益主要包括避免了煤矸石山的自燃、占地和黏土砖的毁地。煤矸石山自燃会排放各种大气污染物，根据对阳泉自燃煤矸石山的环境监测结果，SO_2排放浓度高达19×10^{-6}，CO排放浓度高达126×10^{-6}。根据测量结果，在距煤矸石山下风向500m处，总悬浮物浓度可达0.8×10^{-6}。在节地方面，每生产1亿标块煤矸石烧结空心砖可利用煤矸石23万t，避免煤矸石占地29亩，同时减少取土毁地38亩。按每吨煤矸石处置费10元、每破坏1亩土地赔偿1万元计算，每生产1亿标块煤矸石烧结空心砖的环境效益为297万元。若考虑煤矸石山自燃的大气污染物排放及煤矸石山对水环境的污染，煤矸石制砖的环境效益更高。

随着减少煤矸石排出量的控制，煤矸石用于采空巷道的回填，减少了煤炭开采采空面积，煤炭开采造成的地质环境问题也相应减少，造成的生态环境破坏和污染程度降低。排到地面的煤矸石，通过发电、提取有用矿物、制砖的多种途径利用，减少了煤矸石的占用土地面积和煤矸石的体积，因煤矸石造成的污染和引发的地质灾害得到了控制。无法综合利用的煤矸石，进行处理后，对其表面进行生态修复，降低了污染和灾害的发生率，恢复了景观。

3. 社会效益

（1）煤矸石发电

①促进煤炭产业结构调整。煤矸石电厂副产品是水泥、砖制品的优质原料，由此可形成一个以煤矸石综合利用生产建材产品为主导的非煤产业的新产业链，通过上下游产业联动，实现资源循环利用、污染综合治理的循环经济发展道路。

②解决就业问题，加快城镇化进程。每座电厂建设都会带动地方经济的发展，建设期的劳工使用、建筑材料的使用会活跃地方经济，每座电厂投产运行管理可持续解决200～250人的劳动就业，煤矸石电厂年

均安置待岗人员可达上万人。

（2）煤矸石建材

①可有效利用固体废弃物。煤矸石新型墙体材料比实心黏土砖节约能源和原料。北方地区多孔砖墙体比实心黏土砖墙体能耗减少 30% 左右。另外，空心砖可使建筑物基础费用下降 20% 左右，每立方米砌体砂浆节约 10% ~15% 。

②可解决煤炭企业富余人员的就业问题。目前建设单线生产能力 6000 万块标准砖的煤矸石砖厂 700 座，可安排就业 51000 人。

从社会效应上讲，煤矸石治理和应用可带来良好的环境效益、经济效益，缓解矿农矛盾。良好的环境效益可改善人们的生活环境，通过退还耕地、调整产业结构、延长产业链、扩大就业，增加矿区人民收入，推动当地经济发展，还可从根本上缓解矿区资源枯竭的问题，推动矿区经济的可持续发展。

3 煤矸石对环境的影响及生态预案

煤矸石的大量堆放对环境造成的危害[54]：压占土地资源，影响生态环境；煤矸石淋溶水将污染周围土壤和地下水，煤矸石自燃排放二氧化硫、氮氧化物、碳氧化物和烟尘等有害气体，污染大气环境；煤矸石随意大量堆放，存在坍塌、滑坡、泥石流等地质灾害隐患（图 3-1、图 3-2）。

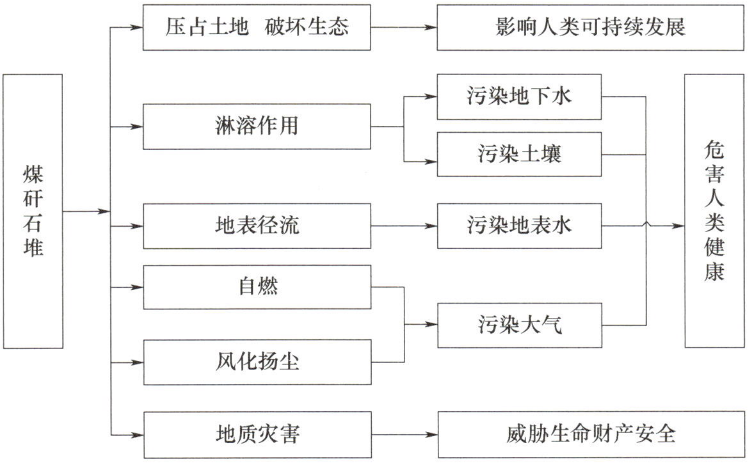

图 3-1　煤矸石对人类的危害途径

图 3-2　煤矸石对环境的危害

煤矸石对环境的污染有缓释性、滞后性、长期性的特点，影响是多方面的，主要表现在空气污染、水体污染、土壤污染及地质灾害等方面。

3.1 煤矸石对环境的影响

3.1.1 空气污染

矿区空气污染主要是由于煤炭开发和利用，煤矸石山也是主要的空气污染源。煤矸石扬尘强度取决于煤矸石含水率、粒度以及地面风速和煤矸石堆放地的地理环境。煤矸石在堆放、运输等过程中会形成细小粉尘。当风速达到 4.8m/s 时，颗粒会飞扬并且悬浮于大气中。粉尘里许多对人体有害的元素，如砷、汞、铜、铬、锰、铝、锌等会随细小颗粒被人体吸入肺部，从而导致各种各样的疾病，如气管炎、尘肺、肺气肿，甚至导致癌症发生。悬浮在大气层中的颗粒物会造成局部气候异常，危及人体健康。煤矸石自燃时会释放出多种有害气体，如 H_2S、SO_2、CO_2和 CO 等，同时产生大量烟尘，并具有爆炸危险。发生的化学反应有

$$4FeS_2 + 11O_2 \longrightarrow 8SO_2 + 2Fe_2O_3$$

$$2FeS_2 + 5O_2 \longrightarrow 4SO_2 + 2FeO$$

$$2FeS_2 + 2H_2O + 3O_2 \longrightarrow 2FeSO_4 + 2H_2S$$

$$C + O_2 \longrightarrow CO_2$$

$$2C + O_2 \longrightarrow 2CO$$

煤矸石发生自燃是多种因素共同作用的结果，主要分为内部因素和外部因素。内部因素是废石里夹有少量的煤和黄铁矿，在一定的环境条件下引发的自燃。一般来说，煤矸石在空气中主要是发生低温氧化，产生的热量被煤矸石里含有的煤和黄铁矿吸收，加速它们的氧化反应，从而产生更多的热量，这些热量得不到及时的散发便不断聚集，最终导致煤矸石山内部出现高温而引发自燃。内因还包括煤矸石的物理性质，比如易风化程度、破碎性、孔隙率及透气性等。

外部因素与煤矸石山的周围气候、堆放地的地理位置及堆放形式、所受微生物作用因素等有关。气候的影响主要包括雨水和日照量等因素的变化，阴雨天空气中含有大量的水分，煤矸石表面吸附这些水蒸气并产生吸附热，这些热量可使煤矸石的温度升高，同时，水的湿润热也能使煤矸石的温度升高，从而促进煤矸石的氧化，煤矸石吸氧量在一定范围内随着水量的增加而增大，当湿度达到一定程度后，吸氧量又会随湿

度的增高而缓慢降低，当湿度在一定范围内时，煤矸石的吸氧量达到最大，而在此湿度下煤矸石自燃的可能性将增大。另外，雨水可以促进煤矸石的风化，增加煤矸石的比表面积及其孔隙度和透气性，煤矸石的孔隙率越大，被氧化的煤矸石颗粒表面积就越大，从而导致氧化反应速率增大，单位时间内氧化放热量增多，使煤矸石温升加速，最终引起煤矸石山自燃。煤矸石自燃与日照也有很大关系，日照量增加时，煤矸石表面温度升高，有利于煤矸石山内部氧化，加速煤矸石自燃。煤矸石的堆放情况直接影响煤矸石自燃。传统的排矸方式一般是先将煤矸石拉到矸石山顶部，然后倾斜并使其自然滚落。这样就使体积和质量较大的煤矸石滚落在矸石山侧面的边坡底部，中块煤矸石以及部分体积相对较小的煤矸石则停留在矸石堆的中上部。这样形成的不同粒度物料的分层堆积，为煤矸石山内部供氧提供了良好的通风条件，位于煤矸石山边坡中下部的大中块间具有较大的空隙，空气中的氧气从其中渗入，而煤矸石山的中下部硫铁矿和碳质相对集中，易发生氧化燃烧[55]。

所以，煤矸石山自燃时，会给周围大气环境、人体健康、动植物生长等造成不同程度的影响。当堆存矸石里含硫量到1%时，在吸热、加压或者通风条件下，会发生矸石山自燃现象。煤矸石山自燃时，不但会释放大量 SO_2，而且会释放出大量 H_2S、CO 和 CO_2 等气体，释放气体的同时可能含有大量烟尘，污染矿区大气环境，危害人体健康。

3.1.2 水体污染

大量煤矸石常常被堆放在山间谷沟，经过降水淋溶后，部分有害元素会被溶解出来并且随着降水形成地表径流，进入水体或者渗入土壤，从而对水体环境造成一定影响。淋溶水的排放量通常采用如下公式计算：

$$Q_{ni}=10^{-3}P_iA\left[1+(1-a)^1+(1-a)^2+(1-a)^{n-1}\right]$$

式中 Q_{ni}——煤矸石的淋溶中第 i 种元素的排污量，kg；

a——排污衰减系数（$0<a<1$）；

A——年排污量，t；

n——年份，$n\geq1$；

P_i——污染系数。

煤矸石长期在自然条件作用下发生淋溶，微量元素从煤矸石中析出，同时在水的作用下渗透煤矸石堆附近的土壤，并发生迁移，煤矸石堆周围土壤中微量元素含量较高也是多年积累的结果，煤矸石堆周围Cr、F、As、Pb、Cd等元素含量部分矿区超过《地表水环境质量标准》

（GB 3838—2002）和《地下水质量标准》（GB/T 14848—2017）中Ⅲ类标准。存在着对所在矿区地下水、地面水和土壤一定程度的污染。而Pb、Cd、Cr等重金属离子毒性非常强，能蓄积于动植物体内，对人体产生长远的不良影响，会引起急、慢性中毒，造成人体肝、肾、肺等组织的伤害，严重时会对人体的三大系统造成伤害，甚至能够导致畸形、癌变和死亡。煤矸石含有的微量重金属元素，如Cr、Ag、Hg、Cd、As等有毒物，堆放于露天中，经日晒、风吹和雨淋等剥蚀风化，有害成分溶解后进入地表水或者渗入土壤，甚至通过土壤进入地下水，对土壤环境和水环境造成二次污染，对生物产生很强的影响，能抑制或消灭水中微生物的生长，妨碍水体自净。此外，淋溶水污染水体被饮用后，里面所含的一些重金属有害物质会严重危及人体健康，并损伤人体眼睛和皮肤。

煤矸石日常污染水体可分为物理污染与化学污染两种。煤矸石中含有的硫化矿物可与水、大气等产生化学反应，也就是硫化矿物的各种氧化反应。煤矸石山中渗流出的水为混合盐类溶液，其内部的酸会与其他成分继续反应形成多种硫酸盐，同时这些渗流水中含有大量酸性盐水解产物，这些水解产物会逐渐流入地表水。煤矸石中所含重金属矿物较多时，若这些重金属渗入水中，会使水体变得有毒，产生严重危害。人类赖以生存的水体一旦遭到破坏、污染，这些水体会借助各种食物链危害人体并破坏整个生态系统[56]。

煤矸石中含有的较高硫分及其他有害元素，经过风化及大气降水的长期淋溶作用，形成硫酸或酸性水及离解出各种有毒有害元素渗入地下，导致土壤、地表水体及浅层地下水的污染，形成淋溶酸性水。而煤矸石中大量的可溶性无机盐，通过长期风化、降雨淋滤等作用，发生一系列的物理、化学变化，随淋溶水以溢流泉的形式溢出地表，形成高矿化度泉水。如加拿大曾经对部分矿山酸性水的产生和持续时间进行调查，发现有的矿山在煤矸石库关闭几百年后仍然大量渗漏酸性排水。到1988年年底，一共调查了108个废矿，其中，21个由于排出酸性废水，被评为危险场地。酸性排水影响面积超过15000m^2，处理费用巨大，仅土地恢复费用即超过30亿美元。

3.1.3 土壤污染

煤矿产生的煤矸石大多直接堆积在土地上，不同程度地侵占大量工矿用地、林地和耕地，形成大量矸石山，煤矸石的堆放埋压破坏了地质地貌。矸石山不断增多，成为我国年产生量和积存量最大、占用场地最多的工业固体废弃物。煤矸石在风化期间，分解出 Ca^{2+}、Mg^{2+}、Cl^{-}、K^{+}、Na^{+}、SO_4^{2-}等可溶盐，这些可溶盐浸入土壤，引起土壤的盐渍化，影响农作物生长。

长期露天堆放的煤矸石经日晒雨淋，析出的如铅（Pb）、汞（Hg）、锡（Sn）、铬（Cr）、砷（As）等重金属会造成水体和土壤的污染。另外，自燃煤矸石山释放的大量气体，进入空气被氧化为酸，并随着降雨落到地面，污染土壤，使其酸化或盐碱化，与此同时，大气和水携带的煤矸石风化物颗粒可飘散在周围的土地上，污染土壤。

煤矸石以两种方式污染土壤：一是煤矸石山风化形成的粉尘降落在附近的土地上。降尘含有各种有害的重金属元素，它能严重污染土壤，同时降尘会阻碍植物的光合作用；二是当降尘进入土壤后，它将改变土壤的 pH 值和土壤中微量重金属的平衡。因此，煤矸石将影响土壤的营养值。另外，煤矸石山占用大量土地，尤其在平原地区。例如，平顶山矿区开发的短短 40 年中，仅平煤集团总公司所属煤矿及选煤厂排放煤矸石山 31 座，煤矸石积存量 4000 万 t，占地 $100m^2$，其中 78% 为可耕地，按当地平均种植水平，每年少收获粮食约 62.6 万 kg，相当于 1500 多人的粮食占有量。井工采煤由井下运到地面的煤矸石和洗煤厂将精煤洗出后排弃的煤矸石堆积压占土地。我国煤矸石综合利用率低，随着煤矸石持续堆放，每年新增占地 $400hm^2$。

3.1.4 地质灾害

矿区煤矸石山多为大量粒径不等、形状不同的颗粒以不同的排列方式自然堆积而成，结构疏松，在本质上说是不连续的，为散体材料。同时，受煤矸石中碳分的自燃、有机质的灰化及硫分的离解挥发等作用，煤矸石山的稳定性普遍较差，极易发生崩塌、滑坡。煤矸石山的稳定性受煤矸石堆基础岩土体的抗剪强度特性、本身的结构、石堆的形状和基础岩土体孔隙的水压力等因素所制约。煤矸石的堆放自然安息角为 38°～40°，超过这个角度范围或在人为开挖以及降雨量强度达到 60mm/h 时容易引发重力灾害，如泥石流、滑坡、坍塌等造成人员伤亡和财产损失。在煤矸石内部，空隙较大，与空气接触氧化产生大量热量，尤其在夏季高温闷热的情况下，容易使煤矸石山内部发生爆炸，严重威胁到矿区居民生命财产安全[57]。当煤矸石山内的瓦斯气体聚集至一定浓度，且得不到有效释放时，则极易产生爆炸，并引起崩塌、滑坡，形成连锁灾害。煤矸石山爆炸是我国煤矿常见的地质灾害。2005 年 5 月 15—16 日，河南天安煤业四矿煤矸石山先后发生两次自燃爆炸灾害，造成 8 人遇难，122 人受伤等生命、财产的重大损失。

煤矸石泥石流灾害主要发生在山区煤矿，煤矿大多直接将煤矸石倾倒于山谷或高大的深沟中，成为泥石流的物质源，一旦山谷和深沟中形成较强的径流条件，即可能形成泥石流灾害。泥石流多发生于雨季，形成的灾害程度不同。我国多数矿山对煤矸石贮存场地未经严格设计，存在许多大型的、堆放极不规范的煤矸石山。由于煤矸石堆放得不稳固，严重威胁着公共安全。历史上有惨痛的教训。1966 年英国 Aberfan 附近一座高达 60m 的矸石山滑坡，导致 144 人丧生，并造成重大财产损失。1972 年，美国西弗吉尼亚洲的法罗山谷暴雨后出现携带 17 亿 m^3 煤矸石的泥石流，造成 116 人死亡，546 间房屋和 1000 多辆汽车被毁，4000 余人无家可归的悲惨事件。我国各地矸石山堆放也时有垮塌、滑坡及泥石流事故发生，严重危及附近居民的安全。如山东省枣庄煤矿北煤井一煤矸石山，1994 年发生坍塌，导致 17 人死亡，7 人受伤。2004 年 6 月 5 日重庆万盛区南桐矿业公司东林煤矿矸石山垮塌引起滑坡，造成民房被毁和重大人员伤亡。此次灾害共涉及 14 户居民 56 人。其中 17 人死亡。2004 年 6 月 7 日重庆市万盛区万东镇新华村胡家沟社发生煤矸石山垮塌事件。事件死亡人数为 5 人，另有 3 人受伤，失踪人数为 16 人。可见煤矸石堆积区滑坡、泥石流的发生造成人员财产的重大损失，煤矸石山所造成的环境及地质灾害问题应引起相当的重视[58]。图 3-3 所示是煤矸石山堆积对环境的影响[59]。

图 3-3　煤矸石山堆积对环境的影响

3.2　生态预案

3.2.1　土地复垦

煤矸石山生态治理的指导思想：以植被复垦、绿化环境为手段，把煤矸石生态治理与矿区生态建设、环境污染治理相结合，促进生态的动态平衡和良性循环，形成开发与整治相结合，发展与环境相协调，努力实现煤矸石生态治理与矿区经济效益、社会效益、环境效益的同步提高，实现矿区的可持续发展。

煤矸石除了可以通过井下回填采煤巷道少出井、大宗量资源化之外，还可以在地面将其进行无害化处理，如回填采煤塌陷区、充填复垦造地、矸石山造景等，可实现矿区固体废弃物的“零排放”。煤矸石的地面无害化处理技术如图3-4所示。在煤矸石堆放场地，通过规划、设计煤矸石堆放方式，合理布局景观，可对煤矸石山进行绿化造林，为优美的自然风光锦上添花。

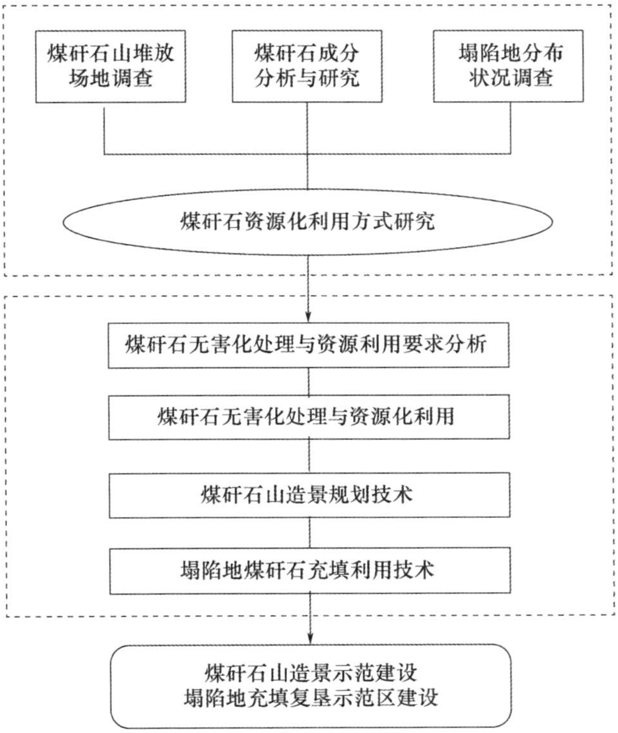

图3-4 煤矸石地面处理技术路线

矸石山的复垦包括以下方面：

（1）林业复垦

树种的选择：煤矸石山植树主要以灌木为主，乔木为辅，树种应选择抗逆性强、有较强的适应能力，对干旱、瘠薄、盐碱、pH值、毒害等不良立地因子有较强的适应和忍耐能力的树种，同时应对粉尘污染、二氧化硫、高温等不良的大气因子也有一定的抵抗能力。此外还应特别注意选择有固氮能力的肥土树种。栽培时间最好选择秋季挖坑、春季植树，这可加速坑内部煤矸石的风化，有利于树木的成活。栽培时还可用泥浆蘸根栽植，成活率高。

煤矸石山绿化技术已经比较成熟，一般采取覆盖绿化和直接绿化两大类。直接绿化，就是将植物直接栽种于煤矸石山表面，该方法对煤矸石的成分、风化程度和植物种类要求较高。覆盖绿化则是在煤矸石山表面覆盖土层、粉煤灰等，这种方法优点是可改善植物生长环境，成活率较高，缺点是成本增加。煤矸石山绿化，第一，要做好水土保持；第二，要合理选择覆土厚度；第三，对不覆盖土的煤矸石山，尽量保留地表风化物以便于种植；第四，合理选择植物种类和栽植技术；第五，重视管理技术，主要是灌溉、施肥和病虫害的防治。

（2）牧业复垦

牧业复垦一般是在未经平整或稍加平整的煤矸石山上进行。整地要提前半年进行，以保证表层煤矸石充分风化，这样易于种植。草种应选择适应种植的牧草，是牧业复垦成功的关键。复垦最理想的牧草应当是播种栽植较容易、成活率高、种源丰富，育苗简易且方法较多，适宜播种栽植时间长，发芽力强、繁殖力大，幼苗活力强，施肥反应快、抗旱能力强的种类。

物理、化学、生物治理煤矸石山的复垦不但能控制煤矸石山的酸性、减轻酸雨的形成、有效地防止重金属及淋滤液污染地下水源和土壤，还可以有效防止煤矸石山的自燃，减少对大气产生的危害。植被的最终目标是通过植物群落的生态功能改善煤矿区的生态环境。生态治理，首先尽可能地减少煤矸石中的硫铁矿和碳质可燃物；其次改进传统的堆放方式，采取分层堆积压实、降低煤矸石山斜面坡度、周边覆土的方法堆放煤矸石；最后对煤矸石山暴露处定型，进行表层封闭。

矿区煤矸石复垦的土地，大多呈现酸性，要种植被，就必须中和土壤中的酸度，提高煤矸石山和土壤的 pH 值。改良酸性土壤，国外多采用方解石和白云石的混合物，并破碎成较大表面面积的细颗粒。在我国，常采用熟石灰和生石灰。

根据中国林科院分析中心 1989 年分析结果，在煤灰和煤矸石中，Pb、Se、Zn、Cd、As、Cr、Hg 和 F 等多种有毒元素含量较高，见表 3-1。通过雨水淋溶，渗入地下水和土壤中，造成污染。目前我国对煤矸石中有害元素的治理主要是通过栽种植被。据资料显示，在煤矸石和煤粉灰等复垦区上造林，栽种柳树、杨树、刺槐等，能吸收土壤中大量有害元素，对净化矿区环境，防治污染具有重要作用。利用黏土矿物钝化煤矸石中的重金属也是一种有效的技术。该技术主要是利用一些黏土矿物质具有较大的内、外表面面积和较强的吸附能力，它们可以有效地与煤矸石中的重金属发生离子交换作用，固定煤矸石中的重金属，从而防止重金属元素向土壤和地下水中迁移。

表 3-1 土壤中有毒元素的含量（10^{-6}）

土壤元素	As	Cd	Cr	Co	Pb	Cu	Ni	Se	Zn	Hg	F
粉煤灰	4.30	1.83	8.1	7.75	63.7	89.3	2.38	1.00	427.7	0.36	30
煤矸石	2.6	3.1	6.28	7.00	20.3	53.6	2.3	8.2	39.1	0.5	74
土壤	6.0	0.06	100	8.00	10	20	40	0.5	50	—	—

3.2.2 防燃脱硫

煤矸石自燃后对环境的污染程度远大于没自燃的煤矸石，所以要防止煤矸石自燃。煤矸石自燃的内部因素是煤矸石中的硫铁矿氧化和煤矸石中的碳质及废坑木等可燃物。外部因素是由煤矸石的堆放所导致的，只要改善煤矸石堆积的物理性状，使空气不能进入煤矸石山的内部，煤矸石山自燃的概率就可以大大减低。

许多国家通过采用分层压实方法堆放煤矸石，控制煤矸石的压实程度，来解决煤矸石山自燃问题。首先对堆场进行密封防渗处理，然后进行分层堆放，边堆放边压实，在堆放第二层的同时，对前列层的边坡进行覆土绿化，整个煤矸石堆形成后，整体覆土封顶，进行绿化或耕种。这种生态工程的技术具有投资少、见效快、处理量大、不造成二次污染等优点。

根据我国自燃煤矸石山治理经验和治理方法，煤矸石山治理有单一灭火方法和综合治理方法，具体实施过程中采用挖除火源法、覆盖法、渗灌法、注浆法、控制燃烧法等。从治理效果看单一方法治理后容易发生复燃，只能临时控制火势，难以彻底根治火灾隐患，因此只适合于火势小、火区分布少、火源浅等情况，而综合治理方法适合于火势蔓延严重、火区分布广、火源埋藏深等情况。煤矸石自燃与其内部和外界众多因素有关，但主要是与煤矸石中的煤与硫含量及硫化物的构成和煤矸石的水分等有关，并且与空气在煤矸石中的流动有关。煤矸石山一旦自燃，灭火十分困难，不仅耗资大，而且仍有复燃的可能性。因此，控制煤矸石山自燃的最好办法是在自燃以前采用有效的预防措施，消除自燃的隐患，确保煤矸石山的安全[60]。

煤矸石山治理最根本的就是要解决矸石中硫的问题，这是矸石山治理的关键。采用微生物脱硫，技术简单，成本低，更符合环保新理念，是很有前途的污染治理方法。研究发现，能够脱去黄铁矿中无机硫的微生物有氧化亚铁硫杆菌、氧化硫硫杆菌等。利用微生物脱硫，一方面能把单体硫变成硫酸，有效脱除煤中的无机硫，同时释放出 H^+，进入到矿堆流出的水中；另一方面也可以将Fe^{2+}氧化成Fe^{3+}，Fe^{3+}在水中发生水解，形成$Fe(OH)_3$，向水中释放更多的H^+。大量H^+的释放，降低了环境的pH值，而硫化物氧化细菌“铁氧化硫杆菌”在低pH值的环境下会进一步加速硫和铁的氧化过程。

4 煤矸石的理化性质及活性特征

4.1 煤矸石的组成与形态结构

4.1.1 煤矸石的化学组成

煤矸石的化学组成主要以 SiO_2 和 Al_2O_3 为主，SiO_2 含量通常为 30%～65%，Al_2O_3 含量为 15%～40%，Fe_2O_3 含量普遍低于 10%，CaO 含量也较低，见表 4-1。但是，以铝质岩和高岭土为主的煤矸石，Al_2O_3 含量可以高达 40%，我国部分地区煤矸石中的 CaO 含量也较高，我国部分地区煤矸石的化学组成见表 4-2[61-62]。

表 4-1 煤矸石的化学成分（%）

成分	SiO_2	Al_2O_3	Fe_2O_3	CaO	MgO	TiO_2
含量	30～65	15～40	2～10	1～4	1～3	0.5～4

表 4-2 我国部分地区煤矸石的化学组成

煤矸石产地	SiO_2	Al_2O_3	Fe_2O_3	CaO	MgO	岩石类型
开滦唐山矿风井洗矸	51.30	21.83	6.43	3.53	2.24	SiO_2 含量 40%～70%，Al_2O_3 含量 15%～30%；属黏土类煤矸石
峰峰码头选煤厂洗矸	52.26	30.09	5.78	2.58	0.62	
鸡西滴道选煤厂洗矸	64.67	23.28	3.97	0.32	1.06	
阜新海州选煤厂洗矸	61.13	17.71	10.32	5.02	4.38	
淄博洪山矿煤矸石山	57.87	18.90	6.17	4.17	8.27	
徐州大黄山矿煤矸石山	65.81	21.39	5.64	1.34	0.83	
淮南望丰岗选煤厂洗矸	61.29	29.75	4.35	0.76	0.63	
萍乡高坑煤矸石山	65.42	21.87	3.95	0.70	1.60	
平顶山一矿主井煤矸石山	63.34	25.56	4.76	1.07	0.49	
甘肃山丹煤矿三槽底板	89.20	1.54	1.59	7.23	0.01	SiO_2 > 70% 属砂岩煤矸石
湖南连邵金竹山一平洞	90.45	0.36	2.59	0.14	0.00	
内蒙古海勃湾洪湾矿山一号	50.72	44.17	1.88	0.71	0.51	Al_2O_3 > 40% 属铝质岩煤矸石
山东兖州北宿矿 18 层底板	51.03	40.68	2.82	0.81	1.29	
南票矿务局选煤厂洗矸	49.14	40.68	1.93	0.72	0.13	
兖州唐村矿 16 层底板	1.69	1.13	2.60	86.09	1.78	CaO > 30% 属钙质岩煤矸石
云小龙潭矿矸山	14.28	2.98	4.98	68.60	1.40	

煤矸石发热量一般为 3346～6273J/g（800～1500cal/g），其无机成分主要是硅、铝、钙、镁、铁的氧化物和某些稀有金属。主要化学成分组成及用途见表 4-3。煤矸石的组成成分表明煤矸石蕴含丰富的资源，科学的利用可使煤矸石变废为宝[63]。

表 4-3 煤矸石成分及用途

成分	含量（%）	用途
氧化钙	0.4～2.3	用于钢铁、农药、医药、非铁金属、肥料、制革、制氢氧化钙，实验室氨气的干燥和醇脱水
二氧化钛	0.9～4	熔点很高，被用来制造耐火玻璃，釉料，珐琅、陶土、耐高温的实验器皿等
二氧化硅	52～65	二氧化硅是制造玻璃、石英玻璃、水玻璃、光导纤维和耐火材料的原料
氧化铝	16～36	铝电解的主要原料
氧化镁	0.44～2.41	用于橡胶、塑料、电线、电缆、染料、油漆、玻璃、陶瓷等
氧化铁	2.3～14.6	用于油漆、油墨、橡胶等工业

以山西省煤矸石为例，分别取 500g 全粒级煤矸石、各粒级筛分煤矸石进行制样，粉碎至 200 目（74μm）以下，在 105℃下烘干 2h，采用 X 射线荧光光谱仪（XRF）分析样品中物质组成及元素组成，得出主要成分的测试结果见表 4-4 和图 4-1。

表 4-4 各粒级煤矸石 XRF 分析结果汇总表

粒级	Fe_2O_3 含量（%）	Al_2O_3 含量（%）	SiO_2 含量（%）
原矿	2.768	26.55	55.05
＞50mm	2.915	25.99	57.35
50～25mm	2.963	26.45	56.24
25～13mm	2.675	27.66	55.11
13～6mm	2.167	28.73	52.47
6～3mm	1.887	28.61	51.39
3～1mm	2.031	28.21	50.65
＜1mm	2.211	26.95	47.05

分析表 4-4 数据及图 4-1 结果曲线可知，各粒级煤矸石中 Al_2O_3、SiO_2 为样品主要成分，合计占原样含量的 75% 以上，Fe_2O_3 含量为 2% 左右。各粒级目标矿物含量分布差异不明显，SiO_2 的含量随粒度的减小略有下降。

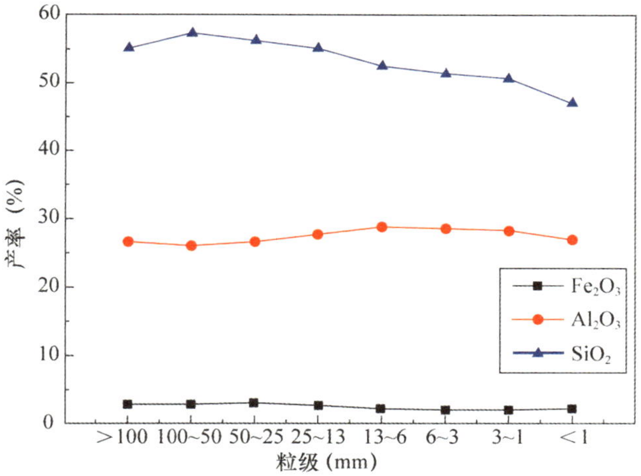

图 4-1　各粒级煤矸石 XRF 分析结果曲线

4.1.2　煤矸石的矿物组成

煤矸石是由多种沉积岩共同组成的集合体，不同种类的沉积岩又主要是由成岩矿物所组成。煤矸石里主要的矿物组成见表 4-5。

表 4-5　煤矸石的主要矿物组成

矿物种类	矿物名称	化学式	说明
硅酸盐类矿物	石英	SiO_2	砂岩主要矿物
	长石类：正长石	$K[AlSi_3O_8]$	
	闪石类：普通角闪石	$(Ca、Na)_2(Mg、Fe^{2+}、Al、Fe^{3+})_5[(Al、Si)_2O_{11}]_2(OH)_2$	
	辉石类：普通辉石	$Ca(Mg、Fe、Al)[(Si、Al)_2O_6]$	
黏土矿物	高岭土类：高岭石	$Al_4(SiO_{10})(OH)_2$	黏土岩主要矿物
	膨润土类：蒙脱石	$(Al、Mg)(Si_4O_{10})(OH)_2 \cdot nH_2O$	
	水云母类：水白云母	$(K、Al_2)(AlSi_3O_{10})(OH)_2 \cdot 2H_2O$	
碳酸盐矿物	方解石	$CaCO_3$	石灰石主要矿物
	白云石	$CaMg(CO_3)_2$	
	菱铁矿	$FeCO_3$	
硫化物	黄铁矿	FeS_2	
	白铁矿	FeS_2	
铝土矿	水硬铝矿	$Al_2O_3 \cdot H_2O$	铝质岩主要矿物
	水软铝矿	$Al(OH)_3$	
	三水铝矿	$Al(OH)_3$	
其他矿物	石膏	$CaSO_4 \cdot 2H_2O$	
	磷灰石	$Ca_5(PO_4)_3(F、Cl、OH)$	
	金红石	TiO_2	

煤矸石中混合物相的组成。根据煤矸石的类型及地域分布，对各地煤矸石进行 XRD 分析，结果如图 4-2 所示。根据由 XRD 的物相鉴定结果以及煤矸石的化学成分而得出的示性矿物组成结果可知，不同类型的煤矸石具有不同的矿物组成。黏土岩类煤矸石主要由黏土矿物和陆源碎屑矿物石英、白云母及少量自生矿物组成。我国北方的黏土岩类煤矸石和南方的同类煤矸石相比，在黏土矿物的成分上稍有不同，北方黏土岩类煤矸石的黏土矿物全部为高岭石，而南方黏土岩类煤矸石的黏土矿物中除了高岭石外，还含有一定量的伊利石，这也是南方煤矸石的特征矿物，反映了形成的气候条件。此外，南方煤矸石中含有较多的白云母，这也是南方、北方煤矸石在矿物成分上的一个显著差别。砂岩类煤矸石在矿物组成上除了黏土矿物外，含有较多的陆源碎屑矿物，特别是出现了钾长石。碳酸盐岩类煤矸石（钙质煤矸石）在矿物组成上以方解石、白云石为主，黏土矿物含量相对较少，同时也含有一定的陆源碎屑矿物石英。在一些过渡类型煤矸石中，常具有独特的矿物组合特征。如贵州六枝煤矸石（黏土岩型向碳酸盐岩过渡）中陆源碎屑矿物石英、白云母与碳酸盐矿物并重，同时含有相当量的黏土矿物。重庆綦江煤矸石属于黏土岩型煤矸石，但其石英矿物含量相对较少，而黄铁矿显著增高。这些不同的矿物组成可能导致煤矸石具有不同的性能。

煤矸石中普遍存在高岭石、石英两种晶相矿物，其他可能存在的晶相矿物包括伊利石、绿泥石、白云母、长石、黄铁矿、菱铁矿、赤铁矿、方解石等。此外，煤矸石中包含一定量的非晶相物质，主要是水分、炭质、风化物等。煤矸石中的矿岩主要包括黏土岩类、砂岩类、砾岩类、碳酸岩类、石灰岩类和铝质岩类等沉积岩。石英属于砂岩类，因其抗风化能力很强，不易分解，所以在煤矸石中大量存在。高岭石、伊利石、绿泥石、白云母、长石等同属于铝质黏土类矿物，是煤矸石中含量较高的一类矿物。煤矸石中含铁矿物主要以菱铁矿和赤铁矿存在，部分新产出的煤矸石中还含有黄铁矿；碳酸盐类矿物方解石是煤矸石中主要的含钙矿物。表 4-6 对比了不同国家煤矸石矿物组成的含量分布，其中石英、黏土类矿物、含碳物质是最主要的矿物。煤矸石的矿物组成主要受到黏土矿物的影响，典型的煤矸石含有 50% ~70% 的黏土矿物，20% ~30% 的石英以及 10% ~20% 的其他矿物和炭杂质。与世界其他国家相比，我国煤矸石中高岭石含量（10% ~67%）丰富，石英含量中等（15% ~35%）。高岭石活性易于激发，为其进一步资源化利用提供了便利[64]。

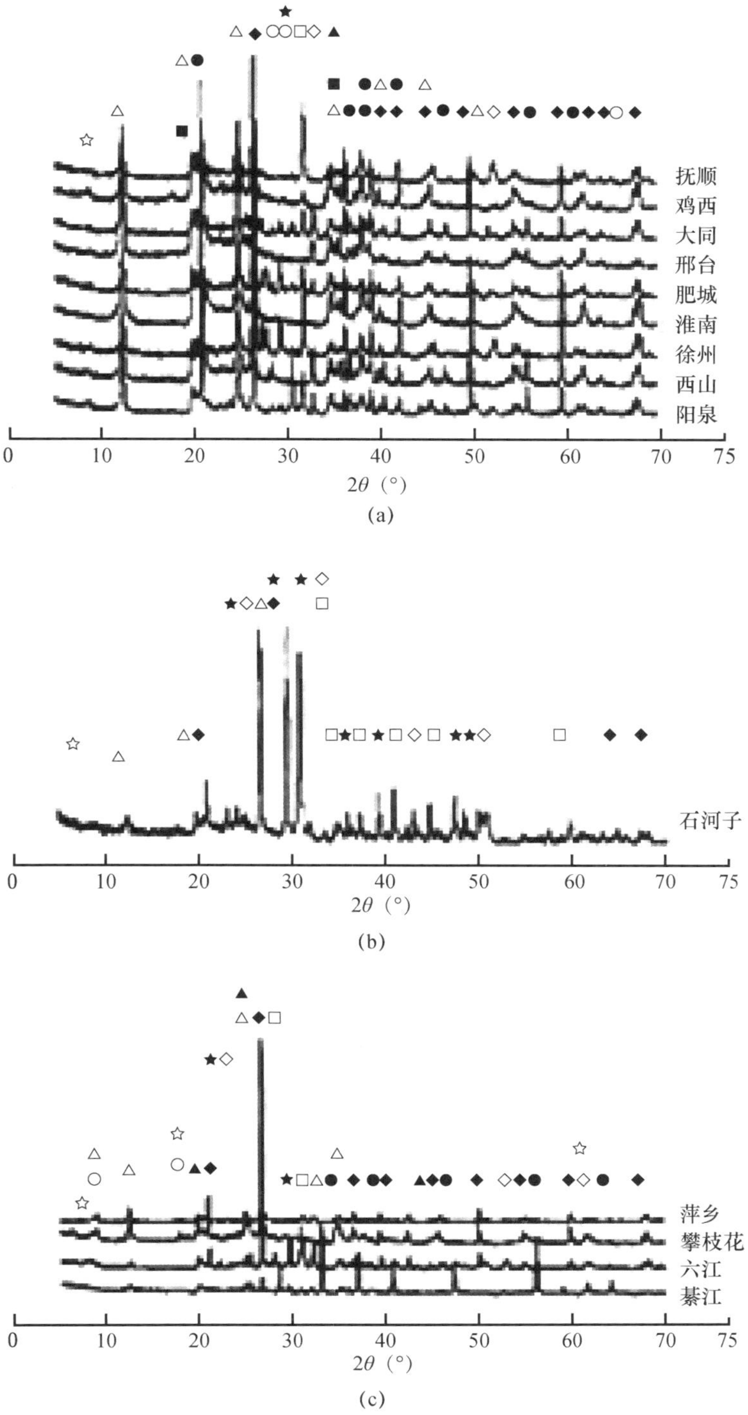

图 4-2 各地煤矸石 XRD 分析

(a) 北方（华北及东北）煤矸石；(b) 北方（西北）煤矸石；(c) 南方煤矸石

表 4-6　不同国家煤矸石的矿物组成（%）

矿物	比利时	捷克斯洛伐克	德国	西班牙	英国	苏联	中国
伊利石	80	10～45	41～66	20～60	10～31	5～30	10～30
高岭石	12	20～45	4～25	3～30	10～40	1～60	10～67
绿泥石	5	0～15	1～3	0～7	2～7	—	2～11
石英	8	10～50	13～27	5～57	15～25	—	15～35
铁矿石	0.5	0～25	0.5～5	—	2～10	0.2～8	2～10
有机物质	10	0～25	5～10	4～30	5～25	8～40	5～25

4.1.3　煤矸石的形态结构

煤矸石的原矿粒度较大，其中黄铁矿主要以结核体、块状、粒状等宏观形态为主，矿物之间呈细粒浸染状，洗矸中的黄铁矿以块状、脉状、结核状及星散状四种形态存在，而硅质煤矸石的宏观形态呈黑色隐晶质结构，矿物构造为纹层状和块状[65]。

煤矸石组成的岩石类型多种多样，同时经历了许久的地层演变和风化影响，矿物组成种类也比较多，含量最多的是黏土矿物和石英、方解石、长石、沸石及少量的硫铁矿及炭质等。其岩石的组成结构与构造组成很复杂，主要是由以下五部分组成：

①页岩类型：泥质页岩、炭质页岩、粉砂质页岩；

②泥岩类型：泥岩、炭质泥岩、粉砂质泥岩；

③砂质岩型：砂岩、泥质粉砂岩；

④碳酸盐岩类型：石灰岩、泥灰岩；

⑤其他：煤颗粒与硫结核。

其中，泥质页岩主要以不透明的黑色矿物质为主，含有少量的石英和黏土矿，颜色主要表现出灰黄色或深灰色，大部分呈片状结构，质地比较软，极易风化和粉碎。

炭质页岩主要是以石英为主，其中含有一定量的黑色矿物和少量云母，颜色主要表现出黑灰色或黑色，大部分呈片状结构，比较易风化和粉碎。

砂质页岩主要成分是云母和石英，也包含了不透明矿物质与碳酸盐矿物质，颜色主要表现出灰白色或深灰色，结构较粗糙，不容易被风化及坚硬难粉碎。

砂岩主要指的是砂质、泥质、石灰粉砂这些岩类，颜色主要表现出深灰色和黑灰色，大部分表现为椭圆形状，块状结构粗糙，很难被风化及粉碎掉。

我国部分地区矿区的煤矸石堆外观颜色形状特点如图 4-3 所示[66]。

黑龙江富力矿

山东枣庄

安徽淮南

河北开滦

山西大同

陕西黄陵

图 4-3　全国部分主要煤矿煤矸石堆外景图

由图 4-3 中的山东枣庄、安徽淮南、山西大同这些矿区能发现这些煤矸石山表面大块颗粒多，这些大颗粒就是泥质或者是炭质煤矸石，颜色主要表现出黑色或灰黑色，性质较容易风化，同时堆积后自身容易发生自燃现象，这种情况是堆积的煤矸石时间短或者没有彻底自燃。那些年代久远且已彻底发生自燃的煤矸石的颗粒大部分比较细小，大颗粒含量少之又少，颜色主要表现出灰白色或红褐色，这种自燃后的煤矸石往往具有良好的级配和使用性，是填筑路基材料的首选[67]。

4.2 煤矸石的理化性质

4.2.1 煤矸石的物理性质

（1）煤矸石的颜色

煤矸石的颜色取决于煤矸石在煤层中的分布和煤矸石矿物中可变成分的含量，越靠近煤层含碳量越高，故煤矸石多呈现灰色、灰褐色或黑褐色，若煤矸石中铁含量较高则呈现黄色或带红色。

（2）煤矸石的力学性能

煤矸石的力学性能的高低决定了煤矸石能否作为混凝土集料使用。煤矸石的硬度为3左右，煤矸石的风化程度越严重，岩石的力学性能越低，抗压强度为300～4700Pa。

（3）煤矸石的密度和堆积密度

煤矸石的密度为2100～2900kg/m^3，煤矸石的堆积密度为1200～1800kg/m^3，自燃煤矸石的堆积密度为300～900kg/m^3。

（4）煤矸石的吸水特性和塑性指数

煤矸石的吸水特性对煤矸石综合利用的影响很大。煤矸石的多孔性决定了煤矸石的吸水特性，煤矸石的吸水率为2.0%～6.0%，塑性指数为3.0～15。自燃煤矸石的吸水率为3.0%～11.60%，塑性指数为1.03～0.8。

（5）煤矸石的烧结性能

煤矸石的烧结温度一般高于1000℃，低于高岭石的烧结温度，属于中低等的耐火材料。

（6）煤矸石的自燃特性

煤矸石具有自燃性能，长期堆放会使煤矸石内部的热量积累到一定程度，当煤矸石山的温度达到煤矸石自燃的临界温度时，煤矸石便会自燃。通常，当煤矸石的含硫量较高（>3%）、含碳量也较高（>20%）时，大面积堆放时极其容易发生自燃，尤其是在干燥地区。

（7）煤矸石的多孔性

相对于未自燃煤矸石，自燃煤矸石拥有更多的空隙，且空隙的结构非常复杂。这是由于煤矸石中含有可燃性碳物质等，自燃后往往含有较多的空隙，形成一种多孔的结构层[68-72]。

煤矸石的物理性能和化学组成决定了它的综合利用技术和方向。下面对其物理性能做分类介绍：

1. 泥质页岩

深灰色或灰黄色，水云母黏土页岩状结构，不完全解理，质软，受大气作用和日晒雨淋后，易崩解，易风化，加工中易粉碎。

2. 炭质页岩

黑色或黑灰色，水云母含炭质黏土页岩，层状结构，表面有油脂光泽，不完全解理，受大气作用后易风化，其风化程度稍次于泥质页岩，易粉碎。

3. 砂质页岩

深灰色或灰白色，含泥质、炭质、石英粉砂岩。结构较泥质页岩和炭质页岩粗糙而坚硬，极难完全解理，出井时，块度较其他页岩大，在大气中风化较慢，加工中难以粉碎。

4. 砂岩

黑灰色或深灰色，含泥质、炭质、石英粉砂岩。结构粗糙而坚硬，出井时一般为椭圆形，在大气中基本不风化，难以粉碎。

5. 石灰岩

灰色，结构粗糙而坚硬，较砂岩性脆，出井时，块度较大，在大气中一般不易风化[73]。

4.2.2　煤矸石的化学性质

化学性质是评价煤矸石特性并决定矸石利用途径的重要指标。包括煤矸石的化学组成。煤矸石的矿物组成十分复杂，但从其化学组成上看，煤矸石主要是由无机质和少量有机质组成的混合物[74]。

（1）无机物质

煤矸石的无机物质主要为矿物质和水，以氧化硅和氧化铝为主，通常煤矸石的主要化学组成见表 4-7。化学成分的含量和种类随着矿物成分的不同而变化，因此可以用氧化物的含量来判别煤矸石的类型和矿岩物组成等。

表 4-7　化学成分和煤矸石类型

主要化学成分	煤矸石的岩石类型
$SiO_2$40% ~70%　$Al_2O_3$15% ~30%	黏土岩煤矸石
SiO_2 >70%	砂岩煤矸石
Al_2O_3 >40%	铝质岩煤矸石
CaO >30%	钙质岩煤矸石

（2）有机质

煤矸石中有机质主要是煤，包括碳、氢、氧、氮、硫等多种化学元素。煤矸石的发热量主要取决于煤矸石中有机质的含量。煤矸石的含碳量是选择煤矸石工业用途的主要依据。

（3）稀有元素

煤矸石中常见的伴生元素及微量元素很多，有 Ga、Co、Cu、Be、V、Zn、Mn、Mo、Ni、Pb、In、Bi、Ge 等。除此之外，还含有一定量的有害、有毒及放射性元素，会对环境和人类造成危害。

4.3　煤矸石的活性特征及激发方式

4.3.1　煤矸石的活性介绍

煤矸石的活性主要源于所含的黏土类和云母类矿物，当煤矸石加热到一定温度，一般为 700 ~900℃时，黏土类和云母类矿物的结晶相因发生热分解而破坏，变成无定型的非晶体 SiO_2 和 Al_2O_3 而具有活性。

影响煤矸石活性的主要因素有煤矸石的化学组分和煤矸石的结构。

1. 化学组分对煤矸石活性的影响

煤矸石中含有大量的化学组分，各种组分的含量不同以及各组分之间的比例不同都对煤矸石的活性产生不同程度的影响。

（1）氧化硅（SiO_2）是煤矸石中的主要组分之一，它对于煤矸石玻璃体结构的形成有很大的作用。但在煤矸石中 SiO_2 的含量一般偏高，得不到足够的 MgO、CaO 来与之化合，所以往往影响了煤矸石的活性。特别当 SiO_2 存在于结晶矿物中时，更影响煤矸石的活性。

（2）氧化铝（Al_2O_3）也是决定煤矸石活性的主要因素。Al_2O_3 含量相对较低时，活性较好。

（3）氧化钙（CaO）是煤矸石的重要成分之一，其含量越高，煤矸石的活性越强，因为 CaO 与 SiO_2 在遇水时易反应生成 C_2S 多种矿物组分，提高系统的反应能力，所以在将煤矸石应用于建材行业时要求 CaO 含量适当高一些。

（4）氧化铁（Fe_2O_3）在煤矸石中有一定的含量。Fe_2O_3 能在煤矸石冷却过程中形成大量铁酸盐矿物和中间相，从而提高煤矸石的活性，所以 Fe_2O_3 含量越高，煤矸石的活性越强。

（5）氧化镁（MgO）在煤矸石中大多数呈稳定的化合状态存在。MgO 能促使煤矸石玻璃化，有助于形成显微不均匀结构，但若 MgO 含量偏高且以方镁石形态存在，则会因水化而使体积膨胀，导致制品安定性不良，所以，MgO 含量太高时会影响煤矸石的应用。

针对上述情况，利用煤矸石时，将其成分一般控制在如下范围：SiO_2：55%～70%，Al_2O_3：15%～25%，CaO：65%左右，Fe_2O_3：2%～8%，MgO：<3%。

2. 煤矸石结构对活性的影响

从微观结构上来说，结构缺陷越多，晶体晶格畸变程度越大或呈无定形形态的材料，其反应活性就越高。关于煤矸石结构对活性的影响，国内外很多文献都做了详细的分析和仔细的研究。新鲜的煤矸石和风化的煤矸石具有稳定的结晶结构，其原子、离子、分子等质点都按特定的规律呈周期性地有序排列，活性很低或基本上没有活性。对煤矸石做 X 射线衍射研究发现：煤矸石的主要结晶成分为高岭石、蒙脱石和伊利石；经 700℃煅烧以后，煤矸石的衍射谱上高岭石的衍射峰基本消失不可见，而且没有新的衍射峰出现，说明高煤矸石已经分解，产物为无定形的氧化硅和氧化铝。而且经过煅烧后的煤矸石水泥的强度比未煅烧的强度高，说明在煅烧过程中产生了活性物质。

可以看出，高岭石是煤矸石中的有效矿物，其含量高低决定了煅烧后无定形活性物质含量的多少，进而一定程度上决定了煤矸石火山灰活性的强弱。以部分地区煤矸石为例，对其高岭石矿物含量进行定量分析，结果见表 4-8。分析结果显示北方煤矸石中高岭石的含量普遍较高，南方煤矸石中高岭石的含量普遍较低，钙质煤矸石中高岭石的含量最低。

表 4-8 原状煤矸石中高岭石组分的 XRD 定量分析结果

产地	试样比例*	衍射强度（脉冲数·s^{-1}）		高岭石质量分数（%）
		高岭石	α-Al_2O_3	
辽宁抚顺	30：70	134170	1213475	32.11
	70：30	279927	469338	31.81
黑龙江鸡西	30：70	174804	1406854	36.08
	70：30	407693	630725	34.12
新疆石河子	30：70	31772	1325250	6.30
	70：30	61579	619378	5.95
山西大同	30：70	56450	550725	51.02
	70：30	191010	123445	48.14
江西萍乡	30：70	109423	1266356	25.08
	70：30	218362	510779	22.80
四川攀枝花	30：70	100894	1260839	23.24
	70：30	204410	532292	20.48
贵州六枝	30：70	13475	345721	11.32
	70：30	21663	126716	9.12
重庆纂江	30：70	23379	302277	22.46
	70：30	36127	97067	19.85
河北邢台	30：70	224451	1487223	43.28
	70：30	534692	676828	42.13
山东肥城	30：70	131040	1228756	30.07
	70：30	250501	471983	28.31
安徽淮南	30：70	231501	1397645	48.10
	70：30	538668	616443	46.60
山西西山	30：70	230456	1302595	51.37
	70：30	470619	486282	51.62
山西阳泉	30：70	153474	1167682	38.17
	70：30	321347	452886	37.84

* 表示煤矸石与 α-Al_2O_3 质量比；参考混合物的试样组成中纯高岭石与 α-Al_2O_3 质量比为 50：50；纯高岭石与 α-Al_2O_3 的衍射强度每秒脉冲数分别为 823548 和 1024872。

4.3.2 煤矸石的活性评价

煤矸石活性的强弱和其物相组成与煅烧温度等条件有关，通过高温煅烧的方法可以使煤矸石中矿物的晶体结构发生畸变，提高其化学反应活性，使之成为具有类似胶凝特性的混凝土集料。煤矸石的热活化活性是指其与生石灰、水混合后，经过物理作用和化学作用后，将其他散粒状物料胶结为整体，并具有一定力学强度的性能。由于煤矸石的成因、化学组成、矿物组成、物理状态（粗细）、堆存时间等差异较大，很难建立一种准确、快速、便捷的胶凝活性评价方法，学者提出了多种火山灰活性的评价方法，总体可分为物理法和化学法两大类。

（1）强度评价法。强度法是将火山灰质材料与其他胶凝材料混合，以其硬化体所呈现的强度作为火山灰活性的指标。强度试验能够综合反映混合材在水泥中的作用，在《用于水泥中的火山灰质混合材料》（GB/T 2847—2005）中规定，抗压强度法即测定掺入30%活性混合材的28d硅酸盐水泥抗压强度与纯硅酸盐水泥28d抗压强度之比，比值大于0.65的，认为混合材存在火山灰活性，该值越高，表明煤矸石的火山灰活性越强。对比样品的胶砂加水量固定为238mL，而火山灰质水泥胶砂的加水量按跳桌流动度125～135mm时的水胶比计算，混合材要求含水率小于1%，细度要求为0.08mm，方孔筛筛余5%～7%，硅酸盐水泥熟料安定性合格，强度等级为42.5以上。抗压强度比K按下式计算，计算结果保留至整数。

$$K = \frac{R_1}{R_2}$$

式中　K——抗压强度比，%；

R_1——掺活性混合材试验样品28d抗压强度，MPa；

R_2——对比样品28d抗压强度，MPa。

硬化体的强度是反映该硬化体结构的一项综合性指标，因此，强度试验法能综合反映火山灰材料在水泥基材料中的作用。

（2）火山灰活性试验法。火山灰活性试验法是指在（40±1）℃的条件下，通过与水化水泥共存的液相中呈现的氢氧化钙的浓度和同样碱性介质中达到饱和的氢氧化钙浓度相比较而确定的。如果该溶液中氢氧化钙浓度低于饱和浓度，则判定该材料具有火山灰活性，或火山灰活性合格。因此，应先画出在（40±1）℃时，$Ca(OH)_2$在游离碱度（OH^-）从0～100mmol/L溶液中的溶解度曲线，以总碱度（氢氧根离子浓度）为横坐标，以氧化钙浓度为纵坐标，如图4-4所示。曲线上方的$Ca(OH)_2$浓度是饱和的，曲线下方的$Ca(OH)_2$浓度是不饱和的。材料的火山灰活性越强，则消耗的$Ca(OH)_2$越多，因而试验结果处于溶解度曲线的下方。根据试验结果点的位置，判定材料是否具有火山灰活性。

（3）酸碱溶出法。煅烧煤矸石在碱性溶液或酸性溶液中溶出硅酸根和铝酸根离子的能力可以反映其化学反应活性的高低。离子溶出法是通过测定煤矸石在溶液中溶出的硅酸根离子（简称为Si离子）和铝酸根离子（简称为Al离子）的量来计算煤矸石样品中活性SiO_2与Al_2O_3的量。煤矸石中的硅、铝的溶出可以用下式表示，即煤矸石中硅氧四面体和铝氧四面体解聚的过程[75]。

$$\text{Al—Si 颗粒} + OH^- \longrightarrow Al(OH)_4^- + \text{—}Si(OH)_3$$

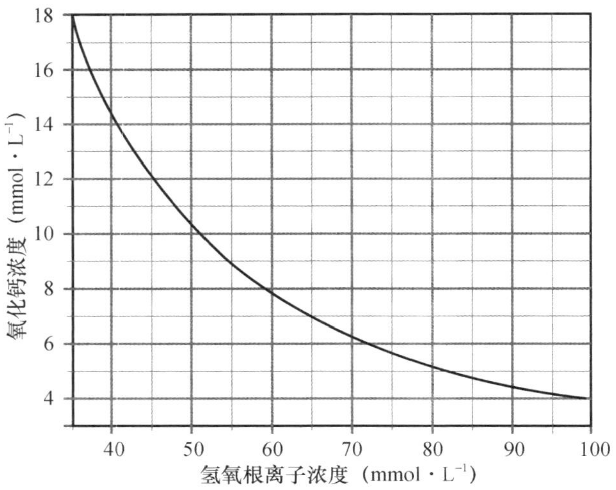

图 4-4　评定火山灰活性的曲线

4.3.3 煤矸石的活性激发

由于煤矸石是火山灰质混合材料，自身几乎没有水硬性胶凝特性，因而需要在一定的物理化学条件激发下，改变其化学组成和内部结构，才能提升自身的火山灰活性。提高煤矸石活性的活化途径有热活化、机械活化、化学活化和复合活化等方法。

（1）热活化

煤矸石经过自燃或煅烧矿物相发生变化，是产生活性的根本原因。煤矸石中的黏土矿物成分，经过适当温度煅烧，便可获得与石灰化合形成新的水化物的能力。所以，煤矸石又可视为一种火山灰活性混合材料，其活性大小的衡量标准是黏土矿物含量。煅烧旨在利用高温下煤矸石微观结构中各微粒产生剧烈的热运动，脱去矿物中的结合水，钙、镁、铁等阳离子重新选择结构位置，致使硅氧四面体和铝氧三角体不可能充分地聚合成长链，形成大量的自由端的断裂点，质点无法再按照一定规律排列，形成热力学不稳定态玻璃结构，从而使烧成后的煤矸石中含有大量的活性氧化硅和氧化铝，从而达到活化的目的。煤矸石的主要矿物成分是高岭石、蒙脱石、石英砂、硅酸盐矿物、碳酸岩矿物，少量铁钛矿及碳素，且高岭石含量达68.7%。高岭石在500～800℃脱水，晶格破坏，形成无定型偏高岭石土，具有火山灰活性。

$$\underset{\text{(高岭土)}}{Al_2O_3 \cdot 2SiO_2 \cdot 2H_2O} \xrightarrow{500 \sim 800℃} \underset{\text{(偏高岭土)}}{Al_2O_3 \cdot 2SiO_2} + 2H_2O$$

在900～1000℃，偏高岭土又发生重结晶，形成非活性物质——硅铝尖晶石（如下反应式）。温度继续升高后，还会转变成结构更加稳定的晶相莫来石，导致活性降低。

$$\underset{\text{（偏高岭土）}}{Al_2O_3 \cdot 2SiO_2 + Al_2O_3 \cdot 2SiO_2} \xrightarrow{900 \sim 1000℃} \underset{\text{（硅铝尖晶石）}}{2Al_2O_3 \cdot 3SiO_2 + SiO_2}$$

这些无定形的二氧化硅及氧化铝在 CaO、$CaSO_4$ 和水的存在下，会发生如下反应而产生一定的强度：

$$Al_2O_3 + 3CaO + 3CaSO_4 + 32H_2O = 3CaO \cdot Al_2O_3 \cdot 3CaSO_4 \cdot 32H_2O$$

$$Al_2O_3 + 3CaO + CaSO_4 + 12H_2O = 3CaO \cdot Al_2O_3 \cdot CaSO_4 \cdot 12H_2O$$

$$Al_2O_3 + 4CaO + 13H_2O = 4CaO \cdot Al_2O_3 \cdot 13H_2O$$

$$SiO_2 + CaO + xH_2O = CaO \cdot SiO_2 \cdot xH_2O$$

当温度过高，在高于 1050℃时，无定形的 SiO_2 及 Al_2O_3 重新结合生成莫来石晶体，又使活性降低：

$$2SiO_2 + 3Al_2O_3 = 3Al_2O_3 \cdot 2SiO_2$$

而温度过低时，煤矸石中的碳燃烧不完，使水泥标准稠度用水量增大，同时，高岭土组分分解不彻底，活性组分比重相对减少，从而使活性下降。

煤矸石煅烧过程中，一般在 1000℃左右便有莫来石生成，到 1200℃以上，生成量显著增加。莫来石的大量生成，将降低煤矸石的活性。通过上面化学反应式可以看出，在煅烧过程中，煤矸石中的高岭土在一定温度下发生脱水和分解，生成偏高岭石和无定形的硅铝氧化物，这些无定形的硅铝氧化物在 CaO、$CaSO_4$ 和水的作用下，会发生反应而产生一定的强度，成为活性的主要来源。但是不同性状的煤矸石具有各自不同的最佳煅烧温度，煅烧温度太低，煤矸石黏土矿物不能脱水分解，所形成的偏高岭土及无定型的活性 Al_2O_3 和 SiO_2 等数量不足，因此活性较低；同样，煅烧温度过高，则可能生成铝硅尖晶石或者其他的晶体矿物，这些矿物基本上没有水化活性。

其中，热活化的研究侧重于通过对煤矸石热活化过程及其结构变化的研究，以寻求最佳煅烧温度范围以及制备条件。关建适等对不同煅烧温度的煤矸石活性进行了研究，试验结果表明，煤矸石中黏土矿物加热分解、玻璃化和熔融是煤矸石产生活性的主要原因，而熔融性主要取决于它的化学成分和矿物组分。煤矸石加热时的物相变化，产生活性有两个温度区域，中温活性区和高温活性区，见表 4-9。

表 4-9　高温煅烧煤矸石的活性温度区（℃）

中温活性区	活性降低区	高温活性区
600 ~ 950	900 ~ 1400	1200 ~ 1700

煤矸石中黏土矿物加热到600～950℃时，由于晶格遭到破坏，变为非晶质而具有活性，但随着温度的继续升高，其中矿物组分又重结晶，煤矸石活性又逐渐降低，此活性区最优煅烧温度范围的确定，取决于煤矸石中矿物的种类和数量。煤矸石中含有大量的 SiO_2 和 Al_2O_3，在高温煅烧过程中，它们具有稳定的相变特征，但由于煤矸石是各种矿物组分的混合物，这些混合物并没有一个固定的熔点，而仅有一个熔化温度范围。煤矸石随着煅烧温度的升高，相继生成尖晶石、方英石和莫来石，一般在1200℃以上时，这些结晶体又陆续形成玻璃体和熔融体，此温度范围即煤矸石的高温活性区。刘可高等采用煅烧煤矸石的不同冷却方式，测试了配制胶砂的强度。试验结果表明，煤矸石经过高温煅烧后，不同的冷却方式对煤矸石的活性影响较大，高温煅烧的煤矸石受急冷时，其中的晶格扭曲变形而来不及形成规则的晶体，而呈现出大量的玻璃体。煤矸石煅烧温度越高，冷却速度越快，煤矸石的热活化活性提高就越大。试验采取950℃煅烧两小时，然后采用两种不同方法冷却：一种为自然冷却；另一种为水淬，最后磨粉按照30%的掺量成型，胶砂强度试验结果见表4-10。

表4-10　煅烧煤矸石不同冷却方式配制的胶砂强度

冷却方式	3d强度（MPa）		28d强度（MPa）	
	抗折	抗压	抗折	抗压
自然冷却	4.44	21.7	7.33	43.5
水淬	4.75	22.9	7.44	46.2

（2）机械活化

机械活化通常也称为物理活化，是指通过将物料磨细以提高其活性的活化方法。通过机械粉磨能够使颗粒迅速细化，提高了颗粒的比表面积，增大了水化反应的界面。机械活化在煤矸石的处理方面，具有很好的效果，通过磨细煤矸石使其颗粒变得很小，不仅可以填充硬化结构的毛细孔，起到密实增强的作用，而且能增加煤矸石的比表面积，同时其颗粒表面出现错位、点缺陷和结构缺陷，氧化硅和氧化铝的无定形程度增高，颗粒表面自由能增加，从而提高其火山灰活性，它可以更多地消耗氢氧化钙和石膏，促进煤矸石与水泥水化产物的二次反应，使生成的水化产物增加，因而可以提高强度。

（3）化学活化

化学活化主要是通过添加各种碱性激发剂，使聚合度高的硅酸盐网络解聚，进一步生成C-S-H、C-A-H、AFt、AFm等物质。化学活化中的激发剂应该具备两种作用，其一是提供一种强极性环境，破坏煤矸石表面的 Si—O 键和 Al—O 键；其二是能够参与反应，生成具有凝胶作用的物质。煤矸石在碱性作用下的化学活性机理可以用下式表示，在碱的作用下，结构中的 Si—O—Si 和 Al—O—Al 共价键断裂。

$$n(2SiO_2 \cdot Al_2O_3) + H_2O \xrightarrow{NaOH} n\ (OH)_3—Si—O—Al—O—(OH)_3$$

$$n(OH)_3—Si—O—Al—O—(OH)_3 \xrightarrow{NaOH} Na\ (—Si—O—Al—O—Si)_n + H_2O$$

由于化学反应生成稳定的三维聚合铝酸盐结构水化物，消耗了生成物，使整个反应过程得以不断进行，从而使 Si—O 键和 Al—O 键不断被破坏，促使结构解体，反应形成的铝酸盐水化产物不断交织，连生聚合，产生无序的网络结构，激发了煤矸石的活性，可使煤矸石水泥砂浆化学反应更加彻底，提高其混凝土材料的力学性能。

（4）复合活化

复合活化法一般是将煤矸石先煅烧，在热活化的基础上，再通过机械活化或加入化学激发剂进一步激发煤矸石活性。

综上所述，本试验将采用煅烧热活化的方式对煤矸石活性进行激发，一方面是考虑到煅烧过程可以除去煤矸石中含有的少量煤及有机物；另一方面，通过对煤矸石进行煅烧还可以破坏煤矸石中矿物稳定的晶体结构，提高其化学反应活性，可以改善混凝土的力学性能及微观结构。结合作为混凝土集料自身的特点，煅烧的起始温度选择为 500℃，如果煅烧温度高于 900℃，则煅烧需要的能耗较高，导致成本过高，达不到废弃物利用的经济效益，故本文将煤矸石的煅烧温度范围选择为 500 ~ 900℃[76]。

（5）煤矸石微波活化

微波辐射活化煤矸石的主要原理是利用微波加热来破坏煤矸石中 Si—O 和 Al—O 键结构，使得煤矸石的物相组成和微结构发生改变，而形成一定活性的 SiO_2 和 Al_2O_3。

微波辐射活化技术与传统加热技术相比具有一定的优势，传统加热技术是由外部热源通过热传导或热对流由表及里的加热方式，微波加热是利用微波的热效应和化学效应，使物质内部的分子在微波高频电场的作用下进行剧烈振动、快速转动、摩擦而迅速升温。其特点有：①热惯性小、升温速度快；②选择性加热的特点；③高效节能、热效率高；④安全环保、操作简单。

4.4　煤矸石的燃烧特性

大量研究表明煤的燃烧可认为分三个阶段：干燥脱水、挥发分着火和燃烧及焦炭燃烧。具体过程：随着煤的加热，煤粒表面和缝隙间的水分首先蒸发，当温度继续升高，煤中易断裂的碳氢化合物会以气态形式逐渐释放，释放的挥发分在氧气存在的条件下达到着火条件，开始燃烧，燃烧的挥发分将释放的热量传递给形成的焦炭，随后焦炭开始剧烈燃烧，其中焦炭的燃烧主要包括扩散和化学反应两个过程。

参照煤燃烧的研究方法，贾海林[77]等人对煤矸石的燃烧过程做了阶段划分，认为煤矸石的绝热氧化可分为四个阶段，分别是外在水分失重阶段、内在水分失重阶段、挥发分燃烧失重阶段和固定碳燃烧失重阶段。具体过程为煤矸石受热表面上和孔隙里的外在水分蒸发，随后内在水分蒸发，随湿度升高可燃挥发分逐渐析出，当有足够氧气时，析出的可燃挥发分燃烧，最后是煤矸石中固定碳的着火燃烧；Ren[78]等人同样认为煤矸石的主要燃烧阶段包括挥发分燃烧和固定碳燃烧，并发现固定碳燃烧的峰较宽，说明燃烧过程较缓慢，故对固定碳燃烧的控制同挥发分燃烧相比更容易；然而邬剑明、王雨[79-80]等人结合DTA 实验结果，认为这两个燃烧阶段应该为大部分固定碳及挥发性物质的燃烧和内部固定碳及少量挥发性物质的燃烧；区别于以上研究结果，冉景煜[81]等人不仅得到与上述结果相同的双峰煤矸石燃烧曲线，同时发现一些煤矸石的燃烧只存在一个失重峰，分析认为煤矸石的燃烧过程是从挥发分的着火燃烧开始的，相对较高的挥发分含量会使挥发分的析出和燃烧过程更加剧烈，从而表现为挥发分着火、燃烧过程和固定碳燃烧过程相重合；司鹏等人进一步分析认为，对高岭石含量较高的煤矸石，燃烧失重过程中还包含了高岭石的脱羟基；Zhou[82]等人结合 XRD 和 FTIR 结果也证明了这一点，认为在煤矸石燃烧过程中会发生高岭石向偏高岭石的相转变，同时黄铁矿和伊利石的矿相也会逐渐消失。此外，一些研究报道了煤矸石的动力学参数，侯丽华等人通过燃烧动力学研究，得出煤矸石燃烧的活化能在 300 ~ 600℃ 为 70. 75kJ/mol，在 700 ~ 1000℃ 为 28. 21kJ/mol；而冉景煜等人采用 Freeman-Carroll 法则得出：煤矸石在低温段（以 700℃ 为界）的反应级数为 1. 5 左右，活化能较低，在高温段的反应级数为 2. 0 左右，活化能较高，与上述结果刚好相反。

虽然很多研究者都开展了煤矸石燃烧方面的研究，但受原料产地、试验条件及试验方法的影响，所得结果有所差别甚至相反，这为理解原料性质对煤矸石燃烧过程的影响造成一定困难，同时粒径、气氛和矿物也是影响煤矸石燃烧的重要因素，但目前关于粒径对煤矸石燃烧影响的研究主要集中在小粒径煤矸石（μm 级）的探讨，针对粒径进一步增大对煤矸石燃烧的影响还少有研究。此外在气氛对煤矸石燃烧的影响的研究中多数为传统气氛（O_2/N_2）下氧气浓度为21%～70%的研究，低氧浓度下的传统燃烧及富氧燃烧方面的研究少有报道，气氛变化对矿物分解行为影响的研究也较为缺乏，所以有必要系统深入地研究不同原料性质、粒径以及气氛下煤矸石的燃烧特性及矿物分解特性[83]。

5 煤矸石的热解技术

5.1 煤矸石热解技术简介

1. 煤的热解

很多学者对煤的热解过程进行了深入研究，认为煤的热解过程一般包括三个阶段：软化阶段、开始形成半焦阶段、强烈软化和半焦破裂阶段。具体过程：随着加热温度的升高，煤中的水分首先析出，随后分散的煤形成胶质体并随温度升高逐渐固化形成半焦，半焦随温度升高逐渐收缩，出现裂纹、破裂最终形成焦炭。从分子角度而言，热解过程可描述为图 5-1：随着温度的升高，弱键断裂形成自由基，自由基一部分生成一次挥发分（如水分、碳氧化物、烃类和焦油），一部分形成半焦。其过程中的化学反应大致可归纳为七类，分别为键断裂生成两个自由基、键断裂生成一个自由基和双键、自由基缩合反应、析氢反应、加成取代反应、羟基反应和羧基反应。

2. 煤矸石的热解

近年来，随着对煤系固体废弃物利用关注力度的加大，重庆大学冉景煜课题组[84-86]采用非等温热重法系统研究了煤矸石的热解特性及热解动力学机理，认为煤矸石的热解过程是一个由低温失重、主要热分解和二次脱气三个阶段组成的复杂过程。其热解动力学机理需要分阶段描述，热解初始阶段服从三维球扩散模型；随着温度升高，受液化反应控制，服从级数为 2 的化学反应模型；当温度进一步升高，进入热解第三阶段会受煤种影响，含碳量高的煤矸石服从级数为 2 的化学反应模型，而含碳量低的煤矸石服从级数为 1 的化学反应模型。

3. 煤矸石热解过程的影响因素

冉景煜等人进一步分析了不同因素（煤矸石种类、升温速率、粒径、压力、气氛）对煤矸石热解的影响，发现煤矸石的内部结构和煤质情况对热解的影响较大；高升温速率会导致颗粒内外温差大，产生热滞后现象，使挥发分析出延迟，热解曲线向高温区移动；颗粒粒径主要影响颗粒内部的传质和传热，从而进一步影响颗粒中心处的温度-时间历程，间接影响热解过程；压力对热解的影响主要体现在压力对聚合、缩聚反应和扩散传质的影响上，但压力只在高于特定温度时才发挥作用；CO_2和CH_4气氛均对煤矸石的热解具有促进作用，对CO_2而言，其可能参与煤矸石的热解反应，与某些挥发产物发生反应，降低了挥发产物逸出的难度，CH_4同样参与了煤矸石的热解反应，但其促进机理有所不同，是煤矸石热解时产生的活性自由基先促进了CH_4的裂解，CH_4裂解产生的自由基又促进了煤矸石的热解（图5-1）。

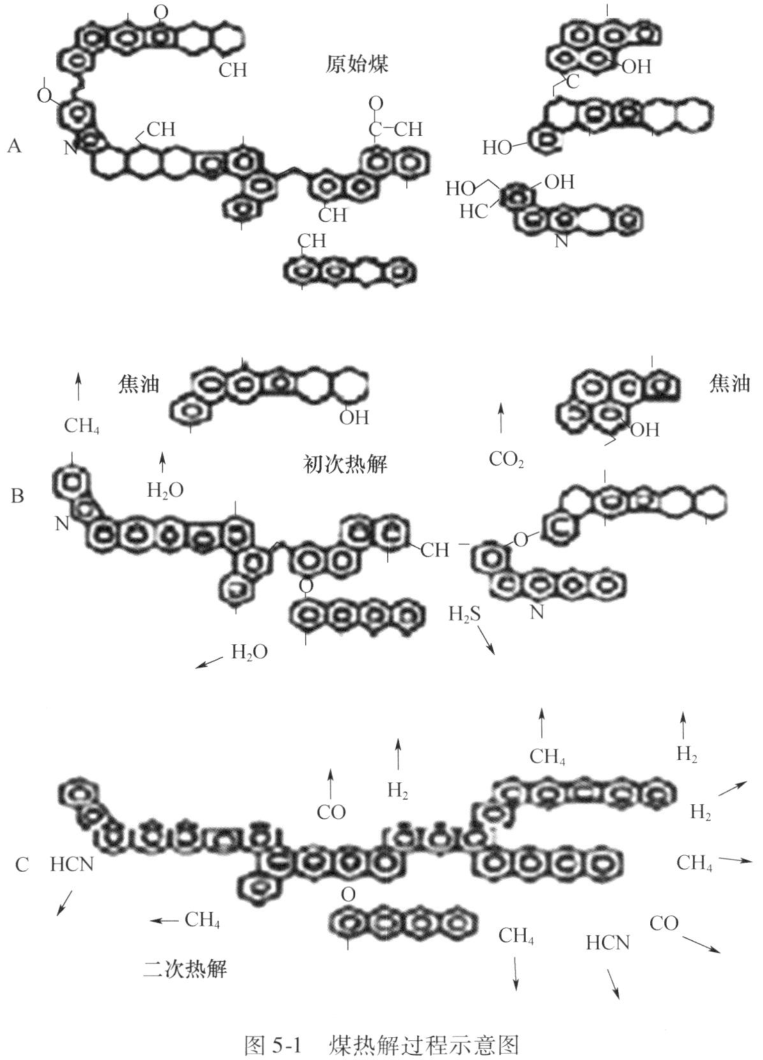

图5-1 煤热解过程示意图

4. 煤矸石热解过程中的矿物分解

已有学者在研究煤矸石的热解过程时对矿物质的影响有所关注。李淑强在研究煤矸石热解时指出，六盘水煤矸石在800～1000℃出现的微小下降峰为矿物质的分解，且1000℃之后矿物质的分解更加剧烈，并指出寺河煤矸石在1000℃之前没有矿物质的分解峰，可能与煤矸石与矿物质结合的不同有关；朱明燕等人同样指出了煤矸石热解过程中的矿物分解，认为金沙煤矸石明显失重峰前的小失重峰可能与煤矸石中所含的高岭石等黏土矿物有关，而金沙煤矸石和黔西煤矸石在600～750℃的失重峰主要由分子的热裂解与缩聚反应造成，900℃后所有煤矸石的DTG曲线开始缓慢下降，尤其是大方煤矸石，作者认为这可能与煤矸石中白云石等矿物的分解有关；与以上解释不同，Zhou等人则认为煤矸石在700℃以后的失重是由煤矸石重结晶造成的。

虽然在前人的研究中已涉及煤矸石热解过程中的矿物分解，但针对矿物分解的研究还不够系统深入，且没有相应的实验证明矿物在热解过程中的分解过程，故深入理解煤矸石热解过程中的矿物分解行为，还需进一步的系统研究。

5.2 煤矸石热解机理

煤矸石热解机理与煤的热解机理类似，普遍认为煤的热解过程是一个自由基生成过程，其热解反应开始于键的断裂。首先是弱的键先断裂，一般认为是与结构单元相连的桥键（主要指—CH_2—、—CH_2—CH_2—、—CH_2—O—、—O—和—S—S—等）裂解生成自由基，采用电子顺磁共振（ESR）发现，煤在300℃时就有自由基生成，且随着温度升高自由基浓度迅速增高。煤热解的自由基机理类似于低级烃的热解，按自由基链式机理进行。Penninger及其同事研究了四氢菲、二氢菲在约500℃下的裂解和加氢裂解，发现自由基的生成速度比断裂开环的速度快得多。所以煤热解可能首先是一个自由基生成过程，它由结构中的弱键断裂所引发。产生的自由基如果从供氢溶剂、外加氢气或自身内的氢获取足够的氢，则自由基被氢饱和而稳定下来生成挥发分；但是如果这些自由基得不到足够的氢与之饱和，则自由基间发生相互聚合形成半焦和焦炭。Gavalas[87]归纳出煤热解过程中的化学反应有如下几类：①键断裂生成两个自由基；②键断裂生成一个自由基和双键；③自由基缩合反应；④析氢反应；⑤加成取代反应；⑥羟基的反应；⑦羧基的反应。

尽管煤热解机理被认为主要是自由基机理，但是随着对煤热解机理的深入研究发现，煤的热解机理不仅仅是自由基机理，还伴随有离子型反应机理，这是由于煤中含有大量的含氧官能团。有关含氧官能团的热解机理的研究结果表明[88]，含氧官能团的热解也有的是离子型反应机理。由于煤的分子结构极其复杂，矿物质又对热解有催化作用。所以，迄今为止，对煤的热解化学反应尚未彻底弄清。但对煤的热解过程可以通过煤在不同分解阶段的元素组成，化学特征和物理性质的变化加以说明。日本学者 Miura[89] 提出以下煤热解机理示意图，如图 5-2 所示。

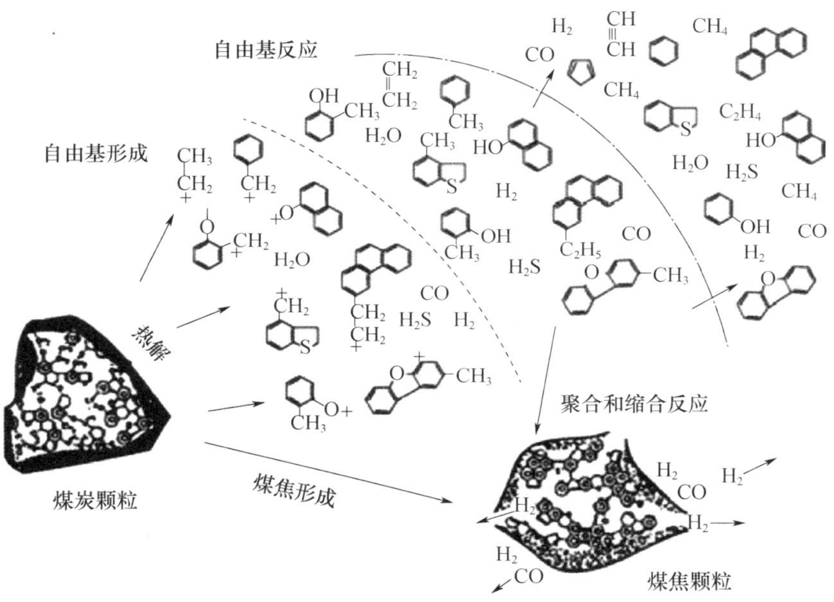

图 5-2　煤热解机理示意图

由图 5-2 可以看出，煤热解包括第一步脱挥发分反应和紧接的二次反应。前一步反应非常快，包括自由基的形成、缩聚反应、自由基交联反应及加氢反应等。二次反应是第一步反应中形成的挥发分的继续热解，包括初始挥发分裂解为小分子的烃类和气体，以及初始挥发分之间的再聚合。二次反应主要集中于初级挥发分中的焦油分子，它将改变挥发分的收率和产品的分布。影响煤热解行为的多个因素都是通过对二次反应的影响来发挥作用。二次反应和传质现象是密不可分的，同时它与煤质、压力、温度和颗粒大小有关，目前，对二次反应尚缺乏精确的描述。

关于煤热解过程机理已有广泛的研究，但是煤结构的复杂性和目前研究技术的局限性使得热解过程仍将是煤化工领域的重大课题之一。而要对热解过程有比较系统的研究和了解，就必须在煤样热解试验的基础上，进一步综合分析热解所得固、液、气三态产物的组成特性和演化以及相互转化规律。

5.3 煤矸石热解的工程实例

利用 HTCW 技术高温热解气化 20 万 t 煤矸石是内蒙古天时建环保科技有限责任公司煤矸石制甲醇的有效大量利用煤矸石的项目。主要建设内容为处理现产及过去填埋堆放的煤矸石 60 万 t/a[90-91]。

HTCW 高温热解气化技术采用高温熔解气化处理固体废弃物。是一种对环境无害的安全的处理方法。

在 HTCW 工艺中，由于氧气的供给量受到控制而且有限，防止了物料的完全燃烧，不会发生通常意义上的焚烧。因此，不会由于温度升高到 1650℃以上甚至 2500℃而产生诸如灰分和烟尘等典型的燃烧污染物。

HTCW 技术的实质是将固体废弃物用反应器进行高温气体处理，该反应器是一种不加压的直立气化反应炉，按照移动床的气化原理工作。

气化发生在还原的条件下，即 1500～2500℃的温度之间。这样，有很大比率的碳氢化合物在气化反应器内已经裂变。

1. 工作过程

如图 5-3 所示，在正常温度 100～200℃和正常压力下给料和其他材料：给料的干燥；去除物理水。

250℃：除氧；消除水成分和 CO_2；发生解聚（合）作用；开始消除 H_2S。

340℃：脂肪族化合物的裂变；CH_4 和其他脂肪族化合物开始裂变。

380℃：碳化。

400℃：C—O 和 C—N 化合物裂变，杂原子分离。

400～600℃：沥青转换为阴燃油和阴燃焦油。

>600℃：沥青裂变为热稳定物质（链状，气态碳氢化合物）；芳（族）烃合成。

800～1200℃：气化：合成 N_2/NH_3 和 H_2S/COS（羟基硫）；卤素完全处于蒸气状态（如碱金属氯化物或 HCl），熔化：矿物熔化阶段的合成。

1200～2000℃：芳（族）烃，HCN 和有机化合物完全分解，碳黑形成。熔化：铁金属熔化阶段的合成。

2000～2700℃：开始分子裂变，较低分子区。

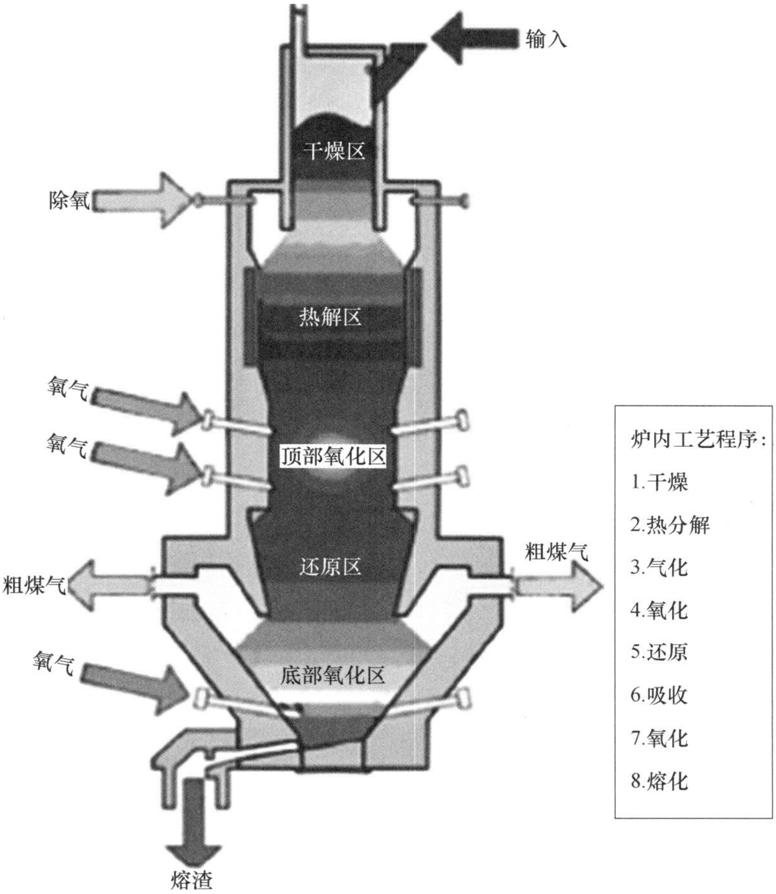

图 5-3 热解工作过程

2. 出渣方式

HTCW 在部分氧化期间达到高温，导致所有矿物和金属成分完全熔化。HTCW 采用液态排渣方式。废物中矿物和金属的量决定了熔渣的质量，熔渣在重力作用下在气化反应器内向下移动。去除气化反应器底部的残渣叫作出渣。两种熔渣（矿渣和金属熔渣）聚集在反应器底部，它们由于其自身密度不同而自行分离（类似于钢铁生产）。

3. HTCW 技术的基本特点

（1）生产过程几乎对环境没有影响；

（2）在直立气化反应炉内可进行有控制的高温分解；

（3）将有机成分转换为合成气体而产生气体能量，用该能量发电、供热或生产甲醇或用于工业及民用燃气；

（4）以最佳的效果将废物生产成有用的产品，而且避免了绝大多数对环境的不利影响；

（5）HTCW 技术可利用所有不同类型的废弃物，即不受废弃物种类的限制；

（6）对入气化反应炉的固体废弃物不必或只进行很粗略的预处理；

（7）不受固定模式的限制，每个生产工厂可根据废弃物的量来确定生产规模，或根据废弃物的种类来确定生产线形式，或根据气化气体的用途来确定产品形式——可以因地制宜、因物制宜、因用制宜；

（8）气化反应生产线极其便于根据废弃物来调整生产方式和便于扩建；

（9）由于 HTCW 技术的特殊性，它可以使煤矸石的综合利用效果达到较高的程度：使煤矸石的资源利用率达到 98% 以上，甚至可达 100%；

（10）气体净化运行费用低。HTCW 采用的是极其低速的移动床热解气化，在还原区提取出来的可燃气体的含尘量很低（在还原区提取的气体含尘量低于 $60mg/m^3$）；尤其是还可以采用炉内加石灰石脱酸，其气体中酸（尤其是 SO_2）的含量也极低。

4. 对入炉废物的要求和处理

入炉气化的物料可以是任一种或几种物料适当的混合物。对于不同的物料种类和容量，可设计不同容量和不同形式的 HTCW 气化设备。该项技术主要用于物料处理和任一种废物的处置，尤其是主要的有机成分，但也可使用生物材料来发电。即可以使用多种废物的任意组合。

HTCW 对入炉物料的要求并不苛求：最佳含水率范围是 10% ~ 25%。但是也可以使用含水率更高的废物，可以将它与其他物料混合或者用所产生的热量进行预先干燥。另外，入炉物料的粒径必须调节成设备入口尺寸（约 500mm），其他气化炉要求入炉物料的粒径要比 HTCW 小得多。不需要预先分拣和去除金属或矿物成分（如石料等）来达到一定的配合比。根据入炉物料的组成，将粉状或细粒物料直接加入物料也可以达到一定的配合比。此外，气体可直接注入高温区域，再添加某种形式的粉状料。

5. 设备的设计和组合

（1）气化模块

有多种尺寸的 HTCW 高温热解气化反应器（气化模块）：每个气化反应器（气化模块）的气化能力为单台 10000t/a、20000t/a、50000t/a、

80000t/a、100000t/a、200000t/a 等。

（2）气化生产线——气化模块组合

气化生产线一般由两个及两个以上气化反应器组成，因此在某一个反应器停止工作进行必要的维修时还可以处理废料。一个废物处理工厂可以由最低一条气化生产线或几条气化生产线组成。最小的 HTCW 设备为 20000t/a，由两个 10000t/a 的气化反应器组成。这种气化模块组合系统，通过增加气化生产线可形成较大的气化生产规模。通过若干个气化模块的组合，可以达到更高的生产能力，从而获得明显的经济效益。

6 煤矸石的发电技术

6.1 煤矸石发电技术简介

煤矸石发电一般利用热值在5000kJ/kg左右的煤矸石做燃料，辅以适量的煤或煤泥，通过沸腾炉或循环流化床带动发电机组发电。我国已有一批煤矸石发电厂在运转中，如山西平朔煤矸石发电厂在原来两台5万kW机组的基础上扩建，新上的两台30万kW的机组，取得了显著的经济效益，而且山西平朔煤矸石发电厂与中国矿业大学（北京）混凝土与环境材料研究所合作将煤矸石燃烧产生的粉煤灰和炉渣粉磨活化用于建筑材料。

对含碳量高的煤矸石，即含碳量>20%（热值为6270~12550kJ/kg），可以直接用作流化床锅炉的燃料用煤矸石发电。20世纪90年代以来，随着循环流化床（CFBC）锅炉逐步取代鼓泡型流化床锅炉，以及消烟除尘技术的发展，利用煤矸石发电的技术日臻成熟。

煤矸石发电厂是指利用煤炭开采及洗选加工过程中排放的煤矸石、煤泥等作为燃料的发电厂。它可以将低热值的煤矸石所含能量转化为电力，化害为利，变废为宝。发热量是煤矸石重要的质量指标之一，是煤矸石作为能源使用价值高低的体现。一般煤矸石发热量的大小随着挥发分和固定碳含量的增加而增加，随灰分含量的增加而降低。我国煤矸石的发热量一般为3347.2~8336kJ/kg，煤矸石的能量转化主要是利用煤矸石发电，将热值高于6270kJ/kg的煤矸石直接利用。在矿区建热电厂不仅可以充分利用矿区的固体废物煤矸石、煤泥等，而且发电过程中产生的废渣粉煤灰等可以供给砖厂、水泥厂使用。利用煤矸石作为燃料发电可分为两种情况：一种是用全煤矸石；另一种是用煤矸石和煤泥混合。在用全煤矸石做燃料时，应该先进行洗选，用石灰石脱硫后再使用，其燃烧后的灰渣还能做其他建材原料。在用煤矸石、煤泥的混合物做燃料时，要求煤矸石的热值为4500~12550kJ/kg，煤泥的热值在8360~16720kJ/kg，煤泥的水份在25%~70%。

利用煤矸石发电工艺较为简单。首先，将煤矸石和劣质煤的混合物破碎，粉磨至粒径小于8mm；其次，由皮带机送入锅炉在循环流化床上进行燃烧。流化床燃烧是靠从床底送进的高压气流，使煤矸石粉粒和煤粒在炉床上沸腾运动，形成一定高度的流化状态；最后，燃烧产生的烟尘经除尘器后送入烟道，燃烧产生的灰渣经水冷后泵入灰场。

对常规电厂来说，1kW · h 的标煤耗是一个重要的考核指标。煤矸石电厂一般对煤耗指标不太注意，认为煤矸石是废物，只要能发电，烧多烧少没关系。但多烧了燃料，就意味着燃料系统的破碎、筛选及运输量都要增加，或设备容量加大，这不仅加快了设备的磨损，也加大了厂用电设备的耗电量。从锅炉本体来分析，由于燃料的增加，无形中加大了锅炉本身的磨损，检修周期缩短，设备利用率降低。锅炉附属设备如鼓风机、引风机等也增加了检修量及用电量。所以煤矸石电厂应尽量降低煤耗指标，以节约成本，提高效益。

我国利用煤矸石发电已经有 40 年的历史，而且国家鼓励利用煤矸石，特别是洗矸作为燃料用于发电，并制定了许多煤矸石综合利用发电的优惠政策。国内煤矸石发电项目虽然起步较晚，但近年迅速发展，据统计，我国至少有 1.4 亿 t/a 的煤矸石被用于发电，其效果相当于节约 3800 万 t/a 标准煤。2000 年国有重点煤矿综合利用项目盈利前 10 名的均为煤矸石综合利用电厂，可见其在煤矿产业结构中的重要地位。在国家产业、税收、技术等政策的大力扶持下，煤矸石发电发展迅速。根据《煤矸石综合利用技术政策要点》，煤矸石发电多采用循环流化床锅炉，且燃料热值不超过 12550kJ/kg，但随着我国环境保护政策的趋严，这些煤矸石发电企业同样面临着飞灰及锅炉渣处理、烟尘检测与控制技术难度高等环保问题[92]。

基于煤矸石作为低热值燃料的经济价值和作为废弃物进行综合利用的环保价值，国家鼓励利用煤矸石等低热值煤进行燃烧发电。2013 年，国务院正式印发的能源发展“十二五”规划中明确指出“优先发展煤矸石、煤泥、洗中煤等低热值煤炭资源综合利用发电”。发展改革委、环保部和能源局颁布的《煤电节能减排升级与改造行动计划（2014—2020 年）》也指出“根据煤矸石、煤泥和洗中煤等低热值煤资源的利用价值，选择最佳途径实现综合利用”。同时国家能源局下放了 1920 万 kW 低热值煤发电项目的审批权到山西省，占据了全国“十二五”规划装机容量的 38.4%。

我国从 20 世纪 70 年代末 80 年代初开始利用煤矸石进行燃烧发电，其机组单机容量仅为 1.5 ~ 6MW，随着燃用低热值燃料为主的循环流化床技术的发展，单机容量增加到 330MW，大量煤矸石被用于循环流化床燃烧发电中，一般发热量为 7526 ~ 12600kJ/kg 的煤矸石可直接做循环流化床锅炉的燃料，发热量为 4200 ~ 7526kJ/kg 的煤矸石可掺烧煤泥、洗中煤或尾煤后做发电的燃料，目前电厂主要利用的是热值为 3360 ~ 8366kJ/kg 的煤矸石。煤矸石等低热值燃料发电机组总装机容量达 2800 万 kW，年利用煤矸石 1.4 亿吨，综合利用发电企业达 400 多家，年发电量 1600 亿 kW · h。（来源国家能源局统计数据）据估测，一个装机容量为 36 万 kW 的煤矸石发电厂，年产值可达 5 亿元，同时可以减少 100 余亩占地。所以利用煤矸石燃烧发电不仅可以节约能源，改善一次能源的消费结构，而且可以减少堆存造成的环境污染和土地浪费，具有很高的经济效益、社会效益和环境效益。然而煤矸石低热值、高灰分的特点，导致其在燃烧过程中存在着火难、燃尽性差、燃烧火焰不稳定等问题，从而限制了煤矸石综合利用的能力。此外，随着煤矸石灰分含量的增加，锅炉的热效率会降低，尾气中的粉尘浓度也会增高，据预测，每增加 1% 的灰分含量，锅炉热效率会降低 0.7% ~ 0.9%，这在一定程度上增加了锅炉的燃料消耗。目前我国煤矸石的综合利用量不足煤矸石总量的 1/3，400 多个煤矸石电厂每年仅消耗煤矸石 1.4 亿 t，作为煤矸石产量大省，山西省低热值煤的年利用总量仅有 2000 万 t。与巨大的煤矸石产生量相比，我国煤矸石综合利用发电的处理能力仍显不足，其中很重要的一个原因是对煤矸石燃烧利用的认识不足。煤矸石作为与煤伴生的副产物，其原料性质受产地、洗选方式影响而有所差别，原料的不稳定为燃烧过程的控制带来一定困难，明确原料性质与燃烧性能之间的联系将有利于不同原料性质煤矸石的利用；宽筛分是煤矸石发电厂入炉燃料的特点，粒径的差别导致煤矸石受氧气扩散的影响有所不同，明晰煤矸石燃烧过程随粒径增大所受到的影响将有利于增强对宽筛分入炉燃料燃烧的理解；锅炉运行实践中助燃空气与循环烟气混合产生的低氧气氛在循环流化床中时有发生，探清低氧气氛的煤矸石燃烧特点对多变气氛下循环流化床煤矸石燃烧的认识有一定价值。此外，煤矸石燃烧过程中的二氧化碳排放问题可通过低碳高效燃烧技术——富氧燃烧技术加以解决，探究煤矸石的富氧燃烧特性将为煤矸石的低碳清洁燃烧提供一种新途径；与其他燃料掺烧可在一定程度上提高煤矸石的燃烧性能，厘清混合燃烧过程中燃料之间相互作用的机理对掺烧策略的合理选择至关重要。总之系统研究煤矸石的燃烧特性及其影响机制是提高煤矸石综合利用能力、促进低热值煤发电、缓减我国能源危机、减少煤系固体废弃物产生环境污染的关键。

煤矸石的发电效益可以总结为以下几点：

（1）减少污染，保护环境。煤矸石自燃不仅白白浪费了宝贵的资源，燃烧过程中排放的二氧化碳、二氧化硫、氮氧化物及烟尘等，还严重污染大气环境。煤矸石经雨水淋溶形成的酸性水渗透到地下，会污染地下水。综合利用煤矸石，可以减轻矿区的大气污染和地下水的污染。煤矸石电厂的建立，在减少矸石的同时可减少矸石对水质的污染，减少粉煤灰的扬尘污染。

（2）节省能源。煤矿每年的生产、生活供热及冬季采暖要消耗大量原煤，燃料利用率较低。建设煤矸石综合利用电厂直接向煤矿输送蒸汽供热，完全能够取代原来烧锅炉的供热方式，节省大量的原煤。电厂发电除供煤矿使用外，还有部分富余出售给电网供其他单位使用，可缓解局部电力供应的紧张局面，解决煤泥运输困难、销路不畅、价格低、堆放困难、污染环境等问题。

（3）促进产业转移和劳动力再就业以及节省耕地。煤矸石电厂的建立需要更多的从业人员，可在一定程度上缓解社会的就业压力，减少煤矸石的堆积，可节省堆积费用，也可解决占用耕地的问题。

6.2 煤矸石发电的研究进展

煤矸石里含有一定数量的碳和其他可燃物，因此可当燃料使用，但煤矸石所含有的可燃物数量极少，煤矸石发电就是利用其储存热量的主要形式，煤矸石是属于一种低热值燃料，所以煤矸石发电的关键就是沸腾炉燃烧技术。在我国沸腾炉燃烧技术已有几十年的历史，在一些方面，已经有了坚实的技术基础，煤矸石发电也取得了有效的进展，既充分地利用了煤矸石资源，减少了煤矸石对环境的污染，也使矿山企业得到了经济效益，经过几十年的发展，我国的煤矸石发电厂技术逐渐完善，取得了较大的进步。

对含碳量高的煤矸石，即含碳量≥20%（热值为6270~12550kJ/kg），可以直接用作为流化床锅炉的燃料用于煤矸石发电。煤矸石发电不仅解决了煤矸石堆放所带来的环境问题，而且可以缓解我国能源紧张的局面，并且在其生产工艺过程中，产生的有害气体、烟尘、废弃物基本上都能够得到有效回收，大气污染物的排放也可控制并达到国家排放标准。国华宁东发电公司已建成并投产使用的一期工程2×330MW机组以煤矿废弃的劣质煤和煤矸石作为发电主要燃料，该发电公司设计每年使用燃煤287万t，其中煤矸石占51.2%，其生产用水采用周边矿井水且采用空冷技术，符合国家资源综合利用产业政策，实现了工业固体废物零排放、循环利用和资源化综合利用。

我国从20世纪70年代开始使用煤矸石发电，并在1979—1981年建立了我国第一座大容量的煤矸石发电厂。在“七五”与“八五”期间，我国进行了煤矸石电厂建设，例如萍乡矿务局的安源煤矸石发电厂等。最开始利用煤矸石发电，主要用沸腾炉进行燃烧。但是这种燃烧有许多缺点，比如燃烧的能耗高、效率低且飞灰的含量比较高，如果使用大容量的沸腾炉，会有诸多困难，难以持续发展，大型的煤矸石发电厂建设很难实现。后来我国使用流化床发电技术，在20世纪80年代末投入生产实践，收到了良好的效果，主要是因为流化床锅炉能够很好地适应低热值的燃料。邢台矿务局电厂建成之后，便使用这种技术代替了沸腾炉，进行煤矸石发电。随着时代的发展，科学技术的进步，我国又开发了许多能够适应低热值燃烧的混烧发电技术。到“十二五”时期，循环流化床发电技术更加成熟，效率高而且容量大。2013年，四川白马已经成功应用了超临界60×10^4kW循环流化床发电技术，并推广至煤矸石电厂的应用建设[93]。

随着我国经济的快速发展，对煤炭的需求量日益增加，但优质煤随着开采量的迅猛增加存储量日益减少，劣质煤和固体废弃物的开发与循环利用日显重要。国家大力提倡煤矸石综合利用，拓展“煤矸石—热电—灰渣—建材”等多条产业链，提升自身的竞争能力，实现“绿色矿区”。

实践证明，发热高于5000kJ/kg的煤矸石，用于发电是综合利用的最佳途径。国家在大力关停小火电机组的同时，制定了一系列的优惠政策，鼓励煤炭企业建设煤矸石综合利用电厂。如开滦（集团）有限责任公司2005年利用煤矸石发电获利润500万元，利用煤矸石33万t，解决了煤矸石占地和污染问题。由中煤国际工程集团北京华宇工程有限公司设计，兖矿集团出资建设的南屯煤矸石热电厂和兴隆庄煤泥热电厂等9座综合利用电厂，形成了热电联产、污水处理、建材并举的产业链，电厂安排近4000人就业，年利用煤泥550万t，煤粉灰10.5万t，年创经济效益2.9亿元，包括修路，充填塌陷区，生产水泥建材等，累计消耗煤矸石3700万t，提高了企业的经济效益，促进循环经济的健康发展。

1. 燃烧技术

（1）沸腾炉

在低速流动的流化床内燃烧燃料，通过流化床内出现的气泡使流动颗粒激烈运动，保持床内的沸腾状态，与煤粉燃烧相比，具有下列优点：

①流动颗粒热容量大，混合强烈，燃料适应性好，可燃用包括煤矸石在内的劣质燃料；

②床内传热管与流动颗粒间传热率高，故可缩小传热面积，实现锅炉的小型化；

③投入石灰石等脱硫剂可实现炉内脱硫，不需要另设脱硫装置；

④低温燃烧可抑制 NO_x 的产生；

⑤煤粗粉碎即可，不需制粉系统设备。

（2）循环流化床锅炉

与沸腾炉相比，流动颗粒与气体的混合更为强烈，颗粒随同气体飞散，经旋风分离器捕集后再返回燃烧室，流动颗粒吹到燃煤室上方，在炉膛内形成流化床。其特点如下。

①脱硫效率高

通过颗粒循环保持较长的炉内滞留时间，脱硫反应中 Ca/S 物质的量之比小，脱硫剂使用量少；Ca/S 物质的量之比为 1.5 时，脱硫效率也可达到 90% 以上。

②燃烧效率高

由于颗粒循环量相当于 40 ~ 100 倍的给煤量；循环流化床中的灰及燃料多次循环，虽然燃烧温度只有 850℃ 左右，但在燃用不同煤种和不同负荷下，燃烧效率都比较高，可达 99% 以上。

③对煤种的适应性强

从炉膛出口分离器分离出的未燃尽燃料与灰粒，其温度仍高达 850℃左右，加上循环的灰量大，新加入的燃料量少，炉内温度易于保持，燃料的着火、燃烧条件好，因而可以燃烧劣质燃料。

④负荷调节范围宽、速度快

通过对颗粒循环量的控制，可适应锅炉低负荷运行。

沸腾炉和循环流化床锅炉在“锅”的部分基本没什么区别，它们之间的区别就在于“炉”上，所谓的“炉”其实就是燃烧系统[94]。沸腾炉，顾名思义，就是燃烧状态是沸腾的，沸腾锅炉的燃烧特点是全悬浮燃烧，没有火床，这是与循环流化床锅炉最大的区别。沸腾锅炉对燃料要求较高，热值要在 18900kJ/kg 以上，而且燃煤必须经过磨碎，颗粒是微米级单位，能够用风输送到炉膛，然后悬空燃烧，燃烧效率高，能够达到 98%，沸腾锅炉主要应用在大型电站锅炉。循环流化床锅炉，英文缩写“CFBB”，起源于丹麦，我国锦州锅炉厂最先在 20 世纪 80 年代末引进，这种锅炉的设计是针对煤矿坑口大量的低热值煤矸石和油母页岩而设计，对燃料的适应性非常广，引进之初也是为了消化煤矸石，主要用于发电。后来，随着技术的进步，循环流化床锅炉也逐渐应用到采暖锅炉和工业锅炉，因其对煤质的要求非常宽泛，能够燃烧热值11760kJ/kg以上的任何燃煤，而且还可以实现炉内脱硫。由于燃烧温度较低，最高不超过900℃，氮氧化物的产生量也很少，所以，也被称作环保锅炉。循环流化床锅炉的燃烧系统是介于沸腾床（也就是沸腾炉）与固定床（固定炉排）之间，燃料在相对固定的炉排上用高压风吹起，在浮动状态下燃烧，由于很多可燃颗粒被风吹走，之后又被特殊装置回收，返流回燃烧室，所以叫“循环流化床”。其燃烧效率也能达到98%。

沸腾锅炉与循环流化床锅炉的区别就是在于燃烧形式上。一个是沸腾在半空中状态燃烧，另一个是悬浮炉排之上燃烧。沸腾炉要烧优质煤，循环流化床可以烧劣质煤。沸腾炉主要用于电站，而循环流化床则应用在电站、采暖、工业上。

（3）增压流化床锅炉

将炉内增压至0.59~1.96MPa，与常压循环流化床锅炉相比有如下优点：

①可利用燃烧气体残压、残热驱动燃气轮机，构成联合循环，进一步提高发电效率；

②可良好地进行灰的再循环，提高燃烧效率；

③炉内脱硫率更高，NO_x产生率更低；

④总体构造非常紧凑，减少建设成本，缩短安装工期。

2. 煤矸石制砖余热发电技术

目前我国煤矸石制砖企业能源利用效率普遍不高，余热、余能利用潜力巨大。在砖坯煅烧过程中，有大量余热、余能随风机排至窑外，主要是烟气余热和产品冷却余热。经测算，这些余热占其燃料消耗总量的30%~60%，其中40%左右可回收利用。一个年产标砖5000万块的隧道窑每小时产生约600万m^3废气，其高温段烟气温度达400℃，平均温度为200℃左右。这部分热量目前除掺入部分冷风降温到125℃左右用来烘干砖坯外，基本上未得到有效利用。这些热风直接排空不仅造成巨大的能源浪费，同时污染大气环境。目前，对此类热能回收利用的有效途径是采用纯低温余热发电技术。纯低温余热发电是利用350℃左右的烟气余热产生低压过热蒸汽，以推动蒸汽轮机做功发电。该系统的特点是结构简单、便于管理，已实现完全利用余热，无须外加热源发电。经过十几年的发展，中国的低温余热发电技术已成熟可靠，以水泥窑余热发电技术为代表，除汽轮机本体效率比日本略低外，总体技术水平已经赶上国际先进水平，目前已在国内的石油化工、建材、水泥、制糖等行业中普遍推广，具有较为成熟可靠的技术工艺方案，并有一批成功的企业案例。建议在煤矸石及其他制砖企业采用烧结砖废气余热发电技术回收这些烟气余热余能，选配500～1000kW的余热发电系统。一个年产标砖5000万块的制砖企业全年可发电600万kW·h，实现增收300万～400万元（含CDM额外收益）。

虽然煤矸石余热发电具有良好的社会效益和经济效益，但也存在许多现实障碍。在技术方面，同常规发电相比，由于余热发电项目装机容量较小，其技术难点在于余热能源的回收与转换，关键设备是余热锅炉；另外，饱和蒸汽发电对汽轮机也有特殊要求；同时，因余热温度低需要增加换热面积，而高浓度含尘废气会降低传热性能、加快设备磨损，致使设备维护周期较短；此外，利用余热发电还应兼顾用热风干燥砖坯的基本生产需求，须做到废气余热的合理利用。这些都需要设计单位给予特别重视，需要选择富有经验的知名设计单位来承担工程设计任务。在财务方面，一个年产6000万块砖的煤矸石制砖厂，建设投资约为3000万元，但配套的余热利用发电工程建设投资约1000万元，这对于规模相对较小的煤矸石制砖企业是个不小的经济负担。同时，其固定投资成本略高于一般发电企业，由于规模较小，煤矸石余热发电的单位工程造价均在6000元人民币/kW·h以上，而传统火力发电项目的造价均在5000元人民币/kW·h以下。但运行成本要低于常规发电企业，如果自发自用，效益将更加明显。国家以及地方如果能给予优惠或支持，余热发电项目投资回收期预期可控制在4年之内。并且随着技术的完善和设备的逐渐成熟，其投资费用预期可在先期的基础之上有所下降。在经营管理方面，与传统余热发电工艺相比，煤矸石余热发电在工艺系统、设备上都有特殊要求，对装备的运行管理要求较高，提高了企业管理的难度。此外，由于煤矸石制砖厂的窑炉为连续生产，全天余热发电量相对平稳，而制砖企业的制砖机、破碎机等主要耗能设备为间断运行，而且大多数集中在白天生产，造成电能利用量白天多晚上少，需要开发晚上电能利用途径，或者实行发电上网。在市场结构方面，煤矸石制砖余热发电依存于其制砖主业，煤矸石制砖的市场环境直接决定其余热发电的发展空间。由于监管不严，一些地方还存在黑砖窑现象，造成黏土砖泛滥，严重侵蚀煤矸石制砖等新型环保建材企业的利润空间，影响企业的基本生存与发展。若企业将多余的电力上网销售，由于煤矸石制砖企业发电规模过小，难以竞价到优惠的上网电价，若再扣除上网、管理及回购费用，企业发电上网将很难获利。虽然国家有各种优惠政策，但在实际执行中能否落实到位，还有赖于当地政府的支持，以及区域电网公司的配合。在现有的“发电—上网—购电—自用”运行模式下，煤矸石制砖余热发电企业与大型电网公司的博弈话语权非常有限，企业的生存还需要更多的外部力量支持。

3. 对策与建议

目前煤矸石制砖余热发电尚处于前期开发阶段，其市场潜力虽然巨大，但仍有大量问题需要解决，需要各方面给予重视和支持。在技术方面，应加强对此技术的攻关，集中解决其技术难题，稳定生产工艺，提高自控水平，并为此技术的推广与示范提供信息支持。还有项目示范问题，由于缺乏现实的示范或样板企业可供借鉴，企业投资顾虑较多。建议有关部门加强与投资方，特别是与大型煤炭企业的联合，利用大型煤炭企业用电量大、运行稳定的特点降低项目的实施风险，争取在 UNIDO 等国际机构支持下，建立 1 ~ 2 个示范项目，为后续的大规模推广积累经验。

加强行业管理，充分发挥行业协会、政府主管部门的服务职能，提供信息、技术、政策及管理支持，以降低项目实施门槛，消除投资方的顾虑，促进行业发展。政策保障，落实、协调各种优惠政策，包括上网电价优惠、利用 CDM 机制、优先立项、优惠信贷等相关支持，为企业进行投资决策创造条件。规范市场秩序、发展绿色建材，加强对黏土砖的取缔和监管力度，整顿市场，综合运用各种措施，包括政府采购、项目/技术推介目录等手段，为煤矸石制砖等新型环保建材行业拓宽市场空间[95]。

6.3 煤矸石发电的工程实例

我国煤矸石发电的历史始于20 世纪 70 年代，四川永荣矿务局和江西萍乡矿务局首先开展煤矸石发电的工业化试验。1975 年，四川永荣矿务局 10t/h 的煤矸石发电沸腾锅炉试验成功，开创了我国煤矸石发电的历史。1979—1981 年，黑龙江省鸡西矿务局滴道发电厂采用国产 130t/h 沸腾炉（2.5 万 kW）的 2 台机组相继投产，建立了我国第一座大容量煤矸石发电厂。1982 年，江西萍乡矿务局高坑发电厂投产，到 1985 年，3 台 35t/h 沸腾炉相继投入运行，总装机容量达到 1.8 万 kW。加上 1980 年投产的安徽淮南八公山煤矸厂发电厂，1983 年点火试运行的开滦矿务局赵各庄煤矸石电厂等，我国建设了第一批以煤矸石为原料的发电厂。

煤矸石电厂烧的煤矸石热值差别比较大，如湖南益阳石煤电厂的石煤热值只有4182kJ/kg，江西高坑、安源煤矸石电厂的燃料热值也只有6523kJ/kg，而有的电厂热值达到12545kJ/kg，甚至更高。燃料热值相差这么大，加上机组大小不同，标煤耗必然不同。1989年，中国煤炭工业企业管理协会以煤炭企协〔1989〕第83号文，提出了不同机组、不同燃料热值的发电标煤耗指标（表6-1）。

表6-1 发电标煤耗［g/（kW·h）］

发电机组单机容量（$\times 10^4$kW）	不同热值燃料分类（$kJ \cdot kg^{-1}$）			
	一类	二类	三类	四类
	12501~15000	10001~12500	8001~10000	6000~8000
2.5	518~542	528~554	537~567	546~580
1.2	536~560	546~573	555~586	565~599
0.6	623~651	634~666	645~681	656~696

1990年，邢台矿务局电厂建成采用循环流化床燃烧技术的两台60kW煤矸石发电机组。自此，循环流化床燃烧技术开始逐步替代沸腾炉成为煤矸石发电厂的主要供热锅炉。而且循环流化床锅炉燃料适应性广，我国开始开发多种低热值燃料的混烧发电技术。1992年，四川永荣矿务局开发的20t/h循环流化床锅炉（配用一台3MW汽轮机）在永川煤矿电厂安装成功，1994年混烧洗煤泥、煤矸石发电运行成功验收，解决了不同低热值燃料混合燃烧的技术难题；1996年，永荣矿务局电厂35t/h的循环流化床锅炉（配用一台6MW汽轮发电机组）混烧洗煤泥、煤矸石发电投入运行。循环流化床燃烧技术的出现进一步促进了我国煤矸石发电的利用，截至1996年年底，全国共建成煤矸石电厂72座，装机容量80万kW，年利用煤矸石560万t，节约标准煤约96万t。“九五”期间，随着我国循环流化床发电技术的迅速发展，我国煤矸石发电技术有了较大提高，35t/h循环流化床锅炉得到广泛使用，75t/h循环流化床锅炉逐步完善并成功推广，有的还增加了电除尘和脱硫设备。135.220t/h循环流化床锅炉也进入示范阶段。这一阶段，煤矸石发电的国产化技术装备明显提高。到2000年年底，全国煤矿有煤矸石、煤泥等低热值燃料电厂120座，其中“九五”期间建设的煤矸石电厂有35座，新增装机容量45万kW。

“十五”以来，我国重点开发大型循环流化床供热锅炉。2005年，广东梅县荷树园电厂2×135MW煤矸石劣质煤发电机组投入运行。2005年年底，四川白马电厂投产首台国外引进技术的1025t/h（300MW）循环流化床锅炉。“十五”期间，我国建成煤矸石等低热值电厂201座，装机 888 万 kW。“十一五”期间，我国逐渐掌握了 300MW 煤矸石发电技术，审批和建设了一批 13.5 万 kW 及以上煤矸石电厂，新增装机容量 2000 万 kW，如 2008 年，广东梅县荷树园电厂 2×300MW 循环流化床资源综合利用发电机组投产发电，这是国内第一台和第二台具有自主知识产权的国产 300MW 等级的循环流化床锅炉，同时也是当时世界上单机容量最大的 2 台已投产运行的单炉膛 300MW 等级的循环流化床锅炉。在此期间，我国煤矸石发电已引领世界先进发展水平。2010 年，我国煤矸石电厂共消耗低热值煤约 1.3 亿 t，相当于节约 3500 万 t 煤炭。“十二五”期间，我国进一步发展高效率、大容量的循环流化床发电技术，《洁净煤技术科技发展“十二五”专项规划》将“60 万 kW 高参数超超临界循环流化床锅炉工业装备技术研究、制造及工程示范”列为重点任务。2013 年，超临界 60 万 kW 循环流化床发电技术在四川白马得到成功应用，将进一步推广应用到煤矸石电厂的建设。而且，随着我国循环流化床发电技术的发展，入炉燃料的热值可进一步降低，更低热值（>5040kJ/kg）的煤矸石可用于煤矸石发电（图 6-1）。攀枝花煤业集团将燃烧后的粉煤灰用于水泥掺合料，粉煤灰的添加量达到 40%。目前，煤矸石等低热值煤发电装机规模不断扩大，为国家的节能减排做出了巨大贡献，同时代替了上千台矿区供热小锅炉，对保护矿区生态环境起到重要作用[96]。

图 6-1　煤矸石发电厂

表 6-2 所示是历年我国煤矸石电厂建设情况。可看出，“十五”以来，我国在煤矸石发电的处理能力有了大幅度增长，截至 2012 年年底，全国煤矸石综合利用电厂超过 400 座，总装机容量已达 2950 万 kW 左右，消耗煤矸石等低热值燃料近 1.4 亿 t，这些煤矸石电厂主要分布在重点产煤区，其中晋陕蒙宁甘黔总装机容量约 1500 万 kW，占全国总装机容量的 57%。

表 6-2 我国煤矸石电厂建设情况

年份	煤矸石发电厂数量	总装机容量（MW）
1985	~10	24
1996	72	80
2000	120	1840
2004	137	2200
2005	201	8880
2010	>300	25000
2012	>400	29500

2015 年我国原煤产量达到 39 亿 t，排放采掘煤矸石 3. 3 亿 t、洗煤矸 4. 44 亿 t、煤泥 1. 32 亿 t、中煤 6. 82 亿 t，可入炉燃烧发电的低热值燃料量达 10. 3 亿 t 左右。目前煤矸石电厂的发电能力远不能满足煤矸石的处理能力，国家正致力于发展超大容量的煤矸石等低热值发电厂。但若单纯追求高参数、大容量的发电机组仍然不能解决问题，因为当前煤矸石发电企业的生存和发展面临着巨大的环保压力：如难以满足现行的适用于普通燃煤电厂的《火电厂大气污染物排放标准》（GB 13223—2011）；烟气中飞灰含量高，对烟尘监测与控制技术的要求高；产生大量的锅炉渣和飞灰，需要进一步处理。而开展适用于煤矸石电厂的烟尘监测、处理新技术和新规范，开展灰渣协同利用技术，是煤矸石发电的必然趋势。

7 煤矸石的黏土质利用

国外利用煤矸石最早始于第二次世界大战以前，直到20世纪60年代后期才真正引起各国的重视。在国外，煤矸石利用最普遍的方法是做建筑材料，在这方面，法国做得比较出色。从20世纪70年代起，几十年中他们共利用煤矸石1亿多吨，主要用来制砖、生产水泥和铺路。在法国，煤矸石被认为是很好的建筑充填材料，它可使路基具有良好的不透水性，而红色煤矸石的颗粒具有抗水冲蚀能力，可用于充填潮湿甚至沼泽场地和积水塌陷坑，法国北部所有载重道路都使用这种材料做路基。另外，对红色页岩（堆积场黑色页岩的自燃渣）进行破碎和分级获得准确的粒级，可用于空地和公共广场表面装饰、铺路或用于停车场，每年用量40万~50万t，同样数量的页岩用于制作烟道砖。近年来，法国还研究煤矸石在水泥工业中应用的新方法，即把含煤比率高的煤矸石既作为原料又作为燃料投入窑炉来生产水泥。在英国，已燃煤矸石也被认为是一种优良和经济的材料，并得到广泛的利用，其中大部分被用作公路、填坝和其他土建工程的普通充填物。用4：1的比例把已燃煤矸石与铝土矿物混合起来，可以制成满意的防滑路面，某些已燃煤矸石可用于低强度等级混凝土，如预制混凝土砌块。美国利用“红矸石”（燃烧过的煤矸石渣）作为筑路材料，是目前煤矸石用量最大的一种途径。在宾夕法尼亚州，燃过的煤矸石被用作整修道路路面。苏联顿巴斯矿区每年排出约6000万t煤矸石，积存的煤矸石约8亿t，煤和硫在空气中因氧化而自燃，使煤矸石经受自燃煅烧变成烧岩，其结果黏土颗粒中的高岭土脱水，具有水硬性掺合料的性质。这种烧岩经常被当作碎石使用。国外还报道了英、波、比、日等国用煤矸石代替部分黏土生产水泥，获得节煤、降低成本等效果。

在国内，煤矸石作为建材近年发展较快，利用的途径也日益增多，产品有砖瓦、水泥及水泥制品、建筑砂浆、轻集料、陶瓷和充填材料等。在这方面的应用所需设备少、投资成本低，是各矿物局首选的加工利用途径。近10年来，煤矸石在水泥中的利用主要有以煤矸石代黏土做原燃料来烧制水泥和将煤矸石作为混合材生产水泥及煤矸石少熟料或无熟料水泥等。

7.1 煤矸石做生料烧制水泥

7.1.1 煤矸石烧制水泥介绍

1. 做原燃料生产水泥

煤矸石中的 SiO_2、Al_2O_3 和 Fe_2O_3 含量较高，与黏土的化学成分相似，故可代替黏土与石灰石、铁粉及硅质胶等原料一起配料；煤矸石含有一定数量的炭，可以代替部分燃料。以煤矸石代替黏土作原料来烧制水泥可以节能节土。因为煤矸石中含有较多微量元素，使煤矸石的熔点比黏土低，提前出现熟料烧成液相，CaO 与 C_2S（硅酸二钙）在液相的作用下逐步熔解，煤矸石矿物较易与 Ca^{2+} 扩散解聚的 Si—O 结构中解离出来的 SiO_4^{4-} 和 C_2S 反应，从而生成水泥的主要矿物成分硅酸三钙（C_3S），因此在较低温度下也能够完成熟料烧结反应。而且煤矸石中的金属硫化物和金属氧化物发生氧化反应，可放出一部分热量，使得生产水泥的能耗降低[97]。其反应原理方程式如下：

$$320 \sim 360℃：C_3AH_6 \longrightarrow C_3AH_{15} + 4.5H_2O$$

$$520 \sim 540℃：7C_3AH_{15} \longrightarrow C_{12}A_7 + 9CaO + 10.5H_2O$$

$$540℃：Ca(OH)_2 \longrightarrow CaO + H_2O$$

$$500 \sim 750℃：C_2SH\ (C_2SH_2) \longrightarrow \beta\text{-}C_2S + nH_2O$$

用煤矸石作原料生产水泥的工艺过程与生产普通水泥基本相同：首先将煤矸石以及石灰石等材料经破碎及磨洗之后，掺一定量的氧化铝粉或者氧化铁粉，经研磨以及搅拌等过程配制成生料；然后，在回转窑中煅烧生成水泥熟料；最后将石膏掺入其中制成水泥。在这其中，需要说明的一点就是，应该按照煤矸石中的 Al_2O_3 含量进行配料，所配生料的化学成分应该满足生产高质量水泥的需求。一般而言，若 Al_2O_3 的含量在 25% 以下，则可使用煤矸石直接代替黏土进行生产；若 Al_2O_3 的含量在 25% 以上，在实际配料过程中应该适当地加入一定量的石膏等材料进行配制，以防止水泥发生快速凝结的情况。

运用煤矸石做混合材料，主要是将煤矸石、上述工艺流程制作而成的熟料以及石膏按照一定的比例进行混合，经破碎之后进入水泥磨磨成产品。运用煤矸石做混合材料的工艺流程十分简便，无须增加附加设备，且可以在原来设备的基础上进行加工。煤矸石中含有一定量的硼、钒、镍、铜等微量元素，在熟料煅烧时起一定的助熔、矿化作用。选料时应该选择过火或者煅烧之后的煤矸石，按照10% ~50%的比率将混合料掺入其中。目前这种方法为各大水泥厂生产水泥过程中所广泛使用的一种增产及节省标煤的途径[98]。

有研究表明，采用低位热值在10.5kJ/kg左右的洗选煤矸石代替全部黏土煅烧成水泥熟料的产量、质量不低于原有的水泥熟料。生料中煤矸石带入的热量平均为1.89kJ/kg时，在窑内燃烧完全，热工制度稳定，整个窑系统设备安全运转，总热耗降低，节约熟料煤耗。每生产1t熟料可节省标煤16.4kg。同时用煤矸石生产水泥还可改善水泥生料的易烧性，有利于热工制度的稳定，可提高水泥熟料质量。由于自燃煤矸石具有火山灰活性，在自燃煤矸石水泥中掺入适当的激发剂，可以激发自燃煤矸石的潜在活性，提高其水化性能，从而提高自燃煤矸石在水泥生产中的掺入量，当激发剂和石膏掺入量均为7%时，可制得自燃煤矸石掺入量达46%、28d抗压强度为50MPa的自燃煤矸石水泥。同时，将煤矸石做混合材料在水泥生产中应用时，能改善水泥的某些性能，如改善水泥干缩性和安定性，降低水化热，提高抗硫酸盐侵蚀性能等[99-101]。据资料统计，凡占用农田开采黏土矿的，每生产1万t水泥约占地0.03hm^2。假设生产8000万t水泥，其中有10%的水泥采用煤矸石代替黏土这一新工艺，可减少占用农田24hm^2，加上堆积这些煤矸石的土地又可被多利用为农田[102]。江苏省煤矸石综合研究所于1986年就立题对煤矸石用于水泥生产进行了试验研究，1987年承担了省科委下达的“煤矸石代黏土生产早强水泥的研究”项目。经过两年多的试验研究与工业性中试生产，该项目各项技术指标均达到了预期的要求。先后与几家工厂配合用煤矸石烧制水泥获得较好效果。

此外，煤矸石可用于生产新型煤矸石水泥。新型煤矸石水泥有两种制备工艺：一种是流化床煅烧煤矸石生产水泥；另一种是低温合成煤矸石水泥。流化床煅烧煤矸石生产水泥是将煤矸石、氯化钙、萤石、石灰石、胶粘剂等工业原料配料后一起粉磨成球，再经流化床锅炉中燃烧，生产出具有特性的新型煤矸石水泥。一般流化床温度为850 ~950℃，物料在炉中停留时间为30min。在此条件下煅烧固硫，既可作为煅烧水泥所需矿化剂，又有利于环境保护。利用煤矸石流化床低温煅烧水泥工艺简单，煤矸石用量大，设备投资少，生产成本低，同时可供热或发电，有较大的经济价值和社会效益。低温合成煤矸石水泥的工艺是将煤矸石在700 ~800℃下煅烧1 ~2h，自燃冷却后磨细，按配比加入生石灰，按照消解→成型→蒸汽养护（100℃，8 ~10h）→低温煅烧的工艺过程制备低温合成煤矸石水泥熟料。刘连成等制备的低温合成煤矸石水泥具有较好的早强、快凝性能。其抗压强度 1d 达 12.8MPa 以上，7d 可达 20MPa 以上。

2. 煤矸石无熟料水泥及少熟料水泥

煤矸石无熟料水泥是以煤矸石为主要原料，掺入适量的石灰、石膏，磨细制成的水硬性胶凝材料，有时也掺用少量熟料做激发剂，强度可达 20～30MPa。煤矸石少熟料水泥也称煤矸石砌筑水泥，它与无熟料水泥相比具有凝结快，早强性好等优点，强度可达 30～40MPa。以煤矸石为原料，配以适当的钙质材料和矿化剂，先在一定温度和湿度条件下预处理，然后在 850～950℃煅烧出新型低温水泥，该水泥主要由预处理煤矸石水化物脱水相、含钙脱水相以及早强物组成，强度等级可达 32.5 级或 42.5 级，具有早强和抗折强度高的优点。在此实验基础上利用煤矸石（50%）在流化床中燃烧发电并同时生产新型低温水泥。在研究成功大掺量煤矸石水泥的基础上，从冻性、碳化性能、护筋性能、抗硫酸盐侵蚀性能、碱集料反应等方面对混凝土的耐久性进行了研究。研究结果表明，大掺量煤矸石水泥混凝土与普通硅酸盐水泥混凝土相比具有较好的耐久性。这与煤矸石中所含的黏土矿物能改善水泥孔结构、耐久性等性能有关。

3. 煤矸石代黏土烧熟料的配料计算

以石家庄某水泥厂原料为例，介绍既满足配料又满足配热要求的配料计算方法[103-104]。

（1）计算原理

将煤矸石作为一种原材料，根据物料平衡原理，按各氧化物平衡列出方程，再引入一个热量方程，即煤矸石带入热量与煤带入热量之和为熟料热耗。解多元一次联立方程组即可得到单位熟料各原料消耗量，由各原料消耗量可方便地换算成配比。

（2）原材料化学成分

原材料化学成分见表 7-1，煤及煤矸石工业分析结果见表 7-2。

表 7-1　原材料化学成分（%）

名称	烧失量	SiO_2	Al_2O_3	Fe_2O_3	CaO	其他	Σ
石灰石	41.67	3.48	0.85	0.69	50.80	2.51	100
黏土	6.14	63.43	12.91	5.29	3.14	9.09	100
铁粉	4.87	26.23	12.83	44.18	4.33	7.56	100
煤矸石	29.77	35.02	23.40	5.15	2.21	4.45	100
煤灰	—	50.46	33.84	7.42	2.46	5.82	100

表 7-2　煤及煤矸石工业分析结果

名称	A_{ad}（%）	$Q_{net,ad}$（kJ/kg）
煤矸石	70.23（H_1）	7422.52
煤	24.72（H_2）	23499.8

设计率值：$KH=0.92$，$SM=2.00$、$IM=1.60$；熟料热耗 4600kJ/kg；煤灰沉降率 B 为 1。

（3）计算设计熟料成分

设：熟料中除 CaO、SiO_2、Al_2O_3、Fe_2O_3 外其他成分含量为 5.5%。

$$Fe_2O_3=\frac{\sum}{(2.8KH+1)\cdot(IM+1)SM+2.65IM+1.35}$$

$$=\frac{94.5}{(2.8\times0.92+1)\times(1.60+1)\times2.0+2.65\times1.60+1.35}$$

$$=3.91$$

$$Al_2O_3=Fe_2O_3\cdot IM=3.91\times1.60=6.26$$

$$SiO_2=SM\cdot(Al_2O_3+Fe_2O_3)=2.00\times(6.26+3.91)=20.34$$

$$CaO=\sum-SiO_2-Al_2O_3-Fe_2O_3=94.5-3.91-6.26-20.34=63.99$$

（4）建立方程式并求解

设烧成 1kg 熟料需要 Wkg 石灰石、Xkg 黏土、Ykg 铁粉、Zkg 煤矸石，煤灰掺入量 $q$kg，根据物料平衡，列出下列方程：

$$3.48W+63.43X+26.23Y+35.02Z+50.46q=20.34 \quad (7\text{-}1)$$

$$0.85W+12.91X+12.83Y+23.40Z+33.84q=6.26 \quad (7\text{-}2)$$

$$0.69W+5.29X+44.18Y+5.15Z+7.42q=3.91 \quad (7\text{-}3)$$

$$50.80W+3.14X+4.33Y+2.21Z+2.46q=63.99 \quad (7\text{-}4)$$

$$7422.52Z+23499.8q/(1\times0.2472)=4600 \quad (7\text{-}5)$$

联立上述方程，解得各原料消耗量：

$W=1.2423$，$X=0.1809$，$Y=0.0354$，$Z=0.037$，$q=0.0455$，由煤灰掺加量 q 计算煤消耗量 q'：

$$q'=q/(B\times H_2)=0.0455/(1\times0.2472)=0.1840$$

（5）计算黑生料配比、黑生料成分、熟料成分、验算熟料率值及煤耗

全黑生料换算如下：

$$W+X+Y+Z+q'=1.6796$$

$$石灰石=1.2423/1.6796\times100\%=73.96\%$$

同样求得黏土 =10.77%，铁粉 =2.11%，煤矸石 =2.20%，煤 =10.96%。

原料配比验算见表 7-3。

表 7-3 原料配比验算（%）

名称	配比	烧失量	SiO_2	Al_2O_3	Fe_2O_3	CaO	其他
石灰石	73.96	30.82	2.57	0.63	0.51	37.57	1.86
黏土	10.77	0.66	6.83	1.39	0.57	0.34	0.98
铁粉	2.11	0.10	0.55	0.27	0.93	0.09	0.16
煤矸石	2.20	0.65	0.77	0.51	0.11	0.05	0.10
煤	10.96	8.25	1.37	0.92	0.20	0.07	0.16
生料	—	40.49	12.10	3.72	2.33	38.12	3.26
熟料	—	—	20.33	6.25	3.91	64.05	5.46

计算熟料“其他成分”含量为 5.46% 与设定值接近，不必修正。$KH=0.92$，$SM=2.00$，$IM=1.60$，热耗 4600kJ/kg，完全符合配料要求。

7.1.2 煤矸石烧制水泥实例

一般先将煤矸石进行低温处理，形成活性矸石渣后，再与生石灰、晶种按比例配合入磨机粉磨。粉磨后的混合料经水热合成、低温焙烧形成水泥生料，然后加入一定量的石膏，制成低温合成煤矸石水泥。煤矸石生产水泥可以替代一部分黏土，节省燃料，降低生产成本。据测算，一个年产 20 万 t 的水泥厂，用煤矸石代替黏土生产 52.5 号普通水泥，产生效益见表 7-4[105-107]。

表 7-4 煤矸石生产水泥效益

效益	项目		参数值
经济	节约原料	$(元 \cdot t^{-1})$	0.94
		$(万元 \cdot a^{-1})$	1.22
	节约煤炭	$(t \cdot a^{-1})$	669.96
		$(万元 \cdot a^{-1})$	40.2
环境	CO_2 减排 $(t \cdot a^{-1})$		1607.9 ~ 1875.9
	SO_2 减排 $(t \cdot a^{-1})$		6.7
	NO_x 减排 $(t \cdot a^{-1})$		4.96

煤矸石与黏土的化学成分类似，可提供生产水泥熟料需要的 SiO_2 和 Al_2O_3，作为硅铝质原料可代替黏土生产水泥。依据煤矸石中 Al_2O_3 的含量多少，可把煤矸石分为低铝［$(20 \pm 5)\%$］、中铝［$(30 \pm 5)\%$］、高铝［$(40 \pm 5)\%$］三类。低铝煤矸石的成分与黏土相似，用于普通水泥的配料中；利用高铝煤矸石和石灰石按一定配比，在立窑中煅烧成氟铝

酸钙型双快水泥，一天的强度可达 20～30MPa。当煤矸石中 Al_2O_3 的含量高于 28% 时，也可以作为生产硫铝酸盐水泥（$3CaO \cdot 3Al_2O_3 \cdot CaSO_4$）的原料。经煅烧或自燃后的煤矸石，黏土矿物发生分解，晶格遭到破坏，形成无定形的活性 SiO_2 和 Al_2O_3 等，使煤矸石具有火山灰活性，可作为水泥混合材使用。利用煤矸石还可以生产新型水泥，将煤矸石、石灰石、胶粘剂、CaF_2、$CaCl_2$ 等原料配料后进行粉磨和成球，在流化床锅炉中煅烧，生产新型的煤矸石水泥，该水泥熟料的主要矿物为 β-$2CaO \cdot SiO_2$、C_2F、$C_{11}A_7$、$CaCl_2$、$CaSO_4$ 以及少量的无定形物质。流化床煅烧煤矸石生产水泥工艺流程图如图 7-1 所示[108]。

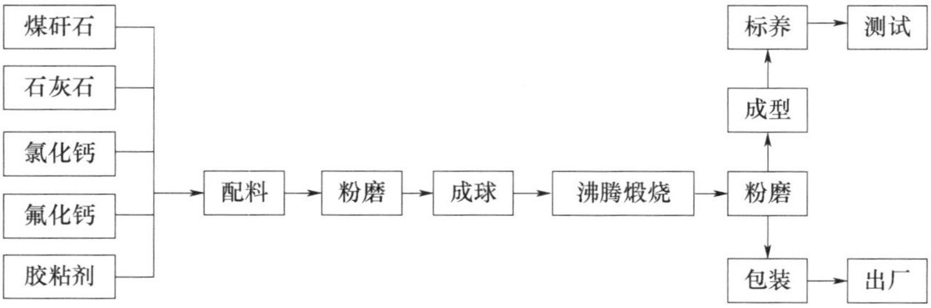

图 7-1 流化床煅烧煤矸石生产水泥工艺流程图

我国在煤矸石生产水泥及水泥混合材方面的应用也较早，早在 1964 年，临沂地区水泥厂就在全国率先使用煤矸石代替高炉矿渣做混合材。但煤矸石生产水泥的工业化发展缓慢，直到 2005 年以煤矸石和粉煤灰为原料的水泥生产能力仅 2900 万 t，主要原因是难以突破水泥中煤矸石掺加量低的技术瓶颈。我国在发展高掺量煤矸石水泥方面做了很多努力，如内蒙古蒙西水泥集团“高掺煤矸石复合硅酸盐 42.5R 水泥”于 1999 年被列入国家“火炬计划”，2002 年“高掺煤矸石（≥33%）生产复合硅酸盐 52.5R 水泥”经专家评审被认定为该年度国家重点新产品。尽管如此，在实际生产中，煤矸石的掺加量仍然很低，2009 年蒙西水泥集团生产的水泥中煤矸石掺量仅 6.5%。而国内外在煤矸石生产水泥方面目前仍停留在如何充分激发煤矸石的水泥化活性以提高其掺加量等应用开发阶段，全球煤矸石用于生产水泥的比率尚不足 15%[109-110]。

葛洲坝集团水泥有限公司使用的是兴山县天宁矿业集团耿家河煤炭有限公司供应的煤矸石，由于该煤矿产量较少，每天约 100t 的供应量，到厂价 28 元/t（17% 全额增值税）。对煤矸石质量控制指标见表 7-5。该公司主要用于生料配料代替页岩，由于煤矸石本身有约 2900kJ/kg 的热值，利用其热量降低烧成煤耗。该公司现使用的原材料有石灰石、砂岩、煤矸石、黄磷渣、硫酸渣。燃料有烟煤，其成分见表 7-6。各原燃材料的化学分析及工业分析结果见表7-7。根据原燃材料情况及窑的煅烧情况，该公司采用石灰石、砂岩、煤矸石、硫酸渣进行配料，得出熟料率值 KH：0.940±0.02，SM：2.55±0.1，IM：1.75±0.1。生料配比见表7-8。采用煤矸石后，由于煤矸石硬度远高于煤，对立磨磨辊磨损较严重，对水泥窑煅烧过程没有明显不良影响。

表7-5 煤矸石进厂质量控制指标

参数	水分	SiO_2	Al_2O_3	R_2O	$Q_{net,ar}$
指标	≤7.0%	≥60%	≥13%	≤2.0%	≥2850kJ/kg

表7-6 原材料化学成分（%）

名称	烧失量	SiO_2	Al_2O_3	Fe_2O_3	CaO	MgO	K_2O	Na_2O	R_2O
石灰石	38.89	7.00	2.31	0.87	48.43	0.76	0.59	0.12	0.51
砂岩	3.04	85.36	5.20	0.71	1.90	0.55	0.61	0.31	0.71
煤矸石	12.24	65.18	15.47	2.15	0.96	2.13	1.63	0.53	1.60
硫酸渣	2.46	14.64	3.05	50.60	21.56	5.32	0.13	0.23	0.32
铁矿石	10.15	11.40	5.89	55.82	8.98	3.18	1.10	0.13	0.85
页岩	10.49	56.00	13.19	4.54	6.60	5.16	2.55	0.33	2.01

表7-7 烟煤工业分析结果

名称	M_{ar}（%）	M_{ad}（%）	A_{ad}（%）	V_{ad}（%）	$S_{net,ad}$（%）	$Q_{net,ar}$（$kJ \cdot kg^{-1}$）
烟煤	8.50	0.71	21.42	28.56	0.99	23287

表7-8 生料最佳配比（%）

名称	配比（%）	烧失量	SiO_2	Al_2O_3	Fe_2O_3	CaO	MgO	SO_3	K_2O	Na_2O	R_2O	Σ
石灰石	87.00	38.89	7.00	2.31	0.87	48.43	0.76	—	0.59	0.12	0.51	98.97
砂岩	6.60	3.04	85.36	6.50	0.71	1.90	0.55	—	0.61	0.31	0.71	98.98
钢渣	2.10	2.46	5.00	3.05	50.6	21.56	5.32	—	0.13	0.23	0.32	88.85
磷渣	3.00	0.58	41.72	4.89	0.35	44.4	1.29	0.31	1.31	0.63	1.49	95.48
煤矸石	1.30	12.24	65.18	15.47	2.15	0.96	2.13	—	1.63	0.53	1.6	100.29
煤灰	3.58	—	43.09	30.91	5.26	8.21	0.93	5.08	0.56	0.16	0.53	94.20
生料	100.00	34.25	12.68	2.70	1.89	42.72	0.84	0	0.58	0.14	0.52	95.80
灼烧生料	1.52	—	19.28	4.11	2.88	64.98	1.27	0	0.88	0.21	0.79	93.61
灼烧白生料	96.42	—	18.59	3.96	2.78	62.65	1.23	0	0.85	0.20	0.76	90.26
熟料	100.00	—	20.13	5.07	2.97	62.94	1.26	0.18	0.87	0.21	0.78	93.63

煤矸石的低位热值在2900kJ/kg，按生料配比计算，其理论上可为熟料煅烧提供的热值为 $Q_1 = 2900 \times 1.521 \times 0.013 = 57.34$（kJ/kg 熟

料），实物煤耗为139.6kg/t熟料，其原煤低位热值 $Q_2 = 23287$kJ/kg，由此可得每吨熟料理论上可节约实物煤质量 $m_1 = 57.34 \times 1000/23287 = 2.5$（kg/t熟料）。在实际生产过程中，当生料入窑后，由于存在一系列的物理化学变化，煤矸石燃烧所放出的热量不可能完全用于生料的预热分解，因此实际节煤量要小于此值。

为保证分解炉温度梯度，确保炉内煤粉完全燃烧，将高温风机的使用频率由原来的37Hz提高到38Hz以增加系统用风量。煤矸石相较于原煤燃烧有一定滞后。

从使用煤矸石配料连续数月的盘库数据来看，其实物煤耗为138.5kg/t熟料，每吨熟料节约原煤1.1kg，按年产熟料80万t计，年节约原煤 $m_2 = 1.1 \times 800000/1000 = 880$（t），经济效益可观。

煤矸石有害成分主要是碱金属，按照钠当量计算为1.6%，煤矸石中所携带碱金属会引起熟料碱含量增加约0.13%。一般预分解窑熟料碱含量控制在1.0%以内，该生产线在掺入煤矸石后熟料碱含量控制为0.8%～0.9%，对熟料烧成过程影响不大，所得熟料质量见表7-9。

表7-9　熟料质量

项目	熟料3d抗压强度（MPa）	熟料28d抗压强度（MPa）	熟料初凝时间（min）	熟料标准稠度（%）	流动度（mm）
未掺入煤矸石（月平均）	37.2	59.0	130	25.6	182
掺入煤矸石（月平均）	38.0	58.5	135	26.0	186

采用生料阶段煤矸石按照1.3%的掺入，其对熟料强度的影响无明显变化，但对水泥流动度有一定促进作用，显然生料阶段煤矸石配料技术还有一定的提升空间。

7.2　煤矸石制备碱胶凝材料

1. 煤矸石制备碱胶凝材料介绍

碱激发材料是使用硅铝质或硅铝钙质固体废弃物与碱溶液混合制备的新型粘结材料，具有高强度、卓越耐久性和低环境影响，是可替代普通硅酸盐水泥（P·O）最有前景的胶凝材料，其稳定性好，具有较高抗压强度。一般情况下，它的抗压强度1d可达68MPa，28d强度可高达150MPa，其后期强度还会继续增高，尤其是抗拉强度比硅酸盐水泥浆体高得多，硅酸盐水泥一般为1.6～3.3MPa，而碱胶凝材料则为30～190MPa。因此碱胶凝材料可以代替水泥应用于建筑领域。1957年，苏联基辅建工学院将碎石、炉渣或高炉矿渣磨细，或生石灰加高炉矿渣和硅酸盐水泥混合后，再加入 NaOH 溶液或水玻璃溶液调制净浆，得到强度高达 120MPa、稳定性好的胶凝材料[111-112]。

煤矸石是煤炭开采中排放量最大的固体废物，具有与黏土矿物相似的化学成分。因此，可将煤矸石用作建筑材料。原状煤矸石的活性极低，不宜作为胶凝材料使用。在高温下煤矸石中的偏高岭土晶格结构变得紊乱，α-石英晶格结构发生扭曲，内部的矿物晶相分解成具有火山灰活性的 SiO_2 和 Al_2O_3 组分[113-117]。不过煤矸石在作为碱激发材料时，对养护温度很敏感，一般需蒸汽养护方能体现出活性，且煤矸石活化方式影响较大。采用 700℃左右煅烧活化工艺，得到的效果最佳。综合制备碱胶凝材料的原料和激发剂，可将其归为两大类：一种是主要化学成分为 CaO 和 SiO_2 的碱激发含钙固体废物（矿渣、钢渣和赤泥等）；另一种是主要化学成分为 SiO_2 和 Al_2O_3 的碱激发低钙固体废物（粉煤灰、偏高岭土和煅烧煤矸石等）。铝硅酸盐低聚体是碱激发硅铝酸盐材料的主要水化产物，反应物前者不同则水化产物也有所不同。前者的主要反应产物是 C-(A)-S-H 凝胶，后者的主要反应产物为钠铝硅铝酸盐（N-A-S-H 凝胶）。煤矸石中层状结构的黏土矿物（高岭石和伊利石）在经 750℃煅烧，先后失去了游离水和部分结构水，其层状结构和晶体结构部分被破坏，一部分铝由六配位变成四配位，矿物结构处于疏松多孔态、内部断键多和比表面积大的亚稳定的结构，结构中的 SiO_2 和 Al_2O_3，具有较强的可溶性。当用适量的碱溶液（NaOH 溶液或钠水玻璃）与其混合，养护温度低于 100℃的条件下，就能形成类似沸石的碱硅铝酸盐网络结构材料[118]。

不同激发剂对碱激发材料胶凝性的影响各异。当利用煤矸石等大量排放的工业固废开发与高 C_3S 水泥熟料相匹配的性能调节型辅助胶凝材料时，需考虑对热激发煤矸石的火山灰活性起激发作用的化学激发剂与水泥的相容性问题。有研究表明，$Ca(OH)_2$ 对于热激发煤矸石以及煤矸石水泥的激发显示出相同的规律，随着激发剂掺量的增强，两者都出现先增后减的趋势，存在最佳掺量。Na_2SO_4 对于热激发煤矸石以及煤矸石水泥的激发也呈现同步变化的规律，但在研究的掺量范围内，激发效果随着激发剂掺量的增加而增强。化学激发剂 $Ca(OH)_2$、Na_2SO_4 对煤矸石与煤矸石水泥的激发具有相似的激发效果，显示出 $Ca(OH)_2$、Na_2SO_4 不仅能激发煤矸石的火山灰活性，同时与煤矸石水泥之间也具有较好的相容性。Na_2SiO_3 对热激发煤矸石以及煤矸石水泥的激发显示出不同的变化规律。对于热激发煤矸石的激发，随着激发剂掺量的增强，出现先增后减的趋势，存在最佳掺量。而对煤矸石水泥的激发，激发剂的掺入，使煤矸石水泥的强度显著降低，并且随激发剂掺量的增加，强度进一步降低，显示出 Na_2SiO_3 与热激发煤矸石水泥间具有不相容性[119]。

制备煤矸石碱胶凝材料需要大量利用煤矸石，不会产生新的环境污染，符合国家可持续发展战略的要求，且材料来源广泛，生产过程中一般不需要高温烧成，不排放 CO_2。同时，利用煤矸石生产煤矸石碱胶凝材料具有很好的经济效益。建造同样规模的碱胶凝材料厂的基建投资仅为硅酸盐水泥厂的 10% ~30%，碱胶凝材料能充分利用资源，节约能源，降低成本。与硅酸盐水泥相比，煤矸石碱胶凝材料的成本只需前者的 50%，煤耗低 70%，电耗低 50%[120]。

2. 碱激发煤矸石胶凝材料的制备工艺

（1）制备工艺

其一般工艺流程如图 7-2 所示。

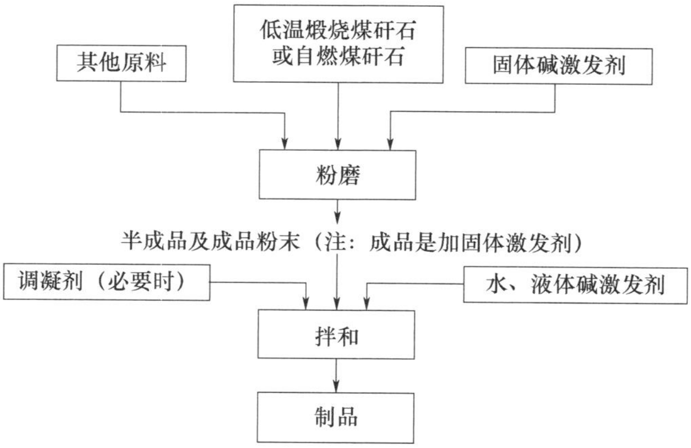

图 7-2　煤矸石制备碱胶凝材料工艺流程

（2）激发剂类型

碱胶凝材料常用的激发剂按物质的形态可分为固态激发剂和液态激发剂两种；按化学成分可分为盐激发剂和碱激发剂；按组分可分为单组分激发剂和复合激发剂。常用的激发剂有以下几种：

①液态水玻璃：俗称泡花碱，是由不同碱金属氧化物和二氧化硅组成的气硬性胶凝材料，呈黄色、淡黄色或白色透明或半透明的黏稠液体，最常用的是钠水玻璃（$Na_2O \cdot nSiO_2$）和钾水玻璃（$K_2O \cdot nSiO_2$）。水玻璃分子式中 n，即二氧化硅和碱金属氧化物之间的物质的量之比，称为水玻璃的模数，一般为 1.5 ~3.5。同一模数的水玻璃，其浓度越高，则密度越高，粘结力也越强。

②氢氧化物：NaOH、KOH、Ca（$OH)_2$等。

③盐类：石膏（$CaSO_4$）、硫酸钠（Na_2SO_4）、碳酸钙（Na_2CO_3）、碳酸钾（K_2CO_3）、硅酸钠（Na_2SiO_3）等。

3. 碱激发煤矸石的反应机理

烧煤矸石的碱激发过程是一个化学过程。经750℃煅烧的煤矸石其层状结构和晶体结构被破坏，一部分铝由六配位变成四配位，矿物结构处于疏松多孔态、内部断键多和比表面积大的亚稳定的结构，主要结构键是Si—O键和Al—O键，它们分别以$[SiO_4]^{4-}$四面体和$[AlO_4]^{5-}$四面体的形式存在，结构中的SiO_2、Al_2O_3，具有较强的可溶性，在碱溶液的作用下，结构中Si—O—Si和Al—O—Al共价键衰竭并断键，形成离子进入溶液，$[SiO_4]^{4-}$和$[AlO_4]^{5-}$结合形成三维网络结构，称为三维聚合铝酸盐结构，其聚合模式具有以下一般通式：

$$2SiO_2 + 6Ca(OH)_2 + aq \longrightarrow CaO \cdot 2SiO_2 \cdot nH_2O + 3Ca(OH)_2 \tag{7-6}$$

$$Al_2O_3 + 3Ca(OH)_2 + 3CaSO_4 + 23H_2O \longrightarrow 3CaO \cdot Al_2O_3 \cdot 3CaSO_4 \cdot 31H_2O \tag{7-7}$$

$$Al_2O_3 + Ca(OH)_2 + CaSO_4 + 9H_2O \longrightarrow 3CaO \cdot Al_2O_3 \cdot CaSO_4 \cdot 12H_2O \tag{7-8}$$

由于在式（7-8）中的反应不断发生，并生成稳定的三维聚合铝酸盐结构水化产物，消耗了式（7-7）中反应生成物，使式（7-7）的反应得以不断进行下去，从而使烧煤矸石中Si—O键和Al—O键不断被破坏，煤矸石结构解体。反应形成的铝酸盐结构水化产物不断交织、连生聚合，产生高强度无序的结构材料。在网络结构中，Al^{3+}取代Si^{4+}后，占据硅离子的位置，$[SiO_4]^{4-}$和$[AlO_4]^{5-}$四面体由四个角的共有氧原子相连，由于铝离子为三价离子，在铝离子的周围带负电荷，为了平衡电价，带正电荷的钠、钾等碱离子充填在凝胶体的通道中，而获得相对稳定的凝胶体结构。由于碱离子的这种特殊结构，在碱离子与其他离子进行交换时，不至于因碱离子的失去而导致结构破坏。因此，该胶凝材料水化产物形成后具有一定的强度和耐水性。

4. 碱激发煤矸石的微观结构及分析

通过对比碱激发前后烧煤矸石的XRD图谱（图7-3）可以发现，烧煤矸石中伊利石和高岭石的特征峰消失，主要是石英和变高岭石衍射峰，这是由于煤矸石中的伊利石和高岭石矿物经750℃煅烧后，失去结构水，其层状结构和晶体结构被破坏。煤矸石中高岭石转化为变高岭石，变高岭石不是完全的非晶，而是部分有序的半晶物质，表现在晶体面网间距 d 值为 0.4452、0.3544、0.2134、0.1824nm 的衍射峰不能完全用石英衍射数据解释，它可能起源于变高岭石的结晶部分[121]。

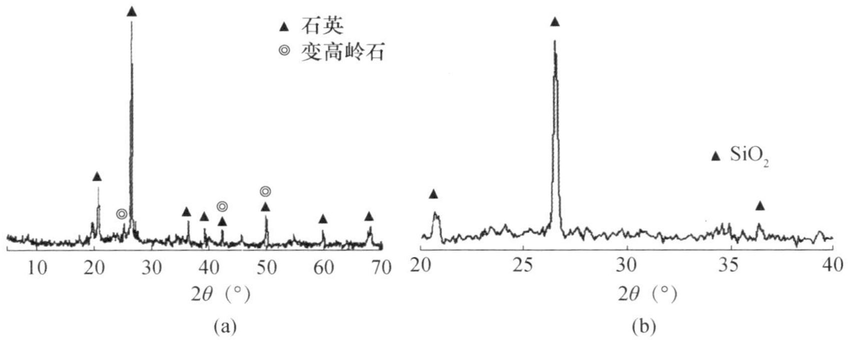

图 7-3　烧煤矸石及碱激发煤矸石样品养护 24h 的 XRD 图

（a）烧煤矸石；（b）碱激发煤矸石

碱激发烧煤矸石样品中 SiO_2 的特征峰（d 值分别为 0.4280、0.3351、0.2461、0.2288、0.1824、0.1546、0.1375nm）明显降低，变高岭石的特征峰（d 值分别为 0.4452、0.3544、0.2134nm）消失，同时没有新的晶体特征峰出现，而在位于 $2\theta = 24°$、28°、33°左右出现一些弥散峰，表明有无定形产物生成，结合材料的化学成分分析应是无定形的硅铝凝胶［$Na_6(AlSiO_4)_6 \cdot 4H_2O$］。

图 7-4 所示为样品的 IR 光谱。烧煤矸石样品，在 1089cm^{-1}的强吸收峰是 Si—O 和 Al—O 伸缩振动共同引起，在 796cm^{-1}的强吸收峰是［AlO_4］$^{5-}$的振动；692cm^{-1}处的吸收峰是四面体［AlO_4］$^{5-}$的伸缩和［SiO_4］$^{4-}$的弯曲所引起，559cm^{-1}和 470cm^{-1}的吸收峰是 SiO_4弯曲振动；在烧煤矸石加入碱激发剂水化后，其 IR 光谱的吸收峰发生了明显变化，1089cm^{-1}处的 Si—O 和 Al—O 吸收峰，移向低波数 1010cm^{-1}，且宽度变窄，此峰是 Si—O 加上 Si—O—Al 伸缩振动引起；796cm^{-1} 处的［AlO_4］$^{5-}$振动吸收峰，移向低波数 777cm^{-1}，强度明显变弱，在采用水玻璃作激发剂养护温度 95℃的试样中趋于消失，同样，559cm^{-1}的吸收峰消失，470cm^{-1} 处的吸收峰移向 460cm^{-1} 强度变弱。此外，在 1450cm^{-1}和 719cm^{-1}出现了新的吸收峰，719cm^{-1}和 692cm^{-1}处的吸收峰同时出现是沸石类的四配位原子团（TO_4）的对称振动引起。综合 IR 谱图数据和 XRD 分析数据，可以推测在碱激发烧煤矸石样品中有类似沸石的无定形硅铝网络结构存在。

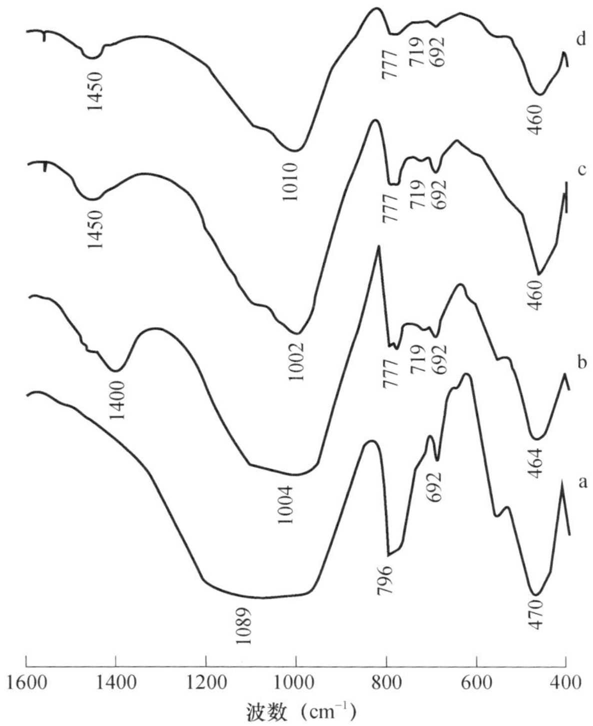

图 7-4　样品的 IR 光谱

a—烧煤矸石；b—采用 KOH（18mol/L）激发的硬化浆体；—采用 NaOH（12mol/L）激发的硬化浆体；d—采用模数 1.23 水玻璃激发的硬化浆体。a ~ c 试验的条件均为液固质量比为 0.3，90℃养护 24h

图 7-5 所示为碱激发烧煤矸石碱胶凝材料（液固比为 0.3，90℃养护 24h）的扫描电镜照片。观察碱激发烧煤矸石胶凝材料的微观结构，可以看出，当采用 NaOH 溶液激发时［图 7-5（a）］，清晰可见棉絮状的无定形凝胶水化产物生长在煤矸石颗粒的表面，未完全水化的煤矸石颗粒周围被水化产物包裹着，凝胶与凝胶相连，但整个胶凝材料结构孔隙较多，表现为机械强度较低；当采用 KOH 溶液激发时［图 7-5（b）］，煤矸石表面有凝胶生成，但数量较少，煤矸石颗粒生成的棉絮状凝胶还相对独立，可见其颗粒轮廓，胶凝材料整体结构多孔疏松，所以机械强度最低；当采用钠水玻璃溶液激发时［图 7-5（c）］，棉絮状的凝胶已连成一体，未见没水化的煤矸石颗粒，碱胶凝材料结构致密，这与其较高的强度相一致。也就是说，在液固比、养护温度等条件相同的情况下，所用的碱激发剂不同，碱胶凝材料的微观结构存在着差异，宏观上表现为机械强度的差异。

(a) (b)

(c)

图 7-5　90℃养护的硬化浆体 SEM 照片

(a) 采用 NaOH (12mol/L); (b) 采用 KOH (18mol/L); (c) 采用模数 1.23 水玻璃

图 7-6 所示为采用模数 1.23 的水玻璃在 65℃养护 24h 的硬化浆体（液固比为 0.3）的微观结构，可见除有相连的凝胶外，还有少量相对独立的棉絮状凝胶和一定量的片状晶体，EDS 分析表明这些晶体含有大量的 Si、Na（其 Si/Na 大约为 1）和少量的 Al 等，应是未反应的硅酸钠［其化学式为 $Na_2O \cdot SiO_2 \cdot (5 \sim 9) H_2O$］晶体。故硬化浆体的强度低于 95℃养护温度的强度，但这些晶体填充在硬化浆体的空隙中对其强度是有利的，所以在 65℃养护温度下，采用模数 1.23 的水玻璃的硬化浆体的强度明显高于采用其他激发剂的；在样品的 XRD 图谱上未见硅酸钠晶体特征峰，这是因为硅酸钠具有高的可溶性，在制备 XRD 试样期间，由于试样吸收了空气中的水分导致晶体分解，从而不能被 XRD 探测。

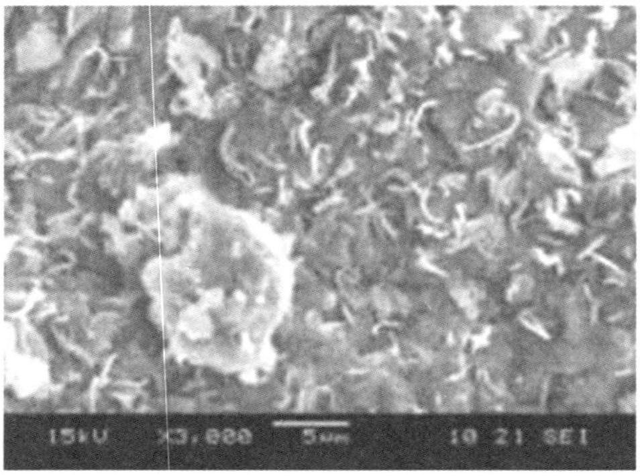

图 7-6　65℃养护的硬化浆体 SEM 照片（采用模数 1.23 的水玻璃）

7.3 煤矸石制备建筑制品

7.3.1 煤矸石制砖

1. 煤矸石烧结制砖

我国利用煤矸石制作建材是从20世纪60年代开始，主要是用煤矸石制砖，集中在我国东北地区辽宁等地以及西南地区四川等地。我国自20世纪60年代就在四川、辽宁等地开展了煤矸石制砖的工业化试验，1964年，四川永荣矿务局建成国内第一座利用煤矸石为原料的矸石砖厂。此后，山东、辽宁等地也陆续建设煤矸石砖厂。如山东新汶矿务局于1968年10月建立张庄煤矿矸石砖厂，1970年建成第一座隧道窑，日产砖4.5万块，1975年又建成第二座隧道窑，年产砖增加到3000万块。1973—1975年，新汶矿务局共建矸石砖厂9座，年产砖6400万块，年处理矸石15万t。20世纪70年代以来，山东肥城、兖州、龙口矿务局先后建起煤矸石砖厂、石灰厂。1978—1985年，山东省统配煤矿砖厂共生产煤矸石砖30390万块。但这个时期我国的煤矸石制砖工艺简单，设备性能落后，产品性能差，处于低水平发展阶段。“七五”以来，我国引进法国、美国、意大利、德国的主要技术及设备，在煤矸石制砖装备的整体性能上有了大幅度提升，制砖生产线逐渐实现了机械化。“八五”和“九五”期间，我国引进制造煤矸石空心砖的硬塑和半硬塑挤出设备，到了20世纪90年代末，我国已能够自行制造软塑挤出、半硬塑挤出和硬塑挤出设备，形成了具有自主知识产权的煤矸石制砖技术，在煤矸石制砖的装备水平上有了很大提高，我国的煤矸石制砖技术装备水平、生产规模、产品品种和质量已能达到20世纪90年代中期的国际水平，这些进步促进了我国煤矸石制砖产业的飞速发展。“九五”“十五”期间，国家对利废建材实行减免税优惠、限制黏土砖等政策，各大煤矿开始大力发展煤矸石制砖业，煤矸石砖也逐渐实现多品种和系列化，由实心砖向多孔砖和空心砖发展，焙烧窑也由轮窑向隧道窑方向发展，生产工艺进一步得到改进，生产线产量也有较大幅度提高，企业的生产规模由20世纪的最高6000万块的年产量增加到1亿块以上。截至2005年，我国建成煤矸石砖厂5400余家，煤矸石砖生产量由22亿块标准砖增加到100亿块标准砖。“十一五”以来，我国继续限制黏土砖，建设了一批大规模的煤矸石砖厂，如山西潞安集团于2008年建成产量大、自动化程度高的煤矸石制砖生产线，每年可处理煤矸石约 30 万 t，生产规模为年生产标砖 1. 3 亿块；2006 年淮南矿业集团启动煤矸石制砖生产线项目，投产后，年消耗煤矸石约 100 万 t，生产规模达 3. 2 亿标块，2012 年达到年生产 6 亿块标砖的生产能力，每年消耗煤矸石约 190 万 t。我国全煤矸石烧结砖技术装备也达到国际先进水平。目前，煤矸石常规制烧结砖、空心砖等在生产技术上已取得突破，其进一步发展主要依赖于生产工艺和先进装备的创新；此外，开发多功能、多品种的矸石砖逐步成为未来发展方向。

由于煤矸石具有一定的可塑性和烧结性，在经过均化、破碎、净化和陈化等工艺加工处理后，制砖效果良好。目前，煤矸石制砖已成为煤矸石利用最为普及的一个方面，应用地区广，生产工艺成熟。我国每年生产煤矸石砖约 130 亿块，生产厂家超过 1000 个，种类包括烧结实心砖、空心砖、多孔砖、免烧砖、内燃砖、釉面砖、高档瓷砖等。利用煤矸石制空心砖，实现了制砖不用黏土，烧砖不用燃料，其社会环境、经济效益均超过了黏土实心砖（图 7-7）[122]。

图 7-7　煤矸石烧结的空心砖

煤矸石制砖可以实现煤矸石的大量应用，既利用其含有的黏土矿物，也可利用煤矸石自身的热值，节约燃煤使用量，实现制砖不用土，烧砖少耗煤或不耗煤。普通煤矸石烧结砖的工艺流程如图 7-8 所示。煤矸石制砖可以减少占地，能降低因制砖对耕地的破坏。

近年来由于墙体材料革新政策力度加大，煤矸石砖得到快速发展，工艺设备制造基本达到世界先进水平。我国多数黏土岩矸石可生产烧结砖，一般采用全内燃焙烧技术，即用煤矸石自身的发热量提供的热能来完成干燥和焙烧的工艺过程，基本不需外加燃料。每万标块煤矸石砖比黏土砖约节省 1t 标煤。煤矸石砖以煤矸石为主要原料，一般占坯料质量的 80% 以上，经破碎、粉磨、搅拌、压制、成型、干燥、焙烧，制成矸石砖。目前煤矸石砖的品种有实心砖、多孔承重砖、空心砖等。以煤矸石做烧砖内燃料制砖生产工艺与用煤作为燃料基本相同，仅需增加煤矸石粉碎工序。

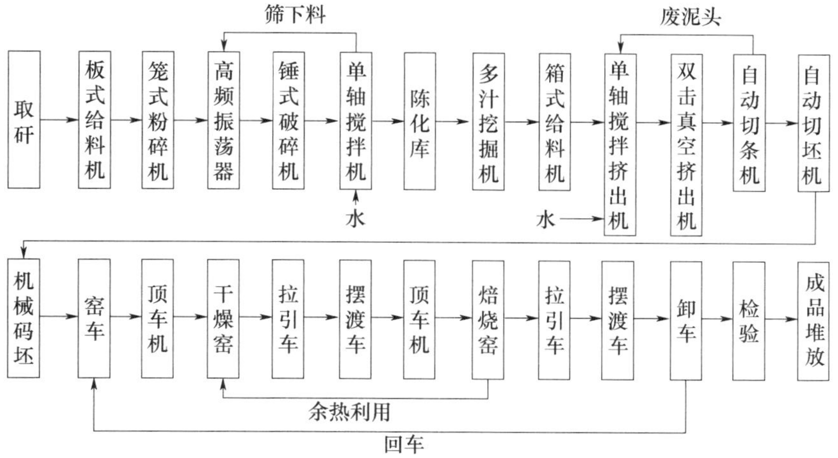

图 7-8 普通煤矸石烧结砖的工艺流程

目前，我国煤矸石制砖广泛采用4.6m 和6.9m 宽隧道窑，每条产量一般 300 万～3500 万块/a。近几年我国每年新增大型煤矸石烧结砖生产线 50～70 条，主要集中在四川、山东、北京、河南、辽宁、江西、河北和吉林等省市。淮南矿区现拥有 6 条煤矸石砖生产线，年生产 3.2 亿块标砖，消耗煤矸石 40 万 t。同煤塔山循环经济园区已建年产 2.4 亿块煤矸石标准砖、大孔洞轻体砖、多孔砖等生产线，每年可消化煤炭洗选过程中产生的煤矸石 100 万 t[123]。

盘县火铺砖厂 2003 年注册成立，年均生产量约 12500 万块，消耗矸石约 25 万 t，营业额为 500 万～1000 万元。由于煤矸石电厂发电所用的煤矸石属于低热值燃料，含有大量杂质，使得电厂每年排放的灰渣量高达 15 万 t。按生产 25 年计算，火铺煤矸石发电厂堆放灰渣需占用土地 $2\times10^5 m^2$左右，如果治理不当还会造成二次污染。经研究，火铺煤矸石电场建设了一座年产 3000 万块的灰渣砖厂，按砖厂每年消耗灰渣 7.5 万 t计算，可节约灰渣外运排放费用 75 万元，减少占地约 $4000m^2$，电厂的灰渣也用作水泥的生产原料。目前正在筹建年产 5000 万块的粉煤灰砖厂，以粉煤灰为主要原料的水泥厂也在加紧前期工作，如此一来，将大大减少煤矸石发电后灰渣的堆积量，实现资源的循环利用，既能节约资源，也能保护环境[124]。

煤矸石烧结砖的耐压、抗折、耐酸以及耐碱性能都高于黏土砖；从建筑用砖的成本方面来看，砌墙及粉刷前不用浇水，可节省用水费及人工费，同时，由于硬度高，产品在运输中的损耗比黏土砖低。但近年来，全国各地因煤矸石烧结多孔砖不合格造成房屋出现质量问题的事件屡见报端。最常见的就是出现风化、酥裂现象。江西省吉安市峡江县巴丘镇将沙村 100 多户移民使用该县某砖厂生产的煤矸石烧结多孔砖建房，一个月后发现新建房屋墙面有的起包，有的开裂，用竹篙一敲就碎。河南省登封市的于先生于 2011 年 4 月 20 日—2011 年 5 月 13 日多次在当地的某建材有限公司购买煤矸石烧结多孔砖。等房屋建到第四层时他发现，门框和窗框有多处出现裂缝现象，剩余的煤矸石烧结多孔砖甚至自动出现粉碎现象。湖北省天门市、钟祥市数十户村民使用了钟祥市某新型建材有限公司生产的煤矸石烧结多孔砖后，新房墙体很快开裂，所有砖块用手一捏就碎。

河南省渑池县、宜阳县数十户村民使用渑池县某建材有限公司生产的煤矸石烧结多孔砖建房，这些房屋一经风吹雨淋就成了“豆腐渣”，新房转眼成为危房。陕西省西安市长安区村民李某在建房时购买的煤矸石烧结多孔砖在放置了一个多月后，就如豆腐一样敢看不敢捏了。

出现风化、酥裂现象，主要是因为砖里含钙量太高。钙会膨胀，就像生石灰变成熟石灰的过程一样，钙经过风化就会膨胀。在有风、有潮气的情况下，这种砖就会出现风化、酥裂现象。煤矸石里含有青石、钙石，如钙石含钙量高，就会出现这种情况。根据不同地质情况，各地煤矸石的含钙量也不同。煤矸石是采煤和洗煤过程中排放的固体废物，是一种在成煤过程中与煤层伴生的含碳量较低、比煤坚硬的黑灰色岩石，其主要成分是 SiO_2、Al_2O_3，另外含有数量不等的 Fe_2O_3、CaO、MgO、Na_2O、K_2O、P_2O_5、SO_3 等微量元素。结合有关行业专家的研究分析，无论从物理性能还是从化学成分方面，煤矸石都是一种优良的制砖原料。但是，并非所有煤矸石都适宜生产烧结砖，适宜制砖的煤矸石主要化学成分和物理性能见表 7-10[125]。

表 7-10 烧结空心砖对矸石化学成分的要求

化学成分	含量（%）
SiO_2	55 ~ 70
Al_2O_3	15 ~ 25
Fe_2O_3	2 ~ 8
CaO	≤2
MgO	≤3
SO_2	≤1

从理论上分析，煤矸石的各成分含量多少与煤形成的年代、地区和条件有着密切联系。煤矸石内各化学成分含量的多少直接影响砖的物理力学性能和焙烧制度，进而影响砖的质量。因此，在生产烧结砖前应进

行化学成分分析。另外，煤矸石的塑性、发热量等物理性能对砖坯的成型、焙烧都有直接的影响，因此，必须依据原料的物理特性，合理选择原料或进行原料掺配，并使其具有科学合理的颗粒级配，从而生产出高品质煤矸石烧结砖[126]。

2. 煤矸石非烧结砖

由于煤矸石的成分差别很大，在煤矸石烧结砖的应用过程中受到一些限制。如高铝、高钙、高铁、高硫以及自燃煤矸石就不宜于制造烧结砖。为此，我国科学工作者又研制出了煤矸石非烧结砖。

免烧砖（图 7-9）是利用粉煤灰、煤渣、煤矸石、尾矿渣、化工渣或者天然砂、淤泥等（以上原料的一种或数种）作为主要原料，经机械压制直接成型的一种新型墙体材料。利用煤矸石制备免烧砖，主要采用碳质页岩和泥质页岩的自燃煤矸石为主要原料，经粉碎加工，然后掺入适量水泥、石膏和少量化学外加剂，搅拌后以半干法压制成型，自然养护而成。其产品强度可达 10～27MPa，性能达到 JC/T 69—2009《石棉纸板》标准。非烧结砖利用煤矸石的量较大，生产工艺简单，能耗低，有较好的经济效益和社会效益。

图 7-9 免烧砖

非烧结砖生产工艺流程如图 7-10 所示，所用的设备主要包括输送机、碾轮搅拌混料机、喂料机、压砖机、电控箱等[127]。

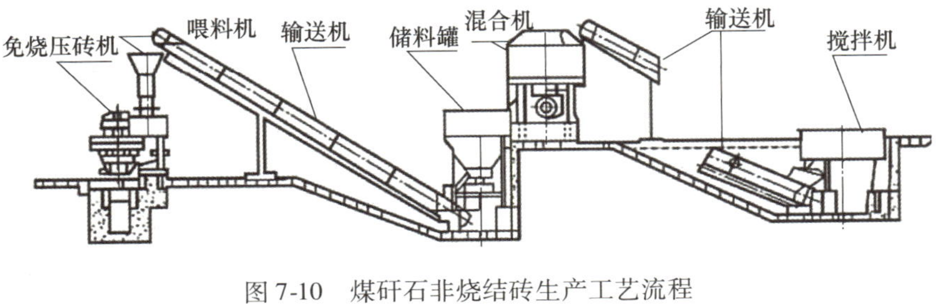

图 7-10 煤矸石非烧结砖生产工艺流程

以煤矸石轻集料（粗料 25%～30%，细料 40%～45%）为集料，水泥（8%～16%）为胶结料，加水（10%～15%），并可加入少量外加剂，搅拌均匀后，经振动成型、自然养护后可以制成煤矸石轻集料混凝土小型空心砌块。这种砌块的密度、强度、相对含水率、抗冻性、炭化系数、软化系数等技术要求可满足 GB/T 15229—2011《轻集料混凝土小型空心砌块》的要求，其放射性符合 GB 6566—2010《建筑材料放射性核素限量》的规定。

也有资料显示，制免烧砖可参考的最佳配比为水泥 20%、煤矸石 50%、砂子 30%，另外加水量为前三者总质量的 12%，设计外加剂量占煤矸石、水泥、砂子质量和的 4%，达到路面免烧砖优等品的标准，制作工艺流程如图 7-11 所示。我国煤矸石制砖的设备和技术已经逐渐成熟，但产品型号少，整体质量不够高，生产技术和设备方面还需要创新，才能生产出多功能、高质量、高强度的煤矸石砖[128]。

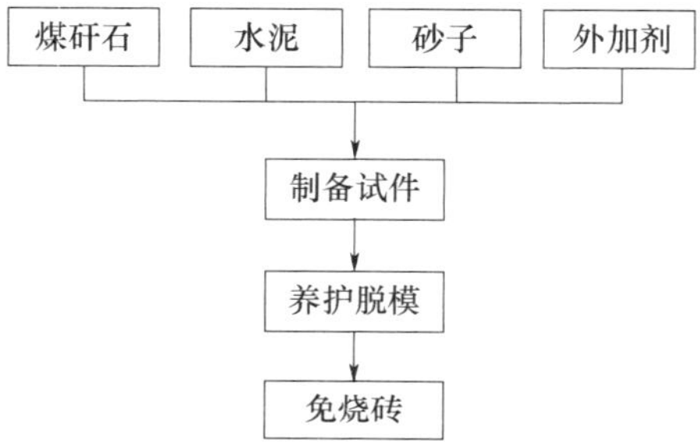

图 7-11　路面免烧砖制作工艺流程

3. 煤矸石制砖常见问题

（1）煤矸石砖泛霜

煤矸石砖中的可溶性物质，尤其是可溶性盐类遇水溶解，通过微孔结构被带到制品的表面，随着水分的不断蒸发，可溶性盐类沉积下来，即泛霜。能溶于水的可溶性盐种类较多，砖瓦制品中最常见的是硫酸钙，其次是硫酸镁、硫酸钠和硫酸钾等。硫酸钙和硫酸镁相比，由于硫酸镁溶解度更大，故在两者含量相等的情况下，硫酸镁所引起的泛霜更为严重。硫酸钠和硫酸钾在制品焙烧过程的较低温度下就会熔融，流入坯体的空隙中，并与石英和硅酸盐起化学反应，因此产生泛霜的现象较少。

泛霜影响制品的外观质量，并降低混凝土的耐久性。其原因是盐溶于水后，水分经蒸发再结晶，含结晶水的物质体积膨胀，如硫酸镁再结晶后，将含有 7 个结晶水，其体积比前者增大 3 倍；硫酸钠再结晶，将含有 10 个结晶水，其体积增加 86%。结晶盐类所产生的体积膨胀应力，将导致制品表面剥落，从而影响制品的耐久性。

泛霜常见的解决方法为钡盐固定法，即将煤矸石磨细，用钡盐来固定煤矸石中的硫酸根离子。钡盐固定法在一定程度上能够解决煤矸石砖的泛霜问题，但存在不经济（磨细增加能耗）以及固化不彻底（钡离子只和少量硫酸根离子结合）等问题。可以通过调整窑炉的烧结制度，建立砖的烧结骨架，并且增加烧结的液相和固化泛霜组分来减少煤矸石砖的泛霜问题，其技术途径为增加矿化剂（碳酸钙、氧化铁、$CaCl_2$等），减少坯体燃烧层厚度，延长预热带的先期燃烧，达到充分燃烧，降低砖坯码放密度以及改善窑内压力等目的。

（2）煤矸石砖石灰爆裂问题

煤矸石砖经常会遇到石灰爆裂的问题，就是通常所说的酥砖，其原因是煤矸石砖原料中氧化钙含量过高，当氧化钙遇水发生反应形成 $Ca(OH)_2$时，体积发生膨胀，对砖产生膨胀应力，当应力超过砖本身强度时，砖就会发生爆裂。

煤矸石砖石灰爆裂的解决途径有：拣选剔除原料中的石灰石，细化煤矸石粒度，延长烧成时间和保温时间，浸水处理等。其解决煤矸石砖石灰爆裂的机理如下。

①降低原料粉碎粒度，一方面使有害成分在焙烧中有效地熔融并和其他成分形成稳定的固相；另一方面降低残留在煤矸石砖中有害成分的破坏应力。

②提高烧成温度，延长烧成时间和保温时间，使有害成分和原料中的成分充分反应形成稳定的固相结晶。

③出窑成品砖经水浸泡，使 CaO 与水反应生成可溶的 $Ca(OH)_2$进入煤矸石砖的颗粒缝隙，避免产生应力集中破坏，如将刚出炉烧好的砖浸在水中 5min，石灰爆裂现象明显减少。

7.3.2　煤矸石制备混凝土砌块

煤矸石混凝土砌块是一种性能稳定的新型墙体材料，主要分为两类：实心砌块和空心砌块。以自燃煤矸石为硅源，石膏、石灰、水泥等为钙源，按一定配比，经加水搅拌、振动成型、蒸汽养护等工艺制成。煤矸石混凝土砌块的制备具有生产工艺简单、技术成熟、性能稳定等优点。

煤矸石空心砌块是以自燃或人工煅烧煤矸石和少量的生石灰、石膏混合磨细物为胶结料，以破碎、分级后的自燃煤矸石（或人工煅烧煤矸石、其他工业废渣、天然砂石等）为粗细集料。按一定比例经计量配料、加水搅拌、振动成型、蒸汽养护等工艺制成。这种砌块产品性能稳定，使用效果良好，是一种很有发展前途的新型墙体材料。其规格可根据各地的建筑特点选用。在建筑上主要用于一般工业与民用建筑的墙体，可作承重墙、非承重墙及内隔墙。以人工煅烧煤矸石或自燃煤矸石为主要原料，加入适量磨细的生石灰粉、生石膏粉，经湿碾、振动成型、静停、蒸汽养护，可制成一种硅酸盐混凝土，即湿碾煤矸石混凝土。另外，由煤矸石、硅质材料、钙质材料、水、发气剂和外加剂等按一定比例配合可制成煤矸石加气混凝土制品。它具有密度低、保温吸声好，可用于配筋或不配筋的墙体砌块、内外墙板、屋面板、楼板、保温块和保温管等多种制品。

生产煤矸石空心砌块是综合利用煤矸石的一条重要途径，具有消纳量大、经济、实用等优点，可以大量减少煤矸石的占地。用煤矸石空心砌块代替普通黏土砖，不仅节约了大量的土地，还进一步促进了固体废物的资源化利用。因为空心砌块中的煤矸石轻集料含量占 85% 以上，按煤矸石的平均烧失量为 15% 测算，每生产 1 块煤矸石空心砌块将利用煤矸石 12.6～14kg，其利废率是很高的[129-130]。

早在 1967 年，重庆市建筑科研所修建了一栋建筑面积为 900m^2 的 3 层试验性建筑，经过 10 多年，砌块、大梁和窗过梁均未发生异常情况，充分说明了这种空心砌砖的实用性。

7.3.3 煤矸石制备岩棉及保温墙材

岩棉属于无机材料，是以天然岩石及矿物等为原料制成的蓬松状细纤维，如图 7-12 所示。它具有优良的保温、吸声、隔热、防火、透气等性能，并且质轻，属于新型建筑材料。在工业方面主要应用于核电站、发电厂、化工厂、大型窑炉保温；在建筑方面应用于建筑外墙保温、屋面及幕墙保温、隔离带保温等；在农业及其他领域也可广泛应用。

图 7-12　岩棉板

我国从 20 世纪 50 年代起，普遍使用玄武岩做主要原料生产岩棉。20 世纪 80 年代后，北京建材研究所等单位开始试验利用煤矸石做主要原料烧制岩棉并取得一定成效。2018 年年初，内蒙古自治区乌海市开展综合处理固体废物 80 万 t 煤矸石（一期工程）年产 25 万 t 岩棉项目，其采用超高温熔融还原气化技术，将煤矸石通过超高温熔融还原气化制得环保建材产品——岩棉拉丝纤维，煤矸石资源综合利用率达到98%以上。

煤矸石是煤层中或周围有可燃物质的岩石，它与生产岩棉普遍使用的玄武岩、白云石、矿渣等原料不同，除了有可燃物外，主要含有二氧化硅、三氧化二铝、氧化钙、氧化镁等多种化学物质。煤矸石的矿物组成主要是黏土矿物，以高岭石、水云母为主，还含有石英、长石、黄铁矿等。煤矸石在炉内煅烧到600～1100℃时，高岭石、水云母和石英石分别分解成无定形物质并开始熔化。当煅烧到1100℃以上时，玻璃黏滞体形成，在加入碱性助熔离子的作用下，这种黏滞体又促进了黏土矿物的玻璃化作用，使细小而能起反应的颗粒结合到玻璃体中去。由于碱性助熔离子能够有效地降低系统的熔点和黏度，且高岭石熔融前又有一个玻璃化阶段，所以某些矿物便可在低于其共熔点数百摄氏度的温度下玻璃化，促使熔融物全部变成具有一定流动性的玻璃熔液，然后利用高速离心方法，将高温的玻璃熔液制成细长柔软的矿物纤维[131]。

关于保温墙材的利用研究，我国早在20世纪80年代通过引进国外破碎、挤出、焙烧技术很快完善并提高了我国在利用煤矸石生产烧结墙体材料方面的技术。在烧结新型墙体材料中，作为节能型绿色产品的煤矸石烧结自保温砌块性能能够满足国家建筑节能65%的要求。节能墙体材料的利用减少了建筑单位的各种设计、砌筑、配套等相关费用并能免去使用过程中的维护费用，更由于墙体轻质的特点节省了大量的基础建材费用，是一种节能、环保、可持续发展的绿色建材产品，如图7-13所示。

图7-13 隔板（左）保温板（右）

利用废弃煤矸石生产保温砖，既利用固废、保护环境，又能促进新墙材的应用，推进建筑节能，有巨大的综合效益。以煤矸石为原料生产的多孔保温砖的气孔率为45.7%，传热系数小，为1.49W/（m^2·K）。用作墙体砖时，比普通墙体砖所需的保温材料大幅减少。有研究以低热值高硅低品位煤矸石作为主要原料，同时以石灰石中的碳酸钙作为造孔剂，通过控制烧结过程，最终合成泡沫陶瓷保温材料（图7-14），导热系数和抗压强度分别为0.23W/（m·K）和17.99MPa，均超过了“高效能复合外墙外保温材料指标”[132]。

(a) (b)

图 7-14　以煤矸石为原料制备的泡沫陶瓷保温材料

（a）实物图；（b）微观形貌

7.3.4　煤矸石陶粒

陶粒是一种外壳坚硬、表面具有隔水保气的釉层、内部多孔的陶质粒状物，质量轻，具有一定的抗压强度，主要用于结构混凝土和保温结构混凝土的集料。我国最早于 1972 年开始研制煤矸石陶粒，由大庆龙凤四公司采用尾矿粉与煤矸石以 1∶1 的比例研制成尾矿粉煤矸石陶粒，并得到实际应用。据统计，我国现堆存的煤矸石中约有 40% 适用于烧制煤矸石陶粒。

煤矸石制陶粒根据煤矸石的烧胀性一般有两种制备方法：一是利用烧胀性好的煤矸石经破碎后直接烧成；二是将煤矸石粉碎制成球烧成。煤矸石陶粒属轻集料，具有质轻、高强、保温性能好、抗震、防火等特点，广泛应用于建筑材料。陶粒轻集料由于其质轻、保温、高强、附加值高的特点，能够替代普通混凝土中的粗集料，且符合高层建筑轻质、高强的发展方向。含碳量低于 13% 的煤矸石适宜作为生产轻集料原料。内蒙古科技大学利用包头地区堆积密度较高的粉煤灰陶粒、矿粉、粉煤灰等原材料，通过正交试验的方法研制出导热和抗冻性能良好的 LC40 结构粉煤灰陶粒轻集料混凝土[133]。此外，用煤矸石制陶粒具有工艺简单、设备投资较少等特点，是部分煤矸石开发利用的重要方向。

符合烧胀要求的煤矸石经破碎（粒径小于 10mm）、预热（温度 250℃）、烧胀（温度 1100 ~ 1200℃）、冷却、分级，制成煤矸石陶粒。煤矸石陶粒具有耐热、抗冻、耐酸碱、防腐蚀及热膨胀系数低等性能，可广泛用于高速公路、飞机场跑道的路面材料，还可用作保温、隔声、隔热墙体材料及重油脱水和工业用水的过滤材料等。西安墙体材料研究设计院的研究人员以煤矸石为主要原料，与 20% ~40% 的页岩掺配可焙烧出密度为500级左右的陶粒，全煤矸石在1150～1230℃温度范围内可以焙烧出密度为800级的陶粒，并拟建年产5万 m^3 的煤矸石陶粒生产线，产品主要用于高性能混凝土。

以煤矸石替代黏土、页岩等资源性原料烧制陶粒轻集料，一方面节省资源，处理有害固体废弃物；另一方面还可利用煤矸石自身含有的易燃易分解的有机成分在高温煅烧阶段造孔，而获得堆积密度低的陶粒，因此，煤矸石是生产陶粒轻集料的一种理想原料。煤矸石陶粒因具有密度低、吸水率低、强度高的特点，故可适用于制作各种建筑预制件。近年来，研究工作者详细探索了原料配比、粉磨细度、外加剂和焙烧工艺等对煤矸石陶粒的强度和孔径分布特征的影响作用，同时对陶粒的膨胀机理进行了深入研究，普遍观点认为原料化学成分是导致陶粒膨胀的关键因素，但对膨胀气体来源持不同观点，高浩中认为绿泥石、云母类矿物加热分解产生的氢对陶粒的膨胀起主要作用；而陈烈芳等人认为引起陶粒膨胀的是铁与碳氧化还原所形成的一氧化碳和二氧化碳气体。目前上述第二种观点占主导。

7.4 煤矸石制备辅助胶材

7.4.1 煤矸石制备辅助胶材介绍

自燃煤矸石是煤矸石在一定的温度和压力下，煤矸石中的黄铁矿被空气氧化，释放出大量热量促使煤矸石中的煤炭风化以至于自燃形成的，约占煤矸石总储量的1/3。自燃煤矸石具有一定的胶凝活性，在水泥基胶凝材料中使用，可以有效降低混凝土温升膨胀导致的开裂现象，并且能够增加体系的密实性，在一定程度上提高混凝土耐久性。自燃煤矸石的化学成分中除 SiO_2、Al_2O_3 和 CaO 外，还有 Fe_2O_3、MgO、Na_2O、K_2O、P_2O_5 等。此外，也常含有少量 Ti、V、Co 和 Ga 等金属化合物，有的还含有 Cd、Cu、Ni、Sn、Hg 等有害元素。

由于自燃煤矸石具有火山灰活性，活性 SiO_2、Al_2O_3能与水泥水化过程中析出的 $Ca(OH)_2$发生缓慢的“二次反应”，生成水化硅酸钙和水化铝酸钙，与水泥浆硬化体坚固地结合起来，进而增高长龄期强度，提高混凝土的耐久性。此外，由于粉状煤矸石在混凝土中具有超出火山灰活性的特殊物理功能，比如增加浆体的体积功能、填充浆体孔隙功能等，使煤矸石混凝土物理化学作用达到动态平衡，起到改善混凝土性能和提高质量的作用。自燃煤矸石作为混凝土掺合料使用，既能降低水泥用量，降低能源消耗，又能大量利用工业废渣，降低其对环境的污染。由于自燃煤矸石具有火山灰活性，掺入混凝土中能改善混凝土的性能，增加水泥混凝土的抗碳化和抗硫酸盐侵蚀等能力，还能提高混凝土制品和工程的质量。

从化学组成考虑，煤矸石高 Al_2O_3、SiO_2 和低钙组成与硅酸盐水泥高钙组成能形成互补，从而可改善水泥性能。已有煤矸石用作水泥混合材或掺合料的实验室与实际生产研究结果主要是煤矸石对水泥颜色、凝结时间、体积安定性、粉磨能耗、强度、耐久性等方面的影响。

自燃煤矸石是经过堆放、在一定条件下自行燃烧后的煤矸石，一般呈陶红色，影响水泥本来颜色，这主要是由于铁离子氧化状态的变化、煅烧气氛等的影响。张长森等用磨细自燃煤矸石代替水泥配制的混凝土抗硫酸盐侵蚀能力增强，取代水泥量小于20%时强度下降幅度很小，并可以用磨细自燃煤矸石取代20%水泥加适量减水剂配制 C60 高强度混凝土。研究表明自燃煤矸石具有较好的活性，鉴于煤矸石中的 CaO 含量较低，提高体系的 CaO 含量也是提高活性的方法。

7.4.2 煤矸石制备辅助胶材的相关研究

1. 煤矸石活化工艺试验研究

本课题组以北京房山区南窖乡的煤矸石为样品，采用两条破碎生产线将煤矸石经两次破碎筛分，取两次碎后（一破和二破）粒径小于5mm的煤矸石做试验样品。对所取样品进行矿物成分分析，结果如图7-15所示。

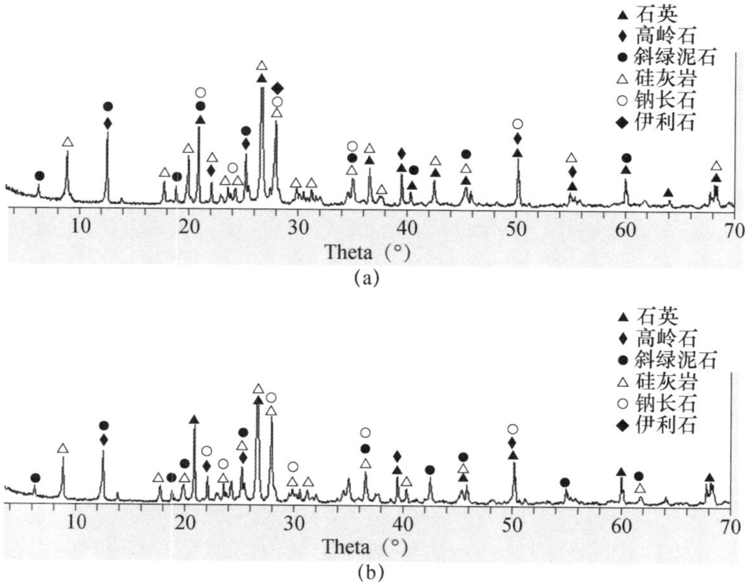

图 7-15 一破和二破煤矸石 XRD 图谱比较

（a）一破煤矸石 XRD 图谱；（b）二破煤矸石 XRD 图谱

由图7-15煤矸石XRD图谱显示，北京煤矸石的主要矿物为高岭石、绿泥石、石英、云母等。如定量分析，其黏土矿物（如高岭石、绿泥石等）总量高于58%。一破和二破煤矸石在矿物种类上没有差别，只是在某些矿物的含量上略有差异。从黏土矿物的几个峰上可以看出，一破中所含高岭石、绿泥石、云母相对于二破的高，这是由于黏土矿物相对较软，在一破中存在得更多。研究认为，煤矸石的主要矿物组分中黏土矿物（如高岭石、绿泥石等）的受热分解和玻璃化是煤矸石活性的主要来源，因此可见北京煤矸石具有潜在的活性。煤矸石化学成分见表7-11。

表7-11　煤矸石的化学组成（%）

材料	SiO_2	Al_2O_3	Fe_2O_3	CaO	MgO	K_2O	Na_2O	SO_3	烧失量	总和
一破	50.05	23.52	4.86	2.02	1.03	0.84	0.75	0.45	15.52	99.04
二破	52.40	20.49	5.23	2.87	1.26	1.53	0.60	0.56	13.32	98.26

从上面的化学成分分析，一破与二破在成分上没有明显的差别，只是在某些矿物的含量上存在微小的差异。因此，为避免实际应用中的复杂性，故将一破和二破后的软质煤矸石混合使用进行研究。

2. 热活化性能分析

将煤矸石分别在6个温度（500℃、600℃、700℃、800℃、900℃、1000℃）下煅烧，保温2h后用取出快速冷却，用球磨粉磨至比表面积为550m^2/kg，备用。不同温度下热活化煤矸石的XRD图谱如图7-16所示。

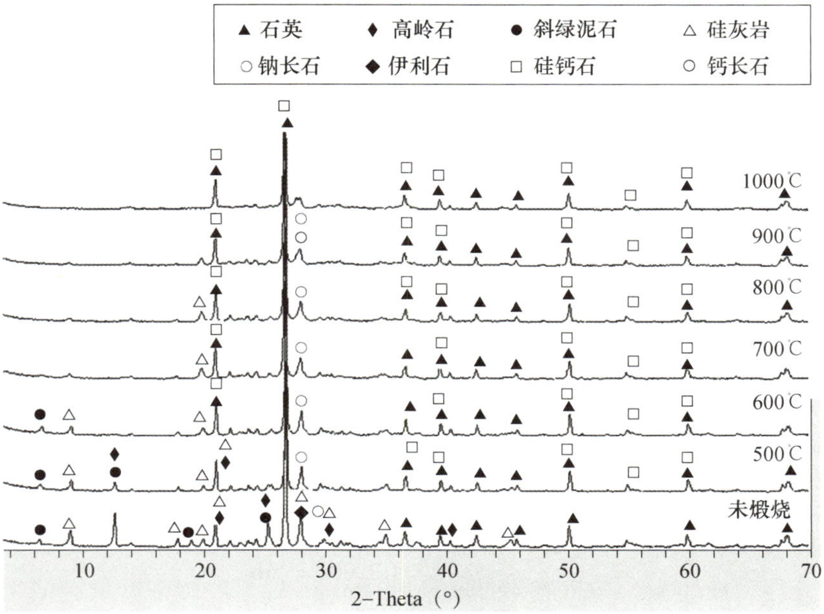

图7-16　不同温度下热活化煤矸石XRD图谱

分析图 7-16 可知，经 500℃煅烧后高岭石衍射峰大幅降低，表明伴随着结构水 OH^- 的脱出，高岭石结构产生破坏，转变成非晶质的偏高岭石，与此同时，绿泥石、长石、云母的衍射峰强度也有所下降，而石英的衍射峰强度增高，这主要是因为煤矸石中残留的煤燃烧以及部分黏土矿物结构水脱除等，造成各煅烧样中 SiO_2 相对含量提高；而经过 600℃、700℃煅烧后，高岭石、绿泥石衍射峰全部消失，而石英的强度进一步增高。由 800℃煅烧样的 XRD 图谱可看出，与前几种低温的 XRD 相比，云母、长石的峰还在。900℃黏土矿物几乎完全分解，可见少量云母的峰，到 1000℃已经可见莫来石的峰，石英和莫来石成为主要的矿物。

将未煅烧煤矸石和煅烧后的煤矸石粉磨至 550m^2/kg，以 30% 的掺量分别与北京水泥厂熟料拌和，胶砂试验强度结果见表 7-12：

表 7-12　试验配比和实验结果

煅烧温度（℃）	配比（%）			抗折强度（MPa）		抗压强度（MPa）		28d 抗压强度比（%）
	熟料	石膏	煤矸石	3d	28d	3d	28d	
熟料	95	5	0	6.5	9.3	29.6	57.5	100
未烧	65	5	30	4.3	6.6	20.6	35.1	61.0
500	65	5	30	5.5	7.8	21.0	42.8	74.4
600	65	5	30	5.6	8.0	23.2	43.1	75.0
700	65	5	30	5.7	8.0	25.4	45.1	78.4
800	65	5	30	5.9	8.5	26.0	46.7	81.2
900	**65**	**5**	**30**	**6.1**	**8.8**	**26.2**	**49.9**	**86.8**
1000	65	5	30	5.5	8.3	21.2	46.2	80.3

由表 7-12 中 3d、28d 强度可以看出，北京煤矸石煅烧温度为 900℃时，其活性指数最高，28d 抗压强度 49.9MPa，为纯熟料水泥的 87%；28d 抗折强度 8.8MPa，为纯熟料水泥的 95%。

3. 保温时间的影响

煅烧活化煤矸石在炉内停留时间太短可能会使煤矸石中的碳未烧尽，同时煤矸石中的黏土矿物组分高岭石也可能不会完全分解，减少了活性组分的产生；当煅烧时间过长时，会使本来已经产生活性的 SiO_2 及 Al_2O_3 又生成莫来石而失去活性。试验中采用 900℃分别煅烧 30min、60min、120min、180min，考察煅烧温度对活性的影响情况。熟料细度控制在 350m^2/kg，煤矸石细度控制在 450m^2/kg。胶砂强度试验结果如图 7-17 所示。

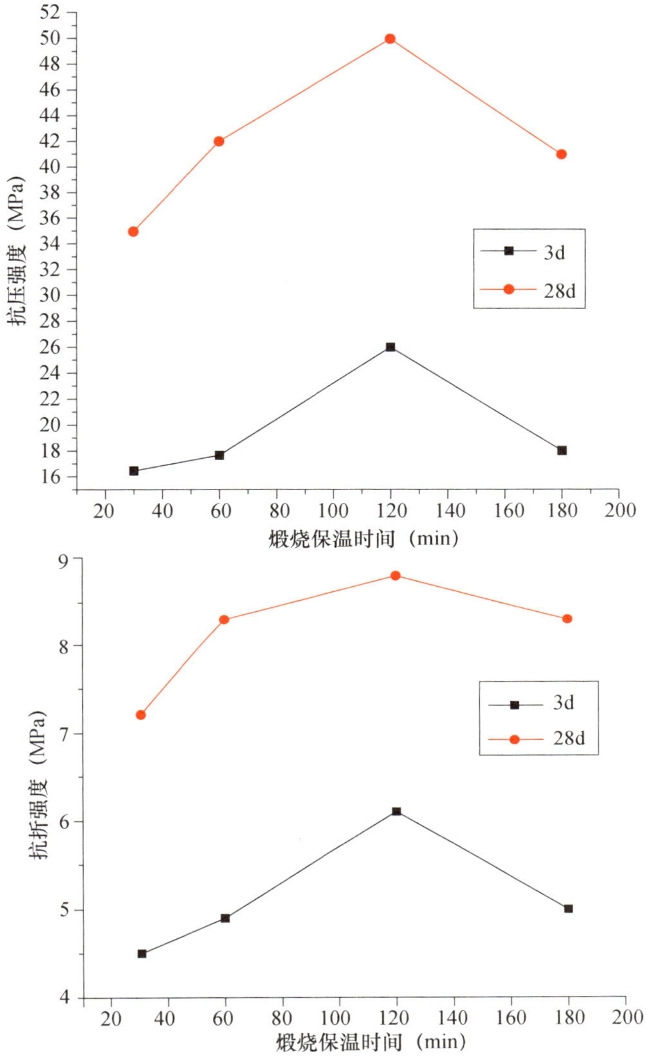

图 7-17　保温时间对煤矸石抗折强度、抗压强度影响

分析试验数据可以看出，经过 120min 煅烧保温时间的煤矸石的活性最高。时间从 30min 延长到 60min，活性增长并不明显，而从 60min 延长到 120min 活性增长显著，当时间进一步延长到 180min 时活性下降到 60min 的水平。试验中采用马弗炉煅烧，所以时间相对较长，实际工业生产时需要的煅烧时间可能远远短于这个时间，但是这个研究对实验室制备性能优良的掺合料具有很好的指导意义。

4. 添加煅烧辅助材料的研究

从煤矸石的化学组成可以看出，煤矸石的 CaO 含量很低。据文献调研可知，煤矸石中加入一定量的石灰石，煅烧分解出 CaO 和活性 SiO_2、Al_2O_3 生成具有水硬性的物质 $C_{12}A_7$ 和 C_2S，它们有利于煤矸石活性的改善。煅烧时掺入萤石、石膏做矿化剂与煤矸石一同煅烧，矿化剂可以降低反应物质间的键能，提高其化学活性，促进固相反应，加速 $CaCO_3$的分解，强化 SiO_2同 CaO 的反应能力。同时矿化剂还可以改变液相性质，降低液相的黏度和表面张力。

本试验尝试将磨细的石灰石和矿化剂直接与煤矸石混合后煅烧、磨细，而且考虑到煤矸石本身最佳的煅烧温度及可能生成的水硬性物质，煅烧温度控制为 850～1050℃并掺萤石和石膏做矿化剂，冷却后以 30%的掺量和熟料配比做强度试验，其结果见表 7-13。

表 7-13　增钙煅烧的配比及试验结果

温度（℃）	煅烧时添加石灰石（%）	配比（%）			抗折强度（MPa）		抗压强度（MPa）		28d 抗压强度比（%）
		熟料	石膏	煤矸石	3d	28d	3d	28d	
850	10	65	5	30	5.9	8.5	24.8	49.2	85.6
850	20	65	5	30	5.7	8.6	24.3	48.5	84.3
950	**10**	**65**	**5**	**30**	**5.7**	**8.5**	**22.3**	**51.7**	**90.0**
950	20	65	5	30	5.6	8.4	21.4	51.2	89.0
1050	10	65	5	30	5.4	8.3	20.9	50.9	88.5
1050	20	65	5	30	5.3	8.3	20.8	50.0	87.0

从表 7-13 可以看出，采用此方法增钙煅烧，其早期活性与普通煅烧相比几乎没有变化，而后期强度都有一定的提高，这对于煤矸石的大量利用具有较大的意义。进一步对增钙煅烧过程形成的矿物以及在水化过程中的作用进行研究，对该方法的实际使用是很有必要的。

5. 粉磨时间对煤矸石活性的影响

选取最有代表性的 900℃煅烧煤矸石样品进行试验，粉磨 10min、15min、25min、35min、45min 后测比表面积，并用激光粒度分析仪测试颗粒分布情况。粉磨时间变化引起的比表面积及活性的变化见表 7-14。

表 7-14　不同粉磨时间对活性的影响

煤矸石			熟料（%）	石膏（%）	抗折强度(MPa)		抗压强度(MPa)	
球磨时间（min）	比表面积（$m^2\cdot kg^{-1}$）	掺量（%）			3d	28d	3d	28d
10	406.8	30	65	5	4.9	7.8	20.1	40.6
15	**560.7**	**30**	**65**	**5**	**5.5**	**8.0**	**23.3**	**45.1**
25	721.6	30	65	5	5.5	8.0	25.6	48.4
35	767.5	30	65	5	5.6	8.2	25.9	50.0
45	780.6	30	65	5	6.0	8.3	27.3	54.0

分析表 7-14 可知，煅烧煤矸石比较容易磨，随着粉磨时间的延长，比表面积不断增大，煅烧磨细煤矸石的活性也不断增强。粉磨时间达到 25min 以后比表面积变化较小，这是因为颗粒达到一定的细度后粉磨的效率下降。综合考虑煤矸石活性结果和粉磨能耗，粉磨 15min，比表面积在 $500m^2/kg$ 左右时，可以满足实际使用对活性的要求。试验对经过不同时间粉磨的几个时间的样品挑选做激光粒度分析，粒度分布如图 7-18 所示。

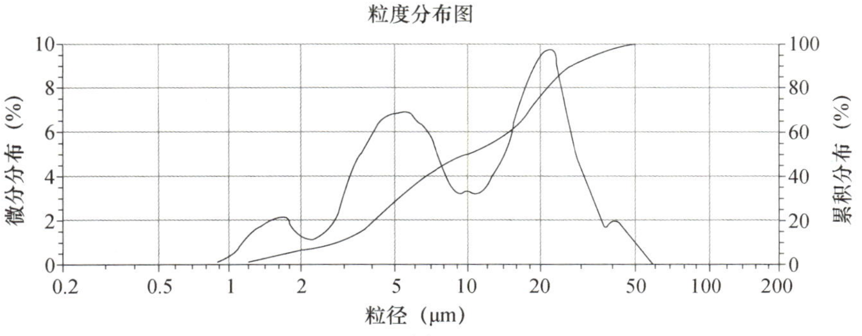

(a)

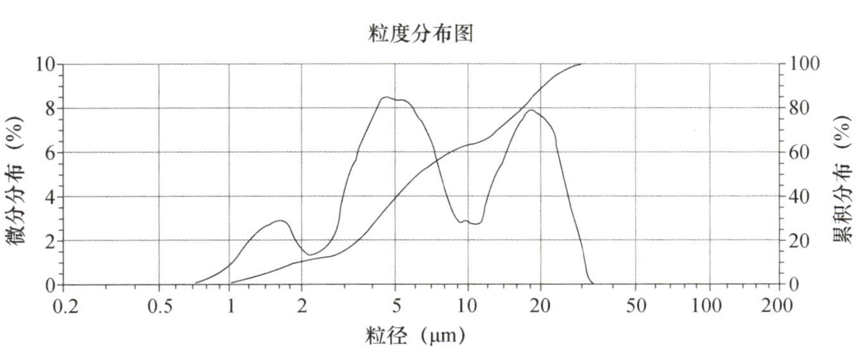

(b)

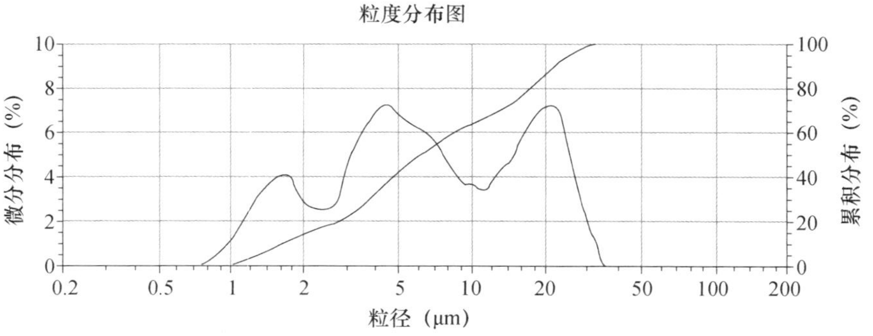

(c)

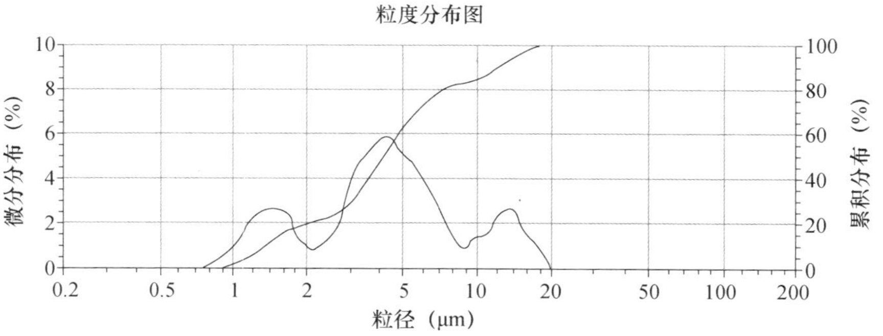

(d)

图 7-18　磨不同时间的煅烧煤矸石的颗粒分布

（a）磨 10min；（b）磨 15min；（c）磨 25min；（d）磨 45min

由图 7-18 分析得：磨 10min：颗粒分布在 0.85 ~ 52μm，小于 9.76μm 的颗粒占 50%，小于 20μm 的颗粒占 75%；粉磨 15min，颗粒分布在 0.67 ~ 31.3μm，小于 6.33μm 的颗粒占 50%，小于 14.95μm 的颗粒占 75%；与磨 15min 相比，磨 25min 的分布变化不大，颗粒略细；磨 45min，颗粒分布在 0.67 ~ 22.4μm 之间，小于 4.21μm 的颗粒占 50%，小于 6.46μm 的颗粒占 75%，小于 12.27μm 的颗粒占 90%。由以上数据分析可知，各个粉磨时间的最小粒径变化很小，最大粒径由 52μm 减小到 22.4μm，而其他粒径分布变化也较大，可以得出结论：煅烧煤矸石易磨，大部分颗粒磨到 10μm 以下需要的能耗不高，粉磨 15min 后，3 ~ 30μm 的活性颗粒占 90% 以上。

6. 与其他矿物掺合料的比较研究

在以上研究的基础上，将煤矸石分为两类煅烧方式：一类直接煅烧；另一类添加辅助材料煅烧，温度控制在 900℃，保温 2h，冷却后粉磨 15min，比表面积控制在 500m^2/kg。对几种矿物掺合料 30% 掺量下的物理力学性能作比较，见表 7-15。

表 7-15　几种矿物掺合料物理力学性能的比较

种类	密度（g·cm⁻³）	标准稠度需水量（mL）	凝结时间（min）	强度（MPa）				28d 抗压强度比（%）
			初凝/终凝	抗折		抗压		
				3d	28d	3d	28d	
水泥	3.15	135	110/150	6.5	9.0	29.6	57.5	100
M900℃	**2.52**	**144**	**135/165**	**5.8**	**8.6**	**23.0**	**50.3**	**87.5**
增钙 M	2.53	142	120/160	5.7	8.5	22.3	51.7	90.0
偏高岭土	2.55	140	125/170	5.2	8.3	18.8	49.2	85.6
粉煤灰	2.05	131	140/180	5.0	7.9	12.6	43.6	75.8
矿粉	2.74	138	120/160	5.2	8.2	18.8	59.4	103

煅烧磨细煤矸石的密度在 2.52g/cm³ 左右，标准稠度需水量相对于其他几种矿物掺合料来说略高，原因是煅烧使煤矸石结构疏松多孔，也正是这个原因，煅烧煤矸石易磨；掺入煅烧磨细煤矸石对凝结时间影响不大，随着掺量的增加，凝结时间会延长。图 7-19 所示是几种常用矿物掺合料 3d、28d 抗压强度的对比。可以看出煅烧煤矸石的抗压强度与矿渣比较接近。综合前面试验研究结论，从活性指数比较，实验室煅烧磨细煤矸石矿物掺合料的活性低于矿粉，但高于粉煤灰。

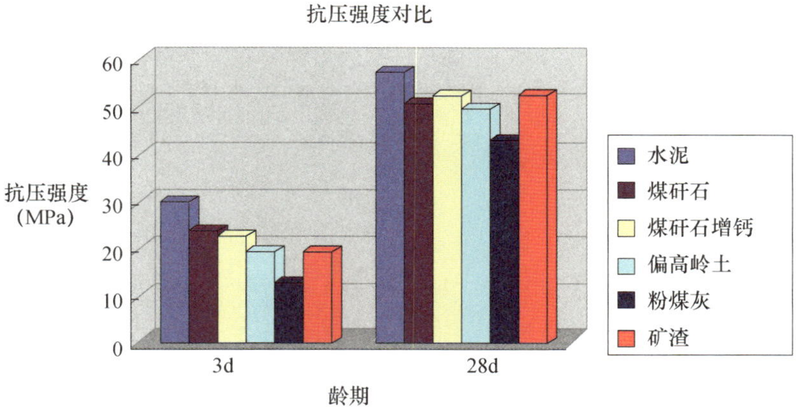

图 7-19　3d、28d 抗压强度

7.4.3　煤矸石水泥混凝土基本性能研究

参照《普通混凝土配合比设计规程》（JGJ 55—2011）及已有的文献技术资料，设计混凝土配合比。使用活化矸石粉做矿物掺合料，试验时采取替代水泥掺量变化从 10% 到 50%，根据混凝土工作性和力学性能选择最佳适用掺量。用水量和外加剂掺量参照普通混凝土配合比设计经验设计，试验时适当调整，保证达到最佳的工作性和和易性，研究混凝土工作性能和力学性能随活化矸石粉掺量变化的规律。试验采用全计算法设计配合比，同时配制常用的矿物掺合料混凝土，对比研究混凝土工作性和力学性能的差异，探讨总结活化矸石粉混凝土在预拌混凝土中的应用技术。

1. 高水胶比下单掺煤矸石做混凝土掺合料试验

试验水胶比设定为 0.49，将煤矸石以 10% ~50% 掺量取代水泥，调整外加剂用量，混凝土出机坍落度控制在（200 ±10）mm，其工作性能和力学性能见表 7-16。

表 7-16 高水胶比下单掺煤矸石粉混凝土工作性和力学性能

煤矸石掺量（%）	工作性能描述				
	外加剂掺量（%）	坍（扩）（mm）	含气量（%）	1h 后坍（扩）（mm）	和易性
0	0.95	195/460	3.7	100/240	和易性较好、坍损快
10	0.98	200/480	3.6	145/380	和易性好
20	**1.01**	**195/465**	**4.0**	**155/410**	**和易性好**
30	1.06	195/450	3.6	120/350	和易性较好
40	1.11	190/450	3.9	90/ -	和易性差，黏稠、坍损快
50	1.14	190/430	3.8	70/ -	干稠、坍损严重

掺量（%）＼龄期	抗压强度（MPa）					抗压强度比（%）		
	3d	7d	28d	60d	90d	3d	28d	90d
0	28.4	39.1	48.9	49.6	52.5	100.0	100.0	100.0
10	28.5	38.9	48.8	55.0	56.6	100.4	99.8	107.8
20	**26.4**	**38.7**	**50.4**	**52.4**	**57.7**	**93.0**	**103.1**	**109.9**
30	23.4	35.3	49.8	53.6	58.0	82.4	101.8	110.5
40	19.0	28.9	40.6	48.2	51.8	66.9	83.0	98.7
50	17.5	24.7	39.9	45.8	48.9	61.6	81.6	93.1

从表 7-16 可以看出，对于高水胶比下煤矸石混凝土，当固定水胶比，控制出机坍落度时，外加剂的掺量随煤矸石粉掺量的增加而增多，说明掺入煤矸石粉后，混凝土的需水量增加。当矸石粉掺量为 20% 时，混凝土含气量高，坍落度损失小，和易性最好，各龄期抗压强度也较高，与空白试验对比，3d 强度可达到空白试样的 93%，28d 强度可达到空白试样的 103%，90d 后抗压强度比可达到 110%。综合分析试验结果，由于活化煤矸石属于脱水产物，煅烧后煤矸石都呈疏松状态，结构

中微孔较多，内比表面积较大，需要更多的水润湿表面和填充孔隙，从而使混凝土的流动性变差，需水量增加。但另一方面，掺入活化煤矸石粉代替部分水泥后，细的颗粒填充于水泥粗颗粒之间空隙，使颗粒分布更加致密，排挤出空隙中的部分水分，润滑颗粒，同时微孔中所带入的空气可改善预拌混凝土中的含气量，有助于改善混凝土的流动性和坍落度损失。综合考虑下，两者相互作用的结果为当掺量为20% ~30%时，工作性的各项指标达到最优，和易性最好。由图7-20可以看出，煤矸石粉掺量在20%以下时，其早期的混凝土强度较高，甚至高于空白试样；煤矸石粉掺量在30%时，90d的抗压强度为纯水泥的110%。用煤矸石粉替代部分水泥后，早期煤矸石粉的细颗粒填充于水泥颗粒之间的空隙，使水泥的水化更加均匀，结构更加致密，同时水泥水化后的碱性环境又促进了煤矸石的水化，使得混凝土早期强度较高；水化后期，煤矸石粉的火山灰活性有了较大的发挥，因此90d后混凝土的强度仍有较大的增长。当掺量较大时，由于煤矸石粉对复合胶凝材料的负作用，即减缓水化进程，因此混凝土各龄期强度有所降低。综上所述，高水胶比下，混凝土中煤矸石粉的掺量为20% ~30%时，其工作性和各龄期力学性能最佳。

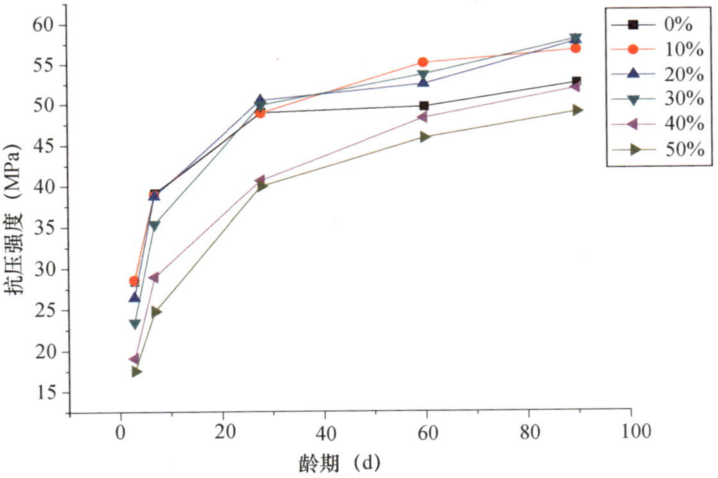

图7-20　高水胶比下单掺煤矸石混凝土力学性能变化

2. 低水胶比下单掺煤矸石做混凝土掺合料试验

试验水胶比设定为0.35，将煤矸石以10% ~50%掺量取代水泥，调整外加剂用量，混凝土出机坍落度控制在（200±10）mm，混凝土的工作性能和力学性能见表7-17。

表 7-17　低水胶比下单掺煤矸石粉混凝土工作性和力学性能

煤矸石掺量（%）	工作性描述				
	外加剂掺量（%）	坍（扩）（mm）	含气量（%）	1h 后坍（扩）（mm）	和易性
0	1.34	210/480	3.4	155/400	和易性较好
10	1.40	200/480	3.1	160/380	和易性好
20	**1.48**	**205/470**	**3.3**	**170/410**	**和易性好**
30	**1.54**	**210/490**	**3.6**	**180/420**	**和易性好**
40	1.56	190/460	2.7	140/330	和易性差，黏稠、坍损快
50	1.59	190/440	3.0	100/ -	干稠、坍损严重

龄期 / 掺量（%）	抗压强度（MPa）					抗压强度比（%）		
	3d	7d	28d	60d	90d	3d	28d	90d
0	49.9	61.5	76.1	78.2	79.5	100.0	100.0	100.0
10	47.6	63.1	74.4	78.9	85.6	95.4	97.8	107.7
20	**45.0**	**59.2**	**74.3**	**78.8**	**84.1**	**90.2**	**97.6**	**105.8**
30	37.1	53.6	67.2	74.0	76.6	74.3	88.3	96.4
40	32.9	48.3	62.8	70.2	75.9	65.9	82.5	95.5
50	27.9	40.9	57.1	63.4	69.2	55.9	75.0	87.0

从表 7-17 可以看出，低水胶比下煤矸石混凝土，控制出机坍落度时，外加剂的掺量随矸石粉掺量的增加而增多。当煤矸石掺量为 20% ~30% 时，混凝土和易性较好。掺量继续增加，混凝土需水量加大，和易性变差，变得干稠，具体为外加剂用量增多，1h 后的坍落度损失严重，混凝土成型能力较差，抗压强度低。这与高水胶比下煤矸石混凝土的性能是一致的。由图 7-21 可以看出，低水胶比下煤矸石混凝土的强度增长规律与高水胶比下是一致的，不同之处在于为获得较好的力学性能，矸石粉的掺量应适当降低。这是因为混凝土的强度依赖于活性胶凝材料的水化的程度。当煤矸石粉加入后，其水化速度较水泥缓慢，混凝土整体强度较低，并且随煤矸石粉掺量的增加其强度下降。在该试验所定水胶比下，煤矸石粉的最佳掺量为 20%，3d 抗压强度达到空白试样的 90%，28d 抗压强度达到空白试样的 97%，90d 混凝土抗压强度比为纯水泥的 105.8%。

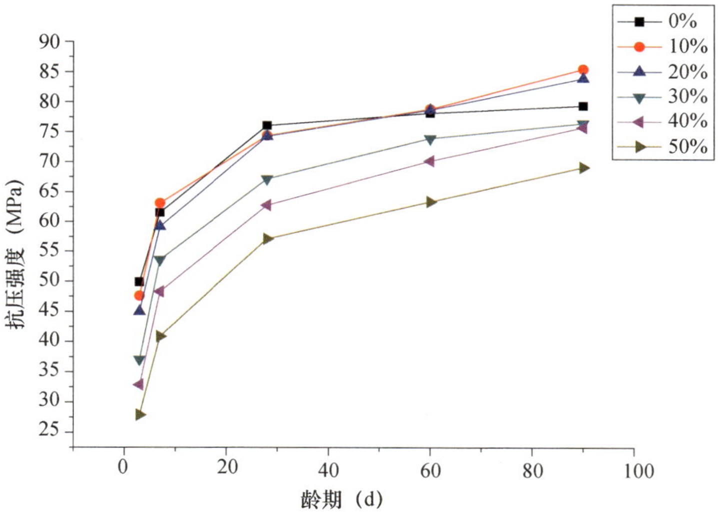

图 7-21　低水胶比下单掺煤矸石混凝土力学性能变化

3. 不同水胶比下同掺量煤矸石做混凝土掺合料试验

试验固定煤矸石掺量 30%，水胶比为 0.30 ~ 0.60 范围内变化，配制的混凝土配合比以及其工作性能和力学性能见表 7-18。

表 7-18　不同水胶比下单掺煤矸石粉 30% 混凝土工作性和力学性能

强度等级	水胶比（%）	外加剂掺量（%）	坍（扩）（mm）	抗压强度				
				3d	7d	28d	60d	90d
C20	0.60	0.92	210/500	16.8	24.0	32.0	38.8	41.5
C30	0.49	1.06	195/450	23.4	35.3	49.8	53.6	58.0
C40	0.40	1.38	200/490	31.2	43.0	53.6	64.9	68.5
C50	0.35	1.54	210/490	37.1	53.6	67.2	74.0	76.6
C60	0.30	1.75	200/480	47.2	64.2	82.1	87.8	90.2

由以上数据可以看出，如图 7-22 所示，单掺 30% 煤矸石粉时，不同水胶比下混凝土各龄期的强度发展规律是一致的，只是由于煤矸石需水量较大，同等和易性下，高强度的混凝土所用减水剂的量也随之增多。由各龄期混凝土强度可以看出，采用 42.5 级的普通水泥和 30% 的煤矸石粉复合，可以配制出 C20 ~ C60 强度等级混凝土，这表明煤矸石掺合料在商品混凝土搅拌站应用有较好的经济前景。

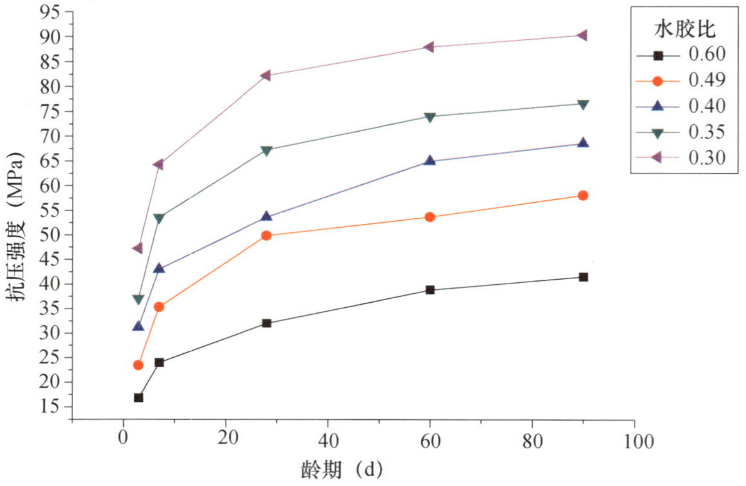

图 7-22　不同水胶比下单掺煤矸石 30% 混凝土力学性能变化

7.4.4　煤矸石水泥混凝土耐久性研究

混凝土耐久性是评价混凝土结构稳定性和使用年限的指标。现阶段的混凝土耐久性设计中，混凝土耐久性评价指标的确定，主要根据环境对混凝土侵蚀作用机理的不同，选用不同的指标，并采用相应的快速试验方法确定。影响混凝土耐久性主要有外界环境和混凝土材料及外加剂等因素，影响方式主要有干缩开裂、钢筋锈蚀、碳化影响、硫酸盐侵蚀、冻融循环和碱集料反应等。

1. 抗氯离子渗透性能

人们曾采用混凝土抗压力水渗透能力表征混凝土的渗透性，试验方法包括抗渗强度等级法和渗透系数法。但实践证明，对于强度等级超过 C30 的混凝土，该方法很难表征其渗透性能。由于侵蚀性离子在混凝土中的传输严重影响着混凝土的耐久性，因此，混凝土的渗透性可以通过混凝土的抗氯离子性能来评价。

本试验采用电通量法来表征氯离子渗透的能力。试验参考 ASTM C1202—2017 标准，混凝土中掺入 20%、30%、40% 的活性煤矸石粉做辅助胶凝材料，水胶比设定为 0.49 和 0.35，对比空白试验制备混凝土试块。在规定的龄期到达时，对制备的试块进行切割处理，制成 100mm × 100mm × 50mm 的立方体。试验前对试块进行真空饱水处理，试验时在试件轴向加 60V 直流电压，试件的正负极两侧的试验槽内分别放置浓度为 0.3mol/L 的 NaOH 溶液和 30g/L 的 NaCl 溶液，记录 6h

内通过试件的总电量 Q 值，即为通过试件的电通量（单位库仑，C）。其评价标准见表 7-19，试验结果见表 7-20 及图 7-23。

表 7-19 基于电通量的混凝土氯离子渗透能力等级划分

电通量（C）	氯离子渗透能力
> 4000	高
2000 ~ 4000	中等
1000 ~ 2000	低
100 ~ 1000	很低
< 100	可忽略

表 7-20 掺煤矸石粉混凝土电通量

电通量（C） 煤矸石粉掺量（%）	水灰比 0.49		水灰比 0.35	
	28d	60d	28d	60d
0	2955	1387	2689	1094
20	2912	964	2341	839
30	2811	755	1881	632
40	2897	689	2208	646

由图 7-23 数据分析，混凝土电通量与水胶比有关，水胶比越低，相同状态下混凝土的电通量值越小。同一水胶比下，掺煤矸石粉后混凝土的电通量各龄期明显低于空白试样，并且当掺量在 30% 时，其 28d 电通量值最低，这一点在低水灰比 0.35 下更为明显。这是因为掺入煤矸石粉后，由于煤矸石粉密度较低，颗粒较细，其等量替代水泥后，大量细小颗粒填充于水泥粒子之间的空隙中，减少了混凝土中的毛细孔径，优化了混凝土的结构，使混凝土更加密实，抗渗能力提高，因此电通量值降低；再者，煤矸石的掺入量对混凝土结构密实性有最优化的时期，由于煤矸石粉的早期活性较水泥要低，水化 28d 时，煤矸石粉的凝胶性能还未完全实现，导致随矸石粉掺入量的增加，混凝土电通量值呈现先减后增的趋势，煤矸石粉掺量在 30% 时，通过混凝土库仑电量最小，其抗氯离子渗透能力最好。60d 后，由于煤矸石粉后期的二次火山灰作用，使得混凝土水化更加完全，结构更加致密，其抗渗能力也得到大幅的提高，加入煤矸石粉后电通量值均在 1000C 以下，此时氯离子渗透能力已经很低。

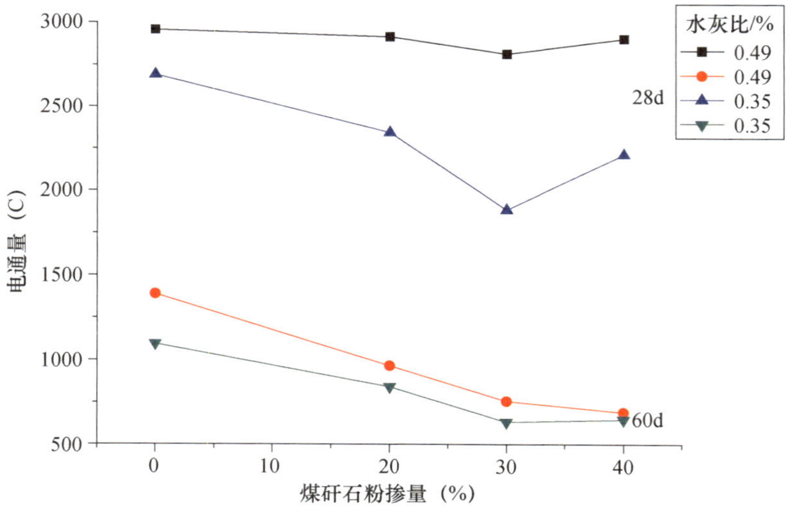

图 7-23　掺煤矸石粉后对混凝土电通量的影响

2. 抗碳化性能

碳化引起的钢筋锈蚀发生在一般大气环境中，锈蚀现象比较普遍。因此，混凝土的抗碳化性是混凝土耐久性的一项重要指标。混凝土抗碳化性能的评价指标主要为碳化深度。试验依据《普通混凝土长期性能和耐久性能试验方法》（GB/T 50081—2019）标准进行碳化试验，试样成型 100mm × 100mm × 100mm 的立方体，标准养护 28d 后，放入 CO_2 浓度（20 ± 3）%、温度为（20 ± 5）%、相对湿度为（70 ± 3）% 的碳化箱内进行快速碳化试验，碳化龄期分别为 7d、14d、28d。待每个试验周期结束后劈开试块测量其碳化深度。试验结果见表 7-21、图 7-24、图 7-25。

表 7-21　混凝土碳化深度试验数据

龄期（d）	碳化深度（mm）							
	C30：矸石粉掺量（%）				C50：矸石粉掺量（%）			
	0	20	30	40	0	20	30	40
0	0	0	0	0	0	0	0	0
7	6.8	6.7	7.8	9.5	2.5	2.6	3.5	4.0
14	8.6	8.2	10.0	12.7	3.6	3.2	5.0	6.2
28	13.4	12.4	14.0	18.0	5.2	5.0	6.9	7.8

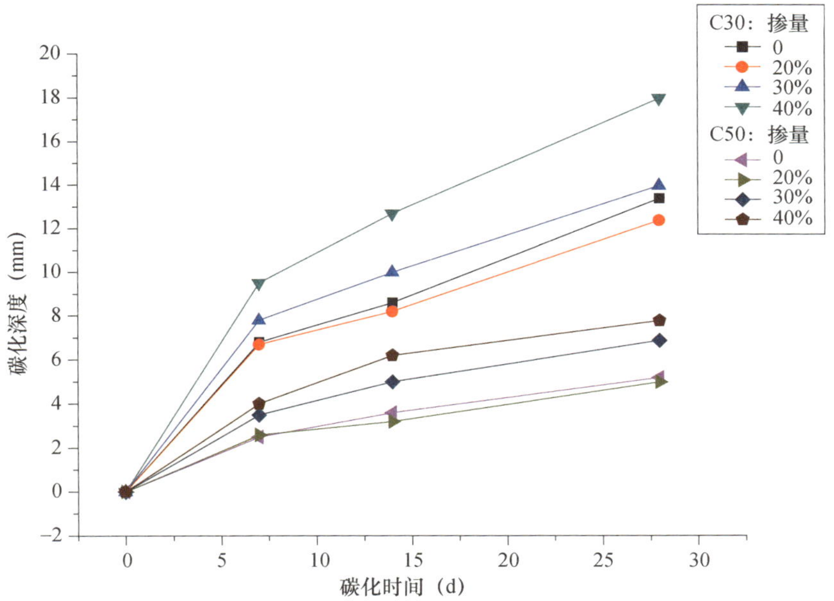

图 7-24　碳化深度曲线图

图 7-25　C30（左）、C50（右）28d 碳化

由碳化数据分析，混凝土的碳化深度随水胶比的增大而增大，碳化深度和混凝土的强度发展成一定的负相关性。这是因为水胶比较大时，混凝土的毛细孔隙率较高，大孔较多，CO_2扩散入混凝土内部的速率较快，与水泥水化后产生的 $Ca(OH)_2$反应加快，从而碳化较快，碳化深度增加。两种不同水胶比下的煤矸石混凝土碳化曲线趋势相同。加入煤矸石后，对混凝土的碳化改善作用不大，并且随着其掺量的增加，同等碳化时间内混凝土的碳化深度大于空白试验。当煤矸石掺量在 20% 时，对混凝土的碳化略有改善。这是因为煤矸石掺入量较少时，可以减少混凝土中的毛细孔隙，改善混凝土的孔隙结构，使其更加密实，如此降低了

CO_2在混凝土中的扩散速度，从而增强混凝土抗 CO_2的侵蚀能力。但随着煤矸石掺量的增加，混凝土中水泥量相对减少，水化生成的 Ca（OH）$_2$也减少，而煤矸石水化过程中还要消耗一定的 Ca（OH）$_2$，从而使混凝土整体的碱度降低，抗 CO_2的侵蚀能力变差。由 C50 混凝土 28d 碳化深度数据可知，混凝土强度高于 50MPa，煤矸石掺量低于 40%时，其碳化深度均小于 8mm。根据快速碳化试验 28d 碳化深度相当于 50 年自然碳化深度进行计算，当混凝土保护层为 15mm 时，混凝土碳化达到钢筋表面的时间大于 100 年。因此，碳化取决于混凝土的强度，高于 C40 以上强度等级的混凝土，掺入煤矸石后，可以不考虑其对混凝土碳化作用的影响。

3. 干缩性能

影响混凝土耐久性的一个重要因素就是混凝土的开裂问题。造成混凝土结构产生裂缝的原因有很多，其中一个重要原因就是混凝土材料的收缩。掺加矿物掺合料可以减少水泥用量并延缓混凝土水化放热，是预防混凝土收缩开裂的一个重要手段。因此，以下具体研究掺入煤矸石矿物掺合料后混凝土的干缩性能变化，其试验数据见表 7-22。

表 7-22 混凝土干缩变形性能试验数据

强度等级	龄期（d） 掺合料（%）	混凝土干缩变形率 $\times 10^{-4}$								
		1d	3d	7d	14d	28d	60d	90d	120d	180d
C30	0	-0.12	-0.85	-1.56	-2.28	-3.06	-3.48	-3.88	-4.05	-4.35
	M（煤矸石）10%	-0.13	-0.98	-1.64	-2.37	-3.15	-3.56	-3.94	-4.13	-4.21
	M20%	**-0.28**	**-0.72**	**-1.42**	**-2.32**	**-2.95**	**-3.31**	**-3.78**	**-3.92**	**-4.05**
	M30%	-0.45	-1.12	-1.72	-2.41	-3.21	-3.60	-4.05	-4.21	-4.30
	M40%	-0.69	-1.18	-1.81	-2.51	-3.32	-3.72	-4.18	-4.32	-4.48
	FA20%	-0.18	-0.68	-1.28	-1.96	-2.62	-3.12	-3.46	-3.65	-3.82
	FA40%	-0.12	-0.56	-1.05	-1.64	-2.38	-2.95	-3.31	-3.52	-3.64
	SL20%	-0.48	-1.15	-1.79	-2.58	-3.15	-3.42	-3.64	-3.88	-4.02
	SL40%	-0.86	-1.24	-2.18	-2.83	-3.20	-3.50	-3.79	-4.01	-4.20
	M20%+FA20%	**-0.15**	**-0.60**	**-1.15**	**-1.72**	**-2.44**	**-3.12**	**-3.48**	**-3.65**	**-3.76**
	M20%+SL20%	-0.76	-1.20	-1.99	-2.68	-3.38	-3.75	-4.23	-4.39	-4.65

续表

强度等级	掺合料（%）＼龄期（d）	混凝土干缩变形率 $\times10^{-4}$								
		1d	3d	7d	14d	28d	60d	90d	120d	180d
C50	0	-0.95	-1.24	-1.85	-2.67	-3.75	-4.62	-4.89	-5.08	-5.21
	M（煤矸石）10%	-0.75	-1.45	-1.92	-2.62	-3.58	-4.47	-4.62	-4.83	-5.15
	M20%	**-0.70**	**-1.28**	**-1.64**	**-2.51**	**-3.45**	**-4.27**	**-4.58**	**-4.72**	**-4.81**
	M30%	-1.01	-1.32	-1.75	-2.63	-3.66	-4.53	-4.75	-4.89	-5.02
	M40%	-0.87	-1.48	-1.96	-2.75	-3.71	-4.58	-4.86	-5.12	-5.38
	FA20%	-0.46	-1.03	-1.48	-2.44	-3.35	-3.77	-3.97	-4.19	-4.42
	FA40%	-0.38	-0.85	-1.42	-2.32	-3.15	-3.63	-3.84	-4.02	-4.25
	SL20%	-0.69	-1.56	-2.32	-3.08	-3.72	-4.41	-4.60	-4.85	-5.09
	SL40%	-1.02	-1.95	-2.58	-3.33	-3.92	-4.64	-4.82	-4.97	-5.18
	M20%+FA20%	**-0.52**	**-1.16**	**-1.62**	**-2.51**	**-3.30**	**-3.85**	**-4.21**	**-4.45**	**-4.59**
	M20%+SL20%	-0.92	-1.86	-2.55	-3.42	-3.98	-4.59	-4.79	-4.87	-5.10

由干缩变形的试验数据分析，混凝土干缩变形与胶凝材料的用量有关，即随混凝土强度等级的增高，混凝土的干缩变形也增大。这是因为干缩主要是水泥的水化和混凝土内部水分的蒸发而产生的收缩变形，强度等级越高，水泥的用量越多，其水化反应产生的变形相对较大，因此收缩也增大。表7-22中C30混凝土28d收缩变形率为$-3.06/10^4$，180d收缩变形率为$-4.35/10^4$；C50混凝土28d收缩变形率为$-3.75/10^4$，180d收缩变形率为$-5.21/10^4$；掺入煤矸石后，同龄期下，两个强度等级的混凝土的干缩率变化规律相同，即随煤矸石掺量的增多，干缩率呈现先减小后增大的趋势。当单掺煤矸石掺量在20%时，C30混凝土28d收缩率为$-2.95/10^4$，180d收缩率为$-4.05/10^4$；C50混凝土28d收缩率为$-3.45/10^4$，180d收缩率为$-4.81/10^4$，收缩率最小。造成这种结果的原因可能是煤矸石等量取代水泥后，煤矸石早期反应活性较水泥的低，混凝土内部失水主要是水泥水化消耗水，因水泥量相应减少，收缩变小；但当掺量较多时，混凝土中大部分的水分未参与反应，处于自由状态，易蒸发失水，呈现为混凝土中随煤矸石掺量的增加，自由水量增大，蒸发失水严重，收缩率增大。因此存在一个煤矸石最佳掺量值，使得混凝土的收缩相对较低。

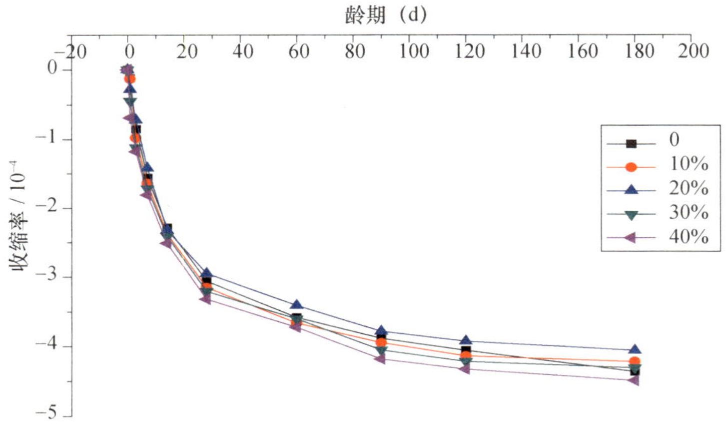

图 7-26　C30 掺煤矸石混凝土干缩曲线图

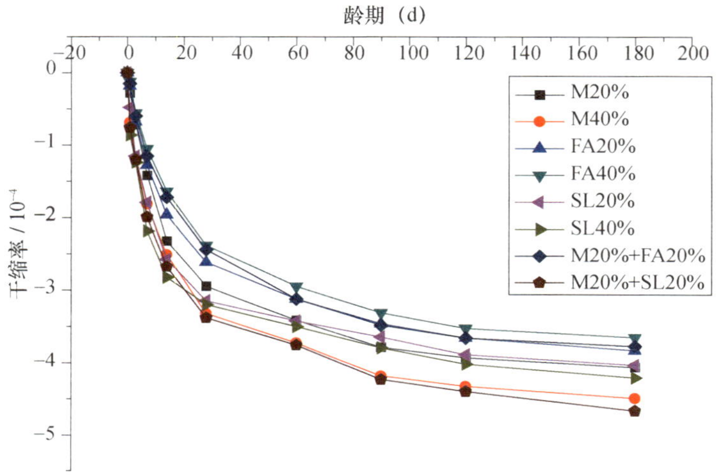

图 7-27　C30 煤矸石、粉煤灰、矿粉和复掺混凝土干缩曲线对比图

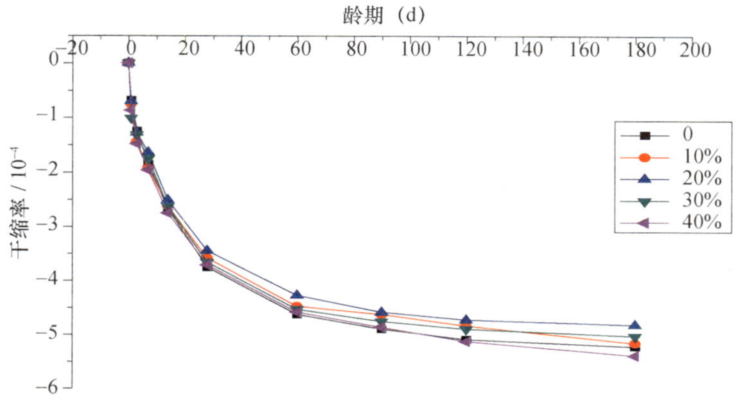

图 7-28　C50 掺煤矸石混凝土干缩曲线图

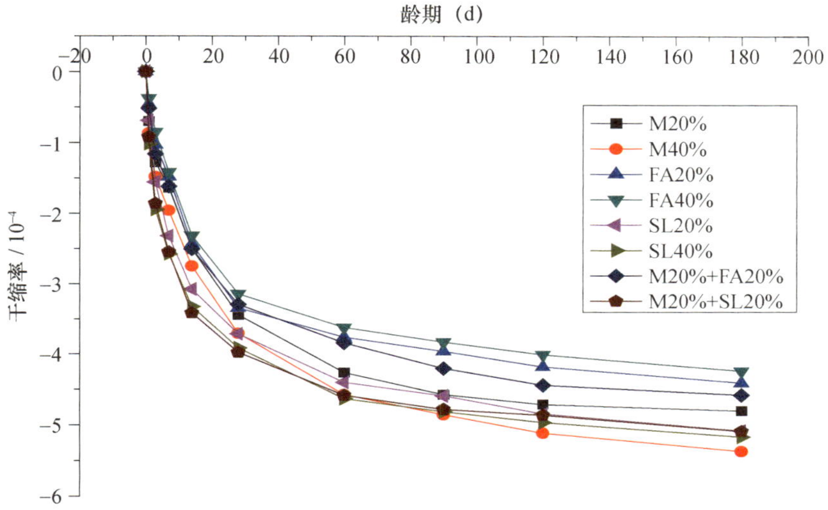

图 7-29 C50 煤矸石、粉煤灰、矿粉和复掺混凝土干缩曲线对比图

由图 7-26 和图 7-29 分析可知，分别掺入煤矸石、粉煤灰、矿粉后，混凝土的收缩规律为粉煤灰最小，矿粉次之，煤矸石最大，但合适掺量下均较空白试验的小。矸石粉与粉煤灰或矿粉在总量 40% 下按 1 ∶ 1 比例双掺，混凝土的收缩明显较单掺的小，其中，煤矸石与粉煤灰复掺收缩最小。这与各掺合料的活性有关。粉煤灰早期活性较矿粉、煤矸石的低，其火山灰活性需要水泥水化的产物才能激发，因此对体系的水化有抑制作用，从而也抑制了混凝土的收缩。后期由于火山灰反应，密实了混凝土内部孔隙，提高了干燥条件下混凝土中水分迁移的难度，从而降低了混凝土的收缩率；矿粉活性较高，前期参与水化并促进水泥水化，从而加快了混凝土中水分的消耗速率，因此其混凝土的收缩高于粉煤灰；而煤矸石由于煅烧后内孔较多，早期其内部水分的散失会造成混凝土干缩增大，而随着煤矸石火山灰反应的逐渐进行，混凝土中内部孔结构被细化，降低了孔隙的连通性，降低了混凝土的干缩，在这两者的作用下，造成煤矸石混凝土的干缩较大，但低于空白试样。复掺时，煤矸石与粉煤灰的各自性能叠加，使得干缩率降低，混凝土性能较好。

4. 成果效益

利用本项目的科研成果“煤矸石活化制备混凝土矿物掺合料”，北京南窖新源科技开发有限公司已成功建成一条年处理软质煤矸石 10 万 t、年生产煤矸石矿物掺合料 6 万 t 的示范生产线，不计税收优惠政策，公司年收益 100 万元以上。煤矸石矿物掺合料生产示范线的建成投产，是北京市实施循环经济的具体体现，不仅在治理固废污染、改善现有生态环境、发展循环经济方面做出贡献，而且解决了房山区煤矿关闭后农民的就业问题，对发展煤矿开采业的替代产业，发展农村经济发挥着重要作用。

本项目成功实施后，山西平朔煤矸石发电有限责任公司已成功建成一条年产 60 万 t 煤矸石综合利用水泥粉磨站生产线，不计算矸石热量用于发电、供热的效益，按每吨水泥 300 元计，则公司煤矸石水泥年收益为 1. 8 亿元。水泥中煤矸石灰渣占 50% 以上，除去成本，则公司年创利润 5000 万元以上。

8 煤矸石制备集料及在沥青混凝土中的应用

8.1 煤矸石集料的制备

煤矸石集料包括煤矸石用作混凝土普通集料与煤矸石轻集料，煤矸石轻集料包括煅烧煤矸石轻集料和自燃煤矸石轻集料。我国堆存的煤矸石中有40%左右适合于烧制轻集料，以煤矸石为主要原料，经烧制而成的轻集料称为煅烧煤矸石轻集料。过火的煤矸石经筛分后，可直接得到轻集料，我国有10%左右的过火煤矸石经破碎筛分即可直接制得轻集料，这种轻集料称为自燃煤矸石轻集料。自燃煤矸石作为一种轻集料，以其质量好、储量大、开采容易、价格低的特点，在轻集料家族中占有一席之地。如果能将煤矸石制备成轻集料，不仅能够为实现混凝土轻质、高强、保温等提供技术途径，还可减少占用可耕农田的面积，降低废弃物对环境的污染，具有可观的经济效益和巨大的社会效益[134]。

8.1.1 煤矸石轻集料

（1）煤矸石轻集料对煤矸石的技术要求。煅烧煤矸石轻集料由碳质泥岩或泥岩类煤矸石经破碎、粉磨、成球、烧胀、筛分而成。在烧制轻集料时，煤矸石中的 SiO_2 含量在55%～65%、Al_2O_3 含量在13%～23%为佳。对于易溶组分，CaO 与 MgO 的总含量宜在1%～8%，Na_2O 加上 K_2O 的总量宜为2.5%～5%。Fe_2O_3 和 C 是煤矸石中的主要膨胀剂，前者含量宜为4%～9%，后者含量宜在2%左右。含碳量过高时，可采用洗选的方法脱碳，或配入不含或少含碳的煤矸石降低碳含量，也可采用在颗粒膨胀前进行脱碳，烧掉多余的碳。

（2）煤矸石轻集料的制备原理。煤矸石制备轻集料的原理是由于煤矸石中含有各种金属氧化物、碳酸钙和硫铁矿等，它们在高温下分解溢出气体，使物料在塑性阶段产生膨胀，形成孔隙结构。由于煤矸石矿物成分的复杂性，煤矸石在制备轻集料的过程中，发生着复杂的化学和物理反应，在不同温度下的反应机制如下：

400～800℃，该温度范围内所发生的反应是有机物的挥发与碳酸镁的分解。有机物析出其挥发物和干馏产物，而在快速升温或缺氧条件下，有机物要完全氧化，温度就要接近于其软化温度。该温度范围内发生的反应如下：

$$C + O_2 = CO_2 \uparrow$$

$$2C + O_2 = 2CO \uparrow \text{（缺氧条件下）}$$

$$CO_2 + C = 2CO \uparrow \text{（缺氧条件下）}$$

$$MgCO_3 = MgO + CO_2 \uparrow \ (400 \sim 500℃)$$

800～1000℃，碳酸钙的分解以及硫化物的分解和氧化。黄铁矿的分解较为复杂，在氧化气氛和非完全氧化气氛中的反应机制不同。其反应方程式如下：

$$CaCO_3 = CaO + CO_2 \uparrow \ (850 \sim 950℃)$$

$$FeS_2\text{（黄铁矿）} = FeS + S \uparrow \text{（近 900℃）}$$

$$S + O_2 = SO_2 \uparrow$$

$$4FeS_2 + 11O_2 = 2Fe_2O_3 + 8SO_2 \uparrow \ [(1000 \pm 50)℃\text{，缺氧气氛下}]$$

$$2FeS + 3O_2 = 2FeO + 2SO_2 \uparrow$$

1000～1300℃，石膏的分解与重新反应，有机质和铁的氧化还原反应产生一些气体。该阶段被认为是促使具有一定黏度的煤矸石轻集料膨胀的主要原因，其反应方程式如下：

$$2Fe_2O_3 + C = 4FeO + CO_2 \uparrow$$

$$2Fe_2O_3 + 3C = 4Fe + 3CO_2 \uparrow$$

$$Fe_2O_3 + C = 2FeO + CO \uparrow$$

$$Fe_2O_3 + 3C = 2Fe + 3CO \uparrow$$

（3）煤矸石轻集料生产工艺技术要求。煤矸石烧制的方法有两种，即成球法与非成球法。成球法是将煤矸石破碎、粉磨后制成球状颗粒，将球状颗粒送入回转窑，预热后进入脱碳阶段，料球内的碳开始燃烧，继之进入膨胀段。此后经冷却、筛分成具有规定粒度分布的集料，其松散密度一般在 1000kg/m^{3}左右。非成球法是指将煤矸石破碎到 5～10mm 的颗粒，铺在烧结机炉排上，当煤矸石点燃后，料层中部温度可达 1200℃，底层温度低于 350℃。未燃的煤矸石经筛分分离，再返回重新烧结，烧结好的轻集料经喷水冷却、破碎、筛分成具有规定粒度分布的集料，其密度一般在 800kg/m^{3}左右。与非成球法相比，成球法具有以下优点：①筒压强度高达 1～2MPa，其原因是成球法制备过程中原料经混合搅拌后，各种成分分布均匀，煅烧后无明显的强度缺陷方向，成球法样品一般为规则的球形，通常情况下圆球体抗压强度要高于其他几何形体；②内部结构均匀，气孔分布无明显的方向性。而非成球法样品沿层理方向膨胀较大，使得气孔沿层理方向定向分布。

煤矸石轻集料的生产工艺流程如图 8-1 所示，首先将各种原料破碎、粉磨后，按比例送入搅拌机混合搅拌，混合均匀的原料由输送机送至成球机的转盘中加水滚动成球。采用振动筛将半成品中掺杂的碎粒和煤矸石筛选分离，将球状颗粒送至窑箱中，借助煤矸石中的碳，使其自燃焙烧成轻集料，并起到节约燃煤的作用。

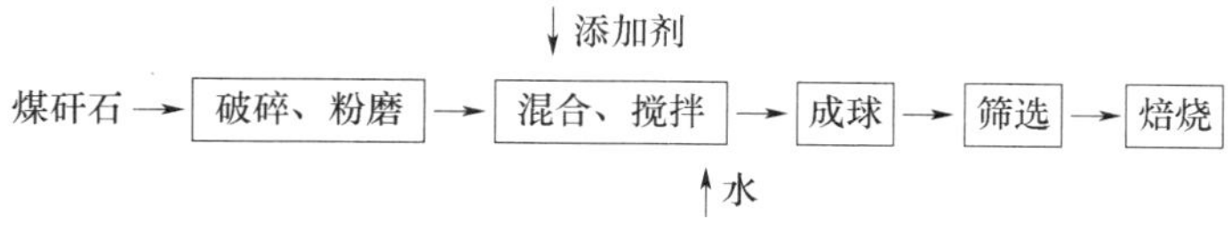

图 8-1　煤矸石轻集料生产工艺

①煤矸石的破碎可直接使用颚式破碎机，对破碎后的煤矸石进行过筛，取粒径为 5～10mm 的样品。

②焙烧烧胀是煤矸石轻集料生产过程中最为重要的环节。煤矸石轻集料的形成机理和黏土轻集料基本相同，在焙烧时煤矸石中矿物主要经历两种物理与化学反应过程。煤矸石在高温作用下，类似煤矸石砖焙烧，煤矸石各种成分相互发生反应，矸石软化、熔融，具有一定黏度，在外力作用下可以流动变形。煤矸石在高温作用下产生足够的气体，在气体压力作用下，使具有一定黏度的软化熔融矸石发生膨胀，形成多孔结构。煤矸石经焙烧而引起膨胀，必须同时具备两个条件：一是在高温下形成具有一定黏度的熔融物，即在一定应力下会产生变形；二是当物料达到一定黏稠状态时，产生足够气体。煤矸石成分各异，其膨胀温度也有所差异，膨胀温度范围一般为 1150～1300℃，其最佳煅烧温度范围应由试验确定。

煤矸石中加热能产生气体的因素有很多，如有机物、碳酸盐、硫化物、铁氧化物和某些矿物的结晶水等。这几种物质在不同温度下产生气体的剧烈程度各有不同，因此，在不同温度范围内，气体是由哪一种或哪几种物质产生的，也不尽相同。

与黏土、页岩轻集料相比，煤矸石轻集料的膨化既有相同之处，又有很大差别。普通轻集料从入窑到出窑，一般为 25～40min，在这样短的时间内煤矸石轻集料内部的碳难以完全除尽，残留的碳非常难熔，致使轻集料内部黏度过高，表面因碳氧化而残碳少，黏度较低，只在熔化好的表面薄层中产生少量气孔，内部密实、黑心、无气孔。如提高温度使内部黏度降低，则表面过度熔化，容易粘结成大块，甚至粘附于窑内壁上。为了解决上述问题，煤矸石轻集料在焙烧过程中必须有“除碳”这个环节。在除碳过程中要考虑三个因素：①除碳温度，温度越高，除碳越迅速；②氧过剩系数，氧过剩系数越大，除碳越快；③除碳时间，时间越长，除碳越彻底。除此以外，轻集料内外残碳差异不能过大，均匀除碳有利于膨化出密度更低、微孔结构更均匀的轻集料。

（4）自燃煤矸石轻集料技术要求。自燃煤矸石轻集料是指粒径大于5mm、堆积密度不高于1100kg/m^{3}的自燃煤矸石。按其堆积密度分为900、1000和1100三级；按其最大粒径分为10mm、20mm、30mm和40mm四级；按其质量指标分为一等品（B）和合格品（C）两级。粗轻集料的颗粒级配应符合表8-1的要求，其中对5～10mm粒级的$1/2D_{max}$累计筛余不做规定。平均粒型系数不应大于2.0，其中粒型系数大于2.5的颗粒的含量一等品应低于10%，合格品应低于20%；轻粗集料的抗压强度应符合表8-2的要求。与耐久性有关的指标有吸水率、软化系数、安定性、坚固性与有害物质含量等，具体要求：吸水率应不大于10%，软化系数应不小于0.8，用煮沸法检验粗轻集料的安定性，其质量损失应不大于5%，用硫酸钠溶液法测定，经5次干湿循环后的质量损失应不大于5%，自燃煤矸石轻集料的有害物质含量应满足表8-3的要求。

表8-1　自燃煤矸石轻粗集料粒度分布

筛孔尺寸	D_{min}	$1/2D_{max}$	D_{max}	$2D_{max}$
累计筛余（质量分数,%）	≥90	40～60	≤10	0

表8-2　自燃煤矸石轻粗集料的抗压强度（MPa）

密度等级	一等品	合格品
900	≥3.5	≥3.0
1000	≥4.0	≥3.5
1100	≥4.5	≥4.0

表8-3　自燃煤矸石轻集料的有害物质含量

项目名称	硫酸盐含量（按SO_3计）	烧失量	含泥量
指标（%）	≤1.0	≤5	≤3

注：用于非配筋混凝土时，SO_3含量为1.5%。

粒径小于5mm、堆积密度不高于1200kg/m^{3}的自燃煤矸石称为自燃煤矸石轻细集料。按其堆积密度分为1100和1200两级，其中1100级的堆积密度不高于1100kg/m^3，1200级的堆积密度为1100～1200kg/m^3。自燃煤矸石轻细集料的颗粒级配应符合表8-4。自燃煤矸石轻细集料有害物质含量如同自燃煤矸石轻集料，见表8-3，控制指标包括硫酸盐含量、烧失量和含泥量。

表8-4 自燃煤矸石轻细集料的颗粒级配

筛孔尺寸（mm）	累计筛余（质量分数,%）		
	粗砂	中砂	细砂
10.0	0	0	0
5.00	0~10	0~10	0~5
0.63	50~80	30~70	15~60
0.16	>85	>75	>65

8.1.2 煤矸石用作普通混凝土集料

除了用煤矸石制备轻集料混凝土外，煤矸石也可以直接用于配制低强度等级的普通混凝土。虽然煤矸石集料的强度低于普通集料（碎石、卵石），但是由于混凝土拌合物搅拌时，煤矸石的孔隙具有吸水作用，造成煤矸石颗粒表面的局部低水胶比，增加了矸石集料表面附近水泥石的密实性，同时因为煤矸石颗粒表面粗糙且具有微孔，提高了煤矸石与水泥石的粘黏力，这样在煤矸石的周围就形成了坚硬的水泥石外壳，约束了集料的横向变形，使得煤矸石在混凝土中处于三向受力状态，从而提高了煤矸石混凝土的极限强度，使得煤矸石混凝土的强度与普通混凝土的强度接近。

本课题组就鹤壁市掘进煤矸石进行了探索性实验，分别采取天然砂、煤矸石砂、天然石子、煤矸石石子四种集料进行C30混凝土试验，测试其抗压强度（图8-2）。可知，煤矸石砂和煤矸石石子制备的C30混凝土强度良好，几乎均优于天然砂和天然石，且经水洗后的煤矸石子效果更佳。

华侨大学曾进行煤矸石用作混凝土集料的研究，并对煤矸石混凝土集料的设计方法和计算公式提出建议。对垫层一类次要或临时建筑物，可直接使用煤矸石作为粗集料；对于一般新建筑可将煤矸石筛选以减少针、片状颗粒，或选用砂岩煤矸石作为粗集料；对于重要建筑物，暂不使用煤矸石集料。砂质煤矸石中含有大量石英，造成煤矸石易磨性差，降低煤矸石的胶凝性能。也可对砂质煤矸石进行分级，分选出来的大颗粒是粒级分配合理的细集料，可以代替砂用作细集料，而煤矸石中去除砂的部分可以作为胶凝材料的原料[135]。

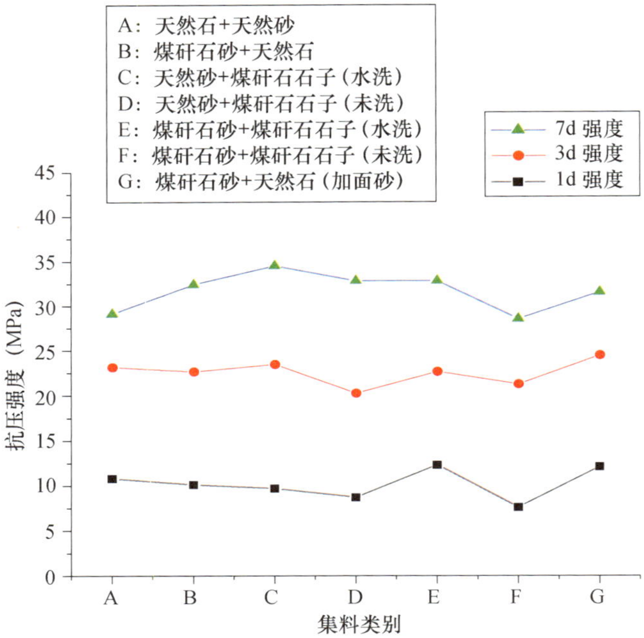

图 8-2　C30 不同集料混凝土强度对比

用山西省汾西矿务局高阳煤矿煤矸石开展煤矸石混凝土的研究，对 C15、C20 和 C25 三个强度等级的混凝土进行配合比试验，坍落度控制在 3～5cm，试件经过标准养护 28d 后，相应的强度分别为 24.1MPa、33.4MPa 和 40.3MPa，其强度比预计值高得多。采用慢冻法（历时一个月）进行煤矸石的抗冻试验，试验结果表明，冻融 50 次后，混凝土试件整齐完好，无破损，质量损失仅为 0.77%，远小于《普通混凝土长期性能和耐久性能试验方法标准》（GB/T 50082—2009）的要求。混凝土强度损失最大为 16.6%，也小于标准要求。因此，自燃煤矸石混凝土具有较好的抗冻性能[136]。

混凝土会由于种种人为或非人为原因导致耐久性降低，影响混凝土结构的使用寿命。目前对煤矸石集料混凝土的研究主要集中在抗硫酸盐腐蚀、冻融循环、抗碳化性能等耐久性方面[137-138]。

郭金敏、朱伶俐等[139]通过对煤矸石混合集料混凝土的抗硫酸盐侵蚀研究认为，混合集料混凝土存在一个最佳的配合比，当煤矸石替代碎石量为 35%，粉煤灰替代水泥量为 20%，矿渣替代水泥量为 10% 时，混合集料混凝土的耐久性为最优；对普通煤矸石混凝土、掺入粉煤灰与矿渣的煤矸石混凝土和经过硫酸盐侵蚀的煤矸石混凝土进行了 SEM 分析，发现煤矸石混凝土经过硫酸盐侵蚀后其耐久性减弱并不明显。

由世岐、沈玄等[140-141]对自燃煤矸石轻集料混凝土结构的耐久性进行了系统研究，对不同颜色（黄色、白色、混合）的自燃煤矸石混凝土的抗渗性、抗冻性、碳化性能以及长期强度进行了系统研究，结果表明，强度刚刚满足C20等级的三个自燃煤矸石混凝土，其抗渗等级都达到P10以上，抗冻性可以满足F50的要求，与同强度等级的普通混凝土有着相似的抗冻性。而对基准配合比下的自燃煤矸石轻集料混凝土而言，其28d快速碳化速度比普通混凝土要大30%，碳化速度系数要大43.6%，与其他轻集料混凝土相比，其碳化速度要小27%，碳化速度系数要小25%。另外自燃煤矸石混凝土长期强度随着龄期的延长，强度随着提高，低强度等级混凝土一年龄期的强度能增长一倍，高强度等级混凝土四年龄期强度增长约50%。李庆文、张向东等[142-144]研究了煤矸石混凝土在冻融和碳化交替环境下的耐久性能，试验结果表明：混凝土的相对动弹性模量变化率与循环数呈负相关；在首次循环中，冻融对强度的增高起负作用，但影响水平较低，仅为0.32%～2.06%，碳化后的强度增高，最大增高率为7.11%，在二次循环中，水胶比大的混凝土受冻融影响较大；碳化深度与碳化时间呈正相关，混凝土的水胶比越大对碳化深度的影响就越大。

王洋、胡凯伟[145]通过正交优化设计了水胶比、硅灰、煤矸石掺量与减水剂掺量4个因素的煤矸石混凝土抗碳化试验，研究得出影响碳化的最主要因素是水胶比，其次是硅灰、煤矸石掺量与减水剂掺量，且获得了最佳配比为水胶比为0.3，煤矸石取代普通碎石量为40%，减水剂掺量为0.85%，硅灰掺量为7%时，煤矸石集料混凝土的28d碳化深度最小，具有较强的抗碳化能力。试验还对煤矸石集料混凝土和普通混凝土进行了SEM分析，发现煤矸石混凝土的界面过渡区具有更加密实的结构。

8.2 煤矸石做集料的注意事项

1. 煤矸石混凝土常见问题

自燃煤矸石用作粗、细集料制备混凝土或制品中常见的问题：混凝土拌和过程中会散发出一种较强的臭鸡蛋气味（H_2S）；煤矸石混凝土表面有铁锈色和黄橙色液体溢出。究其原因是煤矸石中含有黄铁矿以及其他含硫化合物，所涉及的主要反应方程式如下：

$$FeS + 2H_2O \xlongequal{} Fe(OH)_2 + H_2S\uparrow$$

$$H_2S + Ca(OH)_2 \xlongequal{} CaS + 2H_2O$$

$$11S+3Ca(OH)_2 = CaS_5+CaS_4+CaS_2O_3+3H_2O$$

在配制混凝土的过程中，自燃煤矸石中存在的 FeS 首先与水反应，生成的硫化氢能溶于水，生成氢硫酸（弱酸）。此酸性液体和水泥水化过程中析出的氢氧化钙发生反应。煤矸石中残留的晶体硫又和水泥水化过程中析出的氢氧化钙发生复杂的化学反应。以上反应生成物氢氧化亚铁，由于其体积膨胀，极易使硬化后的混凝土产生不规则裂纹而造成混凝土强度降低。同时，直接影响了混凝土的抗冻性、抗渗水性、碳化性等性能。另外，反应生成的硫化钙和多硫化钙，虽对混凝土强度无不利影响，但由于水泥石的碱度降低，这对配筋混凝土中钢筋阻锈将会产生不利影响。

2. 引起煤矸石混凝土问题的原因

自燃煤矸石中硫化物是影响煤矸石作为集料使用最为主要的制约因素，其原因是矸石山中的硫自燃不充分，表现为有的地方是红矸，有的地方是黑矸。煤矸石的自燃是由于煤矸石中含有大量硫铁矿，硫铁矿在常温下氧化放热，放热量不断积聚，使煤矸石山内部温度升高，引起煤和有机物燃烧。煤矸石山表层煤矸石是在氧气比较充分的条件下燃烧的，因此，煤矸石中伴生的含煤硫铁矿燃烧比较完全，而深表层中氧气稀薄，其反应不充分，依然有硫化物存在。表层煤矸石由于所处深度不同，煤矸石自燃的程度也不同，在深表层依然可能存在 FeS，而影响混凝土性能的恰恰也是这些不同类型的硫铁矿。另外，在煤矸石山深层，由于处于缺氧状态下，煤矸石中硫铁矿焖烧分解，产生蒸气硫，上升到煤矸石山表层后遇冷结晶。

3. 煤矸石中硫的去除方法

去除煤矸石中硫的方法有冲洗法和煅烧法。煅烧法的主要目的是使煤矸石中 FeS 充分氧化，形成 Fe_2O_3 和 SO_2 蒸气，SO_2 蒸气放出后，在煅烧煤矸石中只剩下 Fe_2O_3，这样将消除 FeS 对混凝土的破坏作用。冲洗法的主要目的是使煤矸石中 FeS 提前发生化学反应，即将破碎、筛分后分级堆放的自燃煤矸石集料，用水冲洗或用水池浸泡处理，使煤矸石中的 FeS 发生化学反应，使 SO_2 气体排出，也可洗去煤矸石表面析出的少量晶体硫。与煅烧法相比，冲洗法既简便经济，又能收到良好效果，同时还可解决自燃煤矸石集料安定性不良（含有氧化钙）与吸水率太高（集料预湿处理）的问题。

4. 沥青混凝土集料基本要求

国内外的专家学者对煤矸石的基本力学性能进行了分析研究，通过拌制煤矸石沥青混合料的混凝土，提出了对煤矸石沥青混凝土的基本要求：由于不同矿区的不同煤矿伴生的煤矸石差别较大，其品质也差异较大，因此在利用煤矸石配制混凝土时，需要在实验室测试煤矸石的基本物理力学性能，这些力学性能主要包括煤矸石的压碎值、煤矸石的磨耗损失、沥青的粘附性和流动性等物理性质都需要满足相应的规范要求。但是由于针片状的煤矸石所占的分量较大，在确定煤矸石的掺加比率后，需要明确煤矸石沥青混合料中的针片状煤矸石的基本含量，以保证煤矸石能够满足规范的基本要求；配制煤矸石沥青混凝土的时候，应该优先选用含碳量比较低的煤矸石石料，掘进煤矸石的基本物理化学性质比较好，推荐使用；拌制煤矸石沥青混凝土的时候，需要分析煤矸石沥青混合料的最基本的物理化学性质技术性能指标，以保证配制出来的混凝土能够满足使用要求，煤矸石的加热过程中容易发生爆裂现象，因此在配制过程中对煤矸石沥青混合料的生产工艺设备的影响较大，所以必须对煤矸石的基本性质加以控制，这些指标主要涉及加热煤矸石的料破碎百分率、燃烧炉加热损失率等一系列指标；在煤矸石的储存使用过程中，必须对其进行严格的存放，杜绝同各种混合料进行混合。虽然许多专家学者对煤矸石的基本物理化学性能开展了大量的室内试验研究，证明了煤矸石能用于生产煤矸石绿色混凝土，但是由于国家缺乏相应的行业规范，而且全国各大矿区的煤矸石性能差异较大，所以煤矸石在建筑材料中的应用还只是停留在起步阶段，需要对煤矸石混凝土开展更为深入的试验研究，以促进相关的行业标准和规范能够更快地颁布实施。

5. 技术要求

（1）粒级

轻粗集料按其自然级配分为四级：5 ~ 10mm、5 ~ 20mm、5 ~ 30mm、5 ~ 40mm。

轻细集料按细度模数分为三级：粗砂（细度模数为 4.0 ~ 3.1）、中砂（细度模数为 3.0 ~ 2.3）、细砂（细度模数为 2.2 ~ 1.5）。

（2）颗粒级配

轻粗集料的颗粒级配应符合表 8-5 的要求。

表 8-5　轻粗集料的颗粒级配

筛孔尺寸	D_{min}	$1/2D_{max}$	D_{max}	$2D_{max}$
累积筛余（%）	≥90	40 ~ 60	≤10	0

注：5 ~ 10mm 级的 $1/2D_{min}$ 累计筛余不做规定。

轻细集料的颗粒级配应符合表 8-6 的要求。

表 8-6　轻细集料的颗粒级配

筛孔尺寸（mm）	累积筛余（%）		
	粗砂	中砂	细砂
10.0	0	0	0
5.00	0～10	0～10	0～5
0.63	50～80	30～70	15～60
0.16	>85	>75	>65

（3）密度等级

轻粗集料堆积密度：900 等级的密度≤900kg/m³；1000 等级的密度为 900～1000kg/m³；1100 等级的密度为 1000～1100kg/m³。每一等级实际堆积密度的变异系数应不大于 15%。

轻细集料的堆积密度：1100 等级的密度≤1100kg/m³；1200 等级的密度为 1100～1200kg/m³。

（4）轻粗集料的筒压强度

轻粗集料的筒压强度应符合表 8-7 的要求。

表 8-7　轻粗集料的筒压强度

密度等级	筒压强度（MPa）	
	一等品≥	合格品≥
900	3.5	3.0
1000	4.0	3.5
1100	4.5	4.0

另外，轻粗集料的吸水率应不大于 10%，软化系数应不小于 0.80，平均粒型系数应不大于 2.0，安定性用煮沸法检验时，其质量损失应不大于 5%；坚固性用硫酸钠溶液法测定，经 5 次干湿循环后的质量损失应不大于 5%。

自燃煤矸石轻集料还应满足 SO_3 含量低于 1.0%、烧失量低于 5%、含泥量低于 3%。表 8-8 所示为焦作、阜新两地自燃煤矸石集料的物理力学性能。

表 8-8　焦作、阜新两地自燃煤矸石集料的物理力学性能

产地	粒径（mm）	堆积密度（$kg \cdot m^{-3}$）	表观密度（$kg \cdot m^{-3}$）	空隙 m（%）	孔隙率（%）	吸水率（%）	筒压强度（MPa）
焦作	5～20	1309	2255	41.95	17.1	5	6.34
阜新	5～20	933	1842	49.3	60.7	7.78	2.99

8.3 煤矸石集料在沥青混凝土中的应用实例

8.3.1 案例1[146]

1. 工程概况

北京某混凝土有限公司针对煤矸石回收利用，代替铺路石料进行沥青混合料生产的研究课题，选择不同的煤矸石样品，进行物理性能检测，确保掺加煤矸石的沥青混合料质量符合《公路沥青路面施工技术规范》（JTG F40—2004）的要求，在保证路面的使用性能和寿命不受影响的前提下，利用煤矸石进行沥青混合料的生产。

试验以北京市房山区某煤矿积存的掘进煤矸石为样品，煤矸石石质较坚硬，加热后质量损失比较少，把这种煤矸石作为该次试验的石料；对比试验的石灰岩，选自该公司目前使用的石灰岩碎石。两种石料试验结果见表8-9，筛分后的矿料级配试验结果见表8-10。

表8-9 粗集料性能试验结果

试验项目	指标要求	房山煤矸石		三河石灰岩	试验方法
		加热前	加热后		
表观密度（$g\cdot cm^{-3}$）	≥2.6	2.735	2.738	2.831	T0304
毛体积相对密度	—	2.684	2.702	2.780	T0304
吸水率（%）	≤3.0	0.6	0.48	0.5	T0304
石料压碎值（%）	≤28	—	16.14	14.2	T0316
洛杉矶磨耗损失（%）	9.5～16.0≤30	—	14.17	—	T0317
	16.0～26.5≤30	—	9.2	18.9	T0317
坚固性（%）	≤12	—	8.64	8.46	T0314
针片状颗粒含量（%）	>9.5mm≤15	—	29.5	6.6	T0312
	<9.5mm≤20	—	31	8.1	T0312
软石含量（%）	≤5	—	0.2	0	T320
与沥青黏附性	≥4级	—	5	5	T0616
加热质量损失（%）	暂定≤2	—	0.33	—	
加热破碎率（%）	暂定≤5	—	2.94	—	

注：加热质量损失指9.5～16mm粒径的集料在燃烧炉中530℃的温度下加热50min前后的质量变化；加热破碎率指加热损失试验后通过9.5mm筛孔的颗粒的质量分数。

表 8-10　粗细集料筛分结果

规格（mm）	通过下列筛孔（μm）的质量（%）												
	31.5	26.5	19.0	16.0	13.2	9.50	4.75	2.36	1.18	0.60	0.30	0.15	0.075
石灰岩 10～25	—	100	44	13.7	3.4	0.6	—	—	—	—	—	—	—
石灰岩 10～20	—	—	96.5	73.9	42.5	9.3	0.2	—	—	—	—	—	—
石灰岩 5～10	—	—	—	—	100	97.8	36.4	3.9	0.6	—	—	—	—
煤矸石 15～25	—	—	49.6	13.6	2.2	0.8	—	—	—	—	—	—	—
煤矸石 10～20	—	—	98.4	88.7	50.3	4.5	0.5	—	—	—	—	—	—
煤矸石 5～10	—	—	—	—	99.7	86.9	11	1.5	—	—	—	—	—
机制砂	—	—	—	—	—	—	—	85.3	54.3	38.9	23.9	15	8.5
天然砂	—	—	—	—	—	98.2	82.1	64.8	52.3	44.1	18	5.0	1.8

按所确定的最佳油石比为 4.0%，拌制的沥青混合料进行马歇尔试验、水稳定性检验试验和高温稳定性检验试验，其结果见表 8-11。

表 8-11　沥青混合料性能试验

试验项目	煤矸石（A）	煤矸石＋石灰岩（B）	石灰岩（C）	技术要求	试验方法
混合料最大密度（g·cm^{-3}）	2.537	2.573	2.616	—	T0711
试块毛体积密度（g·cm^{-3}）	2.412	2.456	2.502	—	T0705
空隙率（%）	4.93	4.55	4.4	4～6	T0705
矿料空隙率（%）	14.08	13.87	13.50	≥13	T0705
沥青饱和度（%）	65	67.16	67.8	65～75	T0705
马歇尔稳定度（kN）	8.83	9.52	10.6	≥8	T0709
流值（0.1mm）	46	38	28	15～40	T0709
残留稳定度（%）	86.4	88.7	84.9	≥80	T0709
冻融劈裂强度比（%）	91	81.8	81.6	≥75	T0729
车辙动稳定度（次·mm^{-1}）	2932	2172	1416	≥1000	T0719

对表 8-11 试验结果进行分析，可得出以下结论：

（1）在沥青混合料中利用煤矸石代替部分石灰岩（粗集料），对混合料性能进行试验，各项技术性能均可达到规范所规定的要求。

（2）随着混合料中煤矸石掺加比率的增加，空隙率值加大，马歇尔稳定度指标降低，流值增大。其主要原因是煤矸石中片状颗粒含量多，降低了粗集料相互间穿插和嵌挤作用，造成混合料密度降低；另外，煤矸石吸附沥青能力强，粗颗粒间的油膜厚度增加使煤矸石混合料的流值增加较明显。

（3）使用煤矸石的混合料浸水残留稳定度、冻融劈裂强度均比使用石灰岩生产的混合料有所提高，说明煤矸石混合料的抗水侵蚀性更好。

（4）由于煤矸石表面吸附沥青的特性，其混合料车辙动稳定度指标有明显的提高。

2. 产品应用

在实验室内关于煤矸石代替石灰岩的各项试验完成后，认为煤矸石代替石灰岩进行沥青混合料生产完全可行。因此，研究人员进行了相关试验路段的铺筑应用。北京市朝阳区惠新西街是连通北四环和北三环的联络线，辅路采用两层结构，底层为 AC-25 型沥青混合料，面层为 AC-13 型沥青混合料，两层沥青混合料计划添加 10% 的煤矸石（粗集料）代替部分石灰岩（碎石）。由于煤矸石的使用还处在初期阶段，对此方面的研究才刚刚开始。因此，所添加的煤矸石比率仅为 10% 左右。从施工后的使用效果看，与普通沥青混合料并无明显区别。在以后的应用中可逐步加大煤矸石的使用量，但要满足粗集料总量的针片状含量不超过规范规定的标准。

3. 关于生产煤矸石混合料的注意事项

（1）选用煤矸石中含碳量低的石料，推荐使用掘进煤矸石。

（2）不同煤矿产生的煤矸石质量不同，差异很大，使用前都应实地破碎后进行性能试验。测试性能包括：压碎值、洛杉矶磨耗损失、沥青粘附性等，都应达到规范要求。由于煤矸石中针片状含量较高，要特别注意这项指标的变化，在确定煤矸石的掺加比率后，要计算混合料中粗集料的针片状含量，使其满足规范要求。

（3）由于煤矸石含有一定的挥发分和烧损量，加热时有时会产生爆裂，对混合料质量和生产工艺设备有一定的影响。因此，要结合煤矸石的特性制定一些控制指标，如燃烧炉加热损失率、加热后石料破碎百分率等指标。

（4）掺加煤矸石的沥青混合料各项技术性能指标，必须满足规范要求。建议在混合料配合比中掺加煤矸石不得超过 30% 。

（5）使用的煤矸石必须按规格分储、单放，严禁混料。

8.3.2　案例 2[147]

北京市的矿山周围堆积了大量煤矸石，不但占压大量土地、污染水体和土壤，而且会引发地质灾害，对其进行处置和资源化利用已成为一项重要任务。与此同时，由于山石的限制开采造成道路建设所需的天然石料供应严重不足，因此北京市门头沟区妙峰山镇担下路（G109 丁家滩—下苇甸应急段）道路工程中路面底面层采用了温拌煤矸石沥青混凝土，并于 2010 年 12 月建成通车，成为北京市首条低碳示范路。本工程采用温拌煤矸石沥青混凝土的配合比。

1. 工程概况

担下路是 G109 线的应急通道（现为单向进京通道），也是连接下安路和水担路的连接线，全长 3. 167km。该工程是设计车速 60km/h 的二级公路，路基宽 12m，行车道宽 10. 5m。路面结构见表 8-12，在底基层、基层和底面层均采用了煤矸石。

表 8-12　路面结构

结构层名称	材料名称	厚度（cm）
面层	WAC-16C 中粒式温拌钢渣沥青混凝土	5
粘层	PA-3 型快裂洒布型乳化沥青 0. 3 ~ 0. 61L/m^2	
底面层	WAC-25C 粗粒式温拌煤矸石沥青混凝土	7
透层	PA-2 型慢裂洒布型乳化沥青 0. 7 ~ 1. 5L/m^2	
封层	乳化沥青简易表处	1
基层	石灰粉煤灰稳定煤矸石	40
底基层	煤矸石级配碎石	20

粗集料必须使用坚韧、粗糙、有棱角的优质石料，该工程选用的石灰岩和煤矸石性能检验结果见表 8-13。

表 8-13　粗集料检验结果

指标规格		试验值			规范要求
		5 ~ 10mm 煤矸石	10 ~ 20mm 石灰岩	10 ~ 30mm 石灰岩	
石料压碎值（%）		19. 2	16. 1	16. 1	≤25
洛杉矶磨耗损失（%）		18. 3	21. 5	21. 5	≤28
表观相对密度		2. 782	2. 756	2. 811	≥2. 6
吸水率（%）		1. 0	0. 5	0. 6	≤2
针片状颗料含量	>9. 5mm	—	8. 4	7. 6	≤12
	<9. 5mm	22. 5	—	—	≤18
小于 0. 075mm 颗粒含量（%）		1. 0	0. 3	0. 3	≤1
软石含量（%）		2. 1	1. 3	1. 3	≤5
对沥青的粘附性		5 级	5 级	5 级	≥4 级

从表8-13的试验结果看，石灰岩粗集料的各项技术指标均符合规范要求，可以使用；5～10mm煤矸石的针片状颗粒含量超出了规范要求，而按照集料配合比计算的针片状颗粒含量为12.4%，因此可以使用，但要求集料生产厂家加强对集料中小于0.075mm颗粒含量的控制，以保证混合料的路用性能。

2. 施工效果

该工程路面底面层原设计采用7cm厚热拌沥青混凝土AC-25C，改用同厚度的煤矸石WAC-25C铺成后取得了质量合格、废物利用和节能减排低碳的效果。

（1）材料质量和施工质量均满足要求。

煤矸石WAC-25C的所有检测试验结果均合格。该工程按《公路工程质量检验评定标准》（JTG F80/1—2004）底面层检查验收全部合格，并在2012年2月被北京市政工程行业协会评为2010年度市政基础设施竣工长城杯银质奖工程。2010年完工后，经过3年多的年平均混合日交通量15048辆/d（比设计标准超出4048辆/d）的使用，至今未出现任何质量问题。

（2）废物利用、节省建材。

该工程共铺筑7cm厚煤矸石WAC-25C 31898.71m^2，使用煤矸石417m^3，节省了同等方量的碎石建材。

（3）节能减排低碳。

采用温拌煤矸石沥青混凝土，比热拌沥青混凝土节省燃油1.52kg/t，节省率为22.9%。该工程共使用煤矸石WAC-25C 5783.24t，节省燃油达$1.52\times5783.24\approx8790$（kg）$=8.79$t。

此外，采用温拌煤矸石沥青混凝土，比热拌沥青混凝土减少60%的CO2排放量和72.6%的氧化氮类气体排放量，实现了减排低碳的目的。

3. 经济效益

7cm厚的煤矸石WAC-25C底面层成本是90元/m^2，原7cm厚热拌沥青混凝土AC-25C底面层成本是80元/m^2，该工程此项成本增加为$10\times31898.71=318987$（元），但仅占总造价（5759.01万元）的0.55%。

9 煤矸石矿井充填材料与技术

随着国家工业建设的快速发展，我国“三下一上”（即水体下、建筑物下、铁路下、承压水上）压煤严重，可利用的煤炭资源日趋短缺，与国民经济发展之间的矛盾也日益突出。据目前不完全统计，我国国有大中型矿井“三下”压煤量高达140亿t以上，其中水体下（包括承压废岩水上）压煤量占整个“三下”压煤量28%左右，建筑物下压煤量占60%以上，铁路下压煤量占12%左右。然而，到目前为止，我国从“三下”采出的煤炭仅占整个“三下”压煤量的7%左右，约有10亿t。由于煤炭长期处于大面积、高强度的采煤状况下，长期的地下采掘引起地表沉陷或塌陷、建筑物破坏、沙漠化、采煤废水排放、煤矸石露天堆放污染破坏等现象频繁发生，不仅为煤炭企业带来巨大的经济损失，而且严重影响了社会的可持续发展。因此，如何从可持续发展的战略高度进行统筹规划、协调“三下”压煤开采问题，提高煤炭回采率，对促进煤炭工业的发展具有重要意义。

矿井充填对保障煤矿安全生产、提高煤炭资源综合利用水平、推进煤炭生产方式变革、建设和谐矿区、保护生态环境等方面具有重要意义。它是提高“三下”压煤采出率，处置矿区固体废弃物，减少占地和村庄搬迁，减轻地表沉陷，提高矿井安全生产，促进资源开发与生态环境协调发展的有效途径之一。而充填材料的开发是实现矿井充填的关键技术之一，充填工艺及充填系统因充填材料而异。

9.1 煤矸石矿井充填技术

9.1.1 矿井充填开采

充填开采是把胶结充填料浆灌入煤矿冒落采空区，料浆与冒落煤矸石胶结形成一定强度的充填体，从而起到控制采空区上覆岩层移动与地表沉陷的作用，是煤矿绿色开采技术体系的主要内容之一。该技术不仅可以充分利用矿山固体废物，提高充填体的强度，有效地抑制围岩的变形破坏，从而避免地表塌陷、保护生态环境，而且可提高资源的回采率，同时消除或减少矿山固体废物排放带来的负面影响[148]。

1. 充填开采研究现状

在国外的煤炭生产领域，采空区充填开采方法在波兰和德国应用最为普遍，波兰和德国的充填开采技术在世界上也居领先地位。充填开采在国内的应用，最早始于20世纪50年代抚顺等金属矿山，我国煤矿实际应用采空区充填法开采的很少，早期仅在少数几个矿井进行过采空区充填的试验性开采。国内外充填开采技术主要集中在以下几个方面。

（1）干式充填

干式充填最初只是以处理废弃物为目的，通过矿车、机械或风力将废石等固废输送至采空区，也是最早的充填采矿技术，苏联、加拿大及澳大利亚曾广泛采用。20世纪50年代，我国有色金属矿山50%以上使用此方法。但此充填方法工艺繁杂，劳动力需求大，作业成本高，生产率低，采场充填时不能进行回采，在20世纪60年代逐步被淘汰。

（2）水砂充填

水砂充填是通过泵送或自流方式，将选矿厂尾砂、冶炼厂炉渣、碎石、砂石等固废加水搅拌后输送至采空区的充填方法。此方法最早于1864年应用于美国宾夕法尼亚州的一个煤矿，随后南非、德国、澳大利亚等国家也先后试验并成功运用了水砂充填工艺。进入20世纪后，美国和加拿大相继开发出基于采用选矿厂分级尾砂进行水砂充填的充填工艺，在悬浮液输送固体物料、水力旋流器脱泥等方面取得了进步，实现了低浓度（35%～70%）泵压或自流输送的水力充填采矿[149]。我国最早在20世纪60年代由抚顺胜利煤矿应用水砂充填以回采矿柱[150]，70年代一些矿山都先后成功应用了尾砂水力充填工艺；进入80年代后，分级尾砂充填工艺与技术应用更加广泛，有60余座有色、黑色和黄金矿山推广应用了该项工艺技术[151]。水砂充填方法工艺复杂，充填料浆质量难以控制，充填率低，充填体收缩大并且强度不高，有沉降风险，使其应用范围受到很大限制。

（3）胶结充填

胶结充填法是将碎石、河砂、尾砂或块石与水泥或石灰类胶结材料拌和成浆体或膏体，通过泵送或重力自流方式输送到采空区的充填方法。与水砂充填法相比，胶结充填的充填体强度更高，充填速度更快，真实充填率更大，且充填工艺相对简单。国内的凡口铅锌矿和金川龙首镍矿分别在1964年和1965年采用了混凝土充填。由于混凝土充填输送工艺复杂，物料配比要求高等缺点，到20世纪80年代被细砂胶结充填取代[152]。

①尾砂胶结充填

尾砂胶结充填是将尾砂、天然砂或棒磨砂等充填集料与以水泥为主的胶凝材料按一定比例加水拌和成浆体或膏体，通过两相流管道输送至采空区进行充填的采矿法，尾砂胶结充填不仅充填体强度高，充填料浆具备比较好的可泵性，充填效率也较高。但由于尾砂胶结充填方法使用大量水泥作为胶结剂，充填成本较高，而且受自流管道输送浓度的限制，普通的尾砂胶结充填质量浓度一般在70%以下，充填率低，料浆在充填工作面会产生大量的泌水，这些泌水不仅污染了井下环境，降低了充填体强度，由排水增加的费用也间接增加了充填成本。

②块石充填

该充填方法是在废石干式充填和砂浆胶结充填的基础上发展起来的一种新型充填工艺，其实质是利用块石或井下掘进废石或将一定量的粗集料和胶结料浆混合作为充填集料，通过水泥砂浆填充块石间隙，将块石等充填集料与水泥砂浆胶结成一个整体。块石充填可分为嗣后充填和分层充填两大类。嗣后充填实质上是向采空区倾卸废石，同时按一定配比，注入水泥砂浆或水泥浆，使料浆填充废石间隙并胶结成一个整体。或者将块石与水泥砂浆按照一定的配比分别输送至井下，同时同点下放到采空区自行混合形成胶结体。分层充填是将废石放到充填工作面，用电耙或铲运机平场后，再用胶结料浆浇面以减少矿石损失和贫化。块石砂浆胶结充填的块石粒径一般小于300mm，砂浆为尾砂浆或细砂浆。与尾砂胶结充填相比，块石充填可以节约60%的水泥用量，使充填成本降低近50%，而同龄期充填体的抗压强度可提高1~2倍。

（4）膏体泵送充填

传统的水力充填工艺，充填料浆浓度很难达到70%以上，且通常需要对尾砂进行分级脱泥，其结果是充填尾砂的利用率低，充填料浆质量难以控制，充填料浆在充填工作面会产生大量泌水或造成水泥浆的流失，不仅充填率低，充填体收缩大，且充填强度不高，造成严重的井下污染。膏体充填在最近的10多年中得到迅速发展，其料浆的质量浓度可达75%~85%，因此料浆的塑性黏度和屈服切应力较大，料浆呈牙膏状，因此称为膏体充填。泵送时，膏体料浆象塑性结构体一样在管道中做整体运动，膏体中的固体颗粒一般不发生沉淀，层间也不出现交流，膏体在管路中呈柱状流动。

由于膏体充填料浆可使用全尾砂，膏体的稳定性、和易性和可泵性，决定了进行长距离输送时不会造成堵管，且膏体料浆在充填过程中不会出现泌水及离析现象，因而减少了井下充填水污染及排水费用，充填体强度高且水泥用量少，充填成本相对较低。再加上膏体充填料浆凝固时间相对于自流充填短，可以减小充填作业循环周期，充填体易于接顶，有利于采场稳定和采矿作业安全性，因而膏体充填技术在最近的10多年中发展极为迅速，世界上一些矿业发达的国家投入了大量的人力、物力来研究和开发应用膏体充填技术[153]。

我国太平煤矿是较早应用膏体充填技术的煤矿之一[154]，先后投入6000多万元，引进德国料浆制备和输送技术，以泗河河砂和电厂粉煤灰为主要充填料。新汶矿务局的孙村煤矿以破碎煤矸石和粉煤灰为主要充填料，以比膏体稍低的浓度（料浆质量浓度约73%，也称似膏体），通过自流方式进行充填[155]。河北邢台煤矿也进行了膏体充填的试验研究，充填主料为粉煤灰[156]。

虽然膏体充填的突出优点是料浆具有良好的稳定性、和易性和可泵性，料浆不离析、泌水少、强度高，充填材料成本较低，但该技术一般需要采用特殊浓密压滤技术和专用高压泵送设备，充填系统投资高，充填技术复杂。

（5）高水速凝充填

高水速凝充填是与迄今为止充填理念完全不同的一种新型充填工艺，它不刻意强调提高充填料浆的质量浓度，而是利用高水速凝材料混合后形成的钙矾石具有较强固水能力的特点，实现较广范围内浓度的胶结充填[157]。

冯光明等[158]研究了将充填材料分为A、B两料的超高水材料袋式充填开采，并在陶一煤矿成功应用，充填工艺如图9-1所示。其中，A料或B料单独存在时，料浆可保持30~40h的良好流动性，非常适合在管路中长时间长距离泵送；当A料和B料按一定比例混合后，料浆可在80~90min内凝结硬化；当A料和B料以1∶1比例混合时，28d强度可达0.66~1.5MPa。

高水速凝充填技术的优点：料浆具有良好的流动性和可泵性，能够适应长距离管道泵送；充填料浆凝结时间短，早期强度高，提高了采场生产率；料浆在充填工作面不泌水或少量泌水，井下污染较少，节省了井下排水费。但高水速凝充填系统复杂，高水材料配比要求严格，充填与回采相互影响制约，整体充填效率较低，且高水材料来源困难，充填成本高。

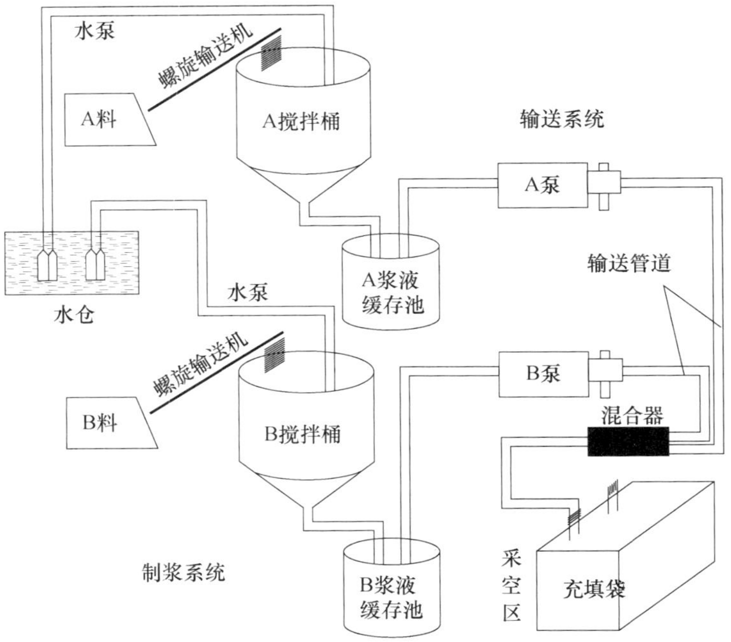

图 9-1　超高水材料袋式充填工艺流程图

2. 充填开采的制约因素

综合上述充填工艺方法，无论是金属矿山充填开采还是煤矿充填开采，其充填工艺方法都存在不足，综合起来，主要受 3 个方面的制约，即充填系统、充填效率和充填成本。

（1） 充填系统

（似）膏体充填技术需要采用特殊浓密压滤技术和专用高压泵送设备等，高水速凝充填技术需要两套独立完整的泵送系统及泵送管路，充填系统复杂，且充填系统投资较大。

（2） 充填效率

胶结充填、（似）膏体充填和（超）高水速凝存在着采煤等待充填完成，并且充填体具有支撑顶板的能力后才能进行下一个开采循环的问题，充填与回采相互影响。例如，（似）膏体材料充填一个循环的充填时间需要 4 ~ 8h，充填体凝固时间需要 4h 以上，再加上设备、人员的互相干扰，生产效率低在所难免。

（3） 充填成本

充填开采必然要增加一定的成本，胶结充填水泥用量较大，$1m^3$ 充填料浆约用 250kg 水泥甚至更高，充填原材料成本在 100 元/m^3 （50 元/t），（超）高水速凝充填因高水材料来源困难，中南大学过江等[159]研发的矿用低成本高水速凝材料的成本仍在 100 元/t 以上，较高的充填材料成本使大多数煤矿对充填开采的热情不高。

上述因素对充填开采的制约，极大地限制了充填开采技术的应用。

3. 利用煤矸石回填矿井采空区主要采用的方式[160]

（1）抛矸胶带输送机抛矸充填

煤矸石经一系列设备运至井下煤矸石车场，通过过渡机和转载机，煤矸石运到抛矸胶带输送机尾部，在抛矸胶带输送机作用下向采空区抛矸充填。该系统由抛矸胶带输送机、转载机和过渡机三部分组成。抛矸胶带输送机是使煤矸石在皮带上获得高速，然后抛射出去的设备，该机带速可达 10m/s，煤矸石最大抛出距离达到 6m，用抛矸功能可使煤矸石接顶，不仅提高了堆矸密度，而且提高了充填质量。

（2）综合机械化充填

固体物充填技术[161]的基本思路是将地面煤矸石、粉煤灰等通过从地面垂直向下开掘的投料系统运输至井下，再用胶带输送机等运输设备将其运输至充填工作面，借助充填综采液压支架、充填开采输送机等充填综采关键设备实现采空区充填。

（3）煤矸石井下分选不升井回填

在主井底建立的浅槽煤矸石分离系统，该系统利用先进的重介浅槽分选工艺实现块状煤与煤矸石的分离，能将分离处理的煤矸石直接用于工作面充填。实施井下煤、矸分离，将地面选煤厂“搬到”井下，实现井下原煤洗选后直接运至煤仓。该工艺主要以动筛跳汰机为核心设备，煤矸石分选率达到 95% 以上，分选后的煤矸石含煤率仅在 3% 以下，分选出的煤矸石经破碎机破碎后，通过管道排至充填工作面实施充填，实现原煤井下洗选、煤矸石就地充填的立体作业。利用煤矸石作为充填物料[162]充填到井下采空区，达到控制岩层运动及地表沉陷的目的，不仅把“三下”的压煤给置换出来，而且减少煤矸石等一些废弃物对地面的环境污染及占用土地。

9.1.2 煤矸石充填工艺

针对传统的煤矸石处理方法存在运输费用高、地表堆积面积大、自燃污染严重、安全性差等问题，目前采用较多的煤矸石回填方式是煤矸石不出井或少出井处理，主要技术工艺包括以下几种[163]。

1. 少开岩巷

多掘煤巷或全煤巷布置。近些年来，采掘速度的加快，回采工作面单产的提高使得巷道的维护时间缩短；支护技术水平的提高使得维护煤层巷道的难度大为降低；运输设备的改进和新型运输设备的应用对巷道曲率半径和坡度的限制越来越小，以及防治煤层自燃发火技术水平的提高等都为少开岩巷、多掘煤巷或全煤巷布置打下了良好的基础。德国和英国的煤炭企业近年来逐渐应用全煤巷开拓技术，一些煤矿已经取消了排矸系统；我国的潞安漳煤矿、神华集团大柳塔矿等也实现了全煤巷布置，基本不出掘巷矸石。

2. 井下应用机械煤仓

传统的井下煤仓一般布置在岩层中，用就要掘，用后即废，造成了很大的浪费并产生了大量煤矸石。为了井下少出煤矸或尽量不出煤矸，就要应用机械煤仓。采区（或工作面）的机械煤仓是可以移动的煤仓，一处用后还可以移到其他地方重复使用。

3. 井下峒室移至地面

井下爆破材料库开掘在稳定岩层中。“井下爆破材料库必须有独立的通风系统”，为此经常需要开掘较长的通风巷道。但是，随着采掘机械化程度的提高，井下爆破器材的使用已经越来越少。如果将井下爆破材料库移至地面，这样不仅减少了峒室本身开掘的工程量和由此产生的煤矸石，而且减少了专用于该峒室的通风巷道的开掘工程量和由此产生的煤矸石。

4. 利用井下煤矸石充填采空区

这是减少煤矸石出井的重要方法，对于采空区（或工作面）倾角大于42°的条件，采用自重充填方法是最为简单易行的，可以将煤矸石用（胶带）输送机运至工作面后的回风巷，直接把煤矸石卸入采空区，或用铲装车、自动卸载车直接把煤矸石运输卸载到采空区，或用单轨吊车、卡轨车、齿轨车等辅助运输工具直接卸载煤矸石到采空区。

5. 井下选煤

采掘工作面产出的原煤中约有15%的煤矸石，如果在井下进行选矸工作，这样不仅可以使煤矸石不出井，而且可以减少矿井提升运输量和提升运输费用。井下选矸易于实现，例如，在工作面拣矸，在井下原煤运输巷道设置低速（胶带）输送机或为了不影响输送能力而并联低速输送机，进行机械或人工拣矸等。

9.2 煤矸石矿井充填材料

9.2.1 煤矸石矿井充填材料介绍

煤矸石填充沟谷、采煤沉陷区及低洼区建筑工程用地，可用于充填潮湿甚至沼泽场地和积水塌陷坑，或用于回填煤矿采空区及废弃矿井，为解决“三下”压煤问题提供了良好途径。煤矸石工程填筑可以获得高充填密实度，使煤矸石地基有高效的承载力，并有足够的稳定性。填充沉陷区时，可以直接向沉陷区或者山沟排放煤矸石，这种方法简单易行，可以减少煤矸石的排放量和地表下沉量，同时不增加排矸费用，在经济上也是可行的。利用煤矸石作为塌陷区充填原料，可大量消耗煤矸石，是目前最好的煤矸石处理方式之一（图 9-2）。

图 9-2　煤矸石回填煤矿采空区

本课题组在前期的研究中，以煤矸石为集料，水泥、粉煤灰为胶凝材料，制备了一种可控低强度材料（Controlled Low Strength Material，CLSM），用于矿井充填。将 CLSM 用于矿井回填开采，可以很好地解决矿井回填开采的 3 个制约因素，不仅能提高生产效率，还可保护环境，节约回填成本。

9.2.2 矿井充填 CLSM 材料研究

1. CLSM 材料定义

CLSM 被美国混凝土协会（ACI299）定义为“一种自密实的，主要用于密实填充的水泥质材料[164]”，又被称为流动性回填材料（Flowable

Fill）、可塑性泥土水泥质材料（Plastic Soil-Cement）、可控密实度回填材料（Controlled Density Fill-CDF）、贫水泥回填材料（Lean-Mixed Back-fill）等[165-168]。美国材料试验协会（ASTM）定义 CLSM 为“由土壤或集料、胶凝材料、粉煤灰、水和化学外加剂组成的一种硬化后强度比土壤高但低于 8.27MPa 的材料[169]”。通常 CLSM 不使用或使用很少的粗集料，以保证新拌混合料具有高流动度，掺入少量的水泥使其具有高黏聚性和可塑性，大量粉煤灰和外加剂的掺入可以有效改善新拌浆体的流动性以及硬化浆体的强度和耐久性等。

实际上，CLSM 工作性和机械性能不仅受其原材料的影响，也受其工程应用制约。新拌 CLSM 浆体必须具有足够高的流动性，才能满足填充狭小空间工程的需要，通常根据实际工程需要调节水胶比或掺入外加剂（如减水剂、引气剂）提高流动度，满足实际工程应用标准。另外，根据 ACI299 要求，CLSM 的 28d 无侧限抗压强度要低于 8.27MPa，但实际应用中往往要求 CLSM 无侧限抗压强度低于 2.1MPa[170]。一些学者提出需开挖的 CLSM 的 28d 无侧限抗压强度低于 0.3MPa 时，人工便可开挖，但强度过低，一般不能满足工程要求；当强度在 0.3～1.1MPa 范围内时，小型机械便可开挖，对设备需求低；当强度高于 1.1MPa 时，不利于未来开挖。

CLSM 与传统回填材料相比，具有易混合、易放置、自流平、快速浇筑、早期高抗渗透性、养护后低收缩及在任何龄期可挖掘的优异特性，是用于道路修补和基础设施重建工程等工程领域的理想材料。根据 ACI116R 定义的 CLSM 适用范围，其可广泛应用于建筑基坑、沟槽和挡土墙的回填、基脚结构、路基和多用途床层的结构填充及地下结构的孔隙填充等。

CLSM 与混凝土的组成两者相似，均由胶凝材料、粗细集料、水及化学外加剂组成，区别在于每种材料的掺量差异较大。性能上，两者差异大，CLSM 因高流动性而具有自流平、自密实性，无须养护，浇筑时无须或少许振捣或压实，强度远低于混凝土；它并不像混凝土那样要具有较好的抗化学侵蚀性、抗磨蚀和抗冻融性。此外，CLSM 浆体的黏滞性如同灌浆或泥浆，灌注数小时后便足以承受交通荷载而不致沉陷。

2. 可控低强度材料的优势

传统回填材料通常加入大量拌和水以提高材料的流动性，这往往导致回填材料因黏聚性不足以抵抗粗集料下沉，而出现拌合物材料相互分离，内部材料组成和结构不均匀等离析泌水问题。往 CLSM 材料中掺入外加剂，可以在较低用水量下达到高流动性，同时具备良好的黏聚性，一定程度上能够保证材料不出现或略微出现离析泌水问题。相对于传统的充填开采技术，CLSM 用于矿井回填有以下几个方面的优势。

（1）不会沉降

CLSM 在浇筑过程中不会形成空隙，在承载时不会沉降或凹陷。

（2）易浇筑

根据充填位置的类型与位置，CLSM 可通过放置槽、输送机、泵送或吊桶浇筑。因为 CLSM 是自流平材料，不需要振捣和压实，这将加快施工，减少施工劳动力。

（3）充填效率高

因 CLSM 具有高流动性，而使其自身具有自流平、自密实及自填充的特性，其应用范围扩展到存在结构死角或狭窄操作空间的回填工程；CLSM 不会离析泌水，料浆到达充填面后不会出现体积损失，充填效率相对较高。

（4）充填工艺与充填系统简单

CLSM 浆体具有较高的流动性和良好的黏聚性，稳定性较好，泵送阻力小，适应长距离低泵压泵送，对充填设备要求不高，普通的混凝土搅拌站和普通的长距离泵送系统便能满足充填需求。

（5）提高工人的安全性

施工人员在浇筑 CLSM 时可不进入工作井，减少了他们置身于塌方区的危险性。

（6）充填成本低

CLSM 的性能特点决定了其充填系统和充填设备投资不高，充填工作面附加费用较少，且 CLSM 对原材料品质要求相对较低，其组成材料的来源十分广泛，可大量利用水泥窑灰、粉煤灰、尾砂、燃煤底灰等，水泥用量也在 $200kg/m^3$ 以下，充填材料成本在 100 元/m^3（50 元/t）以内，整体充填成本较低。

将 CLSM 用于矿井回填开采，可以很好地化解矿井回填开采中充填效率、充填成本和充填系统的制约，不仅提高生产效率，同时因其有效且大量利用各种工业废弃物，在保护环境的同时也能节约回填成本。同时，制备 CLSM 所用的原料几乎全部为工业废弃物，如煤矸石、粉煤灰、固硫灰等工业废弃物[171-173]，从而减少或消除工业废弃物排放带来的负面影响，改善矿区的生态环境，且节约回填成本。

此外，CLSM 工程要求没有明确的标准，性能要求低，对原材料要求简单，使原材料选择多样化，其组成材料并不一定要符合对各项组成材料规定的相关规范或标准，只要制备 CLSM 的性能满足工程需要即可。这使 CLSM 的配合比难以像混凝土那样按照统一标准设计，提供能被大家广泛应用的典型 CLSM 配合比变得比较困难或不太现实。因此，对其配合比设计进行分析研究，制备性能优越的 CLSM 具有重要意义。

3. CLSM 配合比初步设计与性能

(1) 胶集比（胶凝材料与集料比例）对 CLSM 性能的影响

集料是 CLSM 中的基本成分，集料在 CLSM 体系中起骨架作用，水泥、粉煤灰等胶凝材料在 CLSM 中填充集料的空隙。胶集比是指 CLSM 中胶凝材料用量（水泥与粉煤灰总量）与集料用量的比例。合理的胶集比，可以改善 CLSM 的颗粒分布，实现 CLSM 原材料的紧密堆积，提高 CLSM 的力学性能，甚至减少胶凝材料用量，尤其是水泥用量，降低成本。本文首先研究了胶集比对 CLSM 坍落度、扩展度、泌水率及抗压强度的影响，试验的配合比及性能见表 9-1 ~ 表 9-3 和图 9-3、图 9-4。

表 9-1　胶集比变化配合比

编号	水泥	粉煤灰	煤矸石	水	水胶比	胶集比	C：FA	密度（kg·m^{-3}）
1	190	380	1425	455	0.8	0.4	1：2	2450
2	190	380	1140	455	0.8	0.5	1：2	2165
3	190	380	950	455	0.8	0.6	1：2	1975
4	190	380	815	455	0.8	0.7	1：2	1840
5	190	380	710	455	0.8	0.8	1：2	1735

表 9-2　胶集比对充填材料工作性能的影响

编号	坍落度（mm）	扩展度（mm）	泌水率（%）	沉降
1	150	490	3.2	严重
2	190	560	4.6	严重
3	240	590	6.9	严重
4	260	630	8.4	严重
5	280	650	10.4	严重

表 9-3 胶集比对 CLSM 抗压强度的影响

编号	抗压强度（MPa）		
	3d	7d	28d
1	1.7	3.6	5.6
2	1.5	3.2	4.9
3	1.3	2.8	4.5
4	1.3	2.5	4.1
5	1.2	2.2	3.6

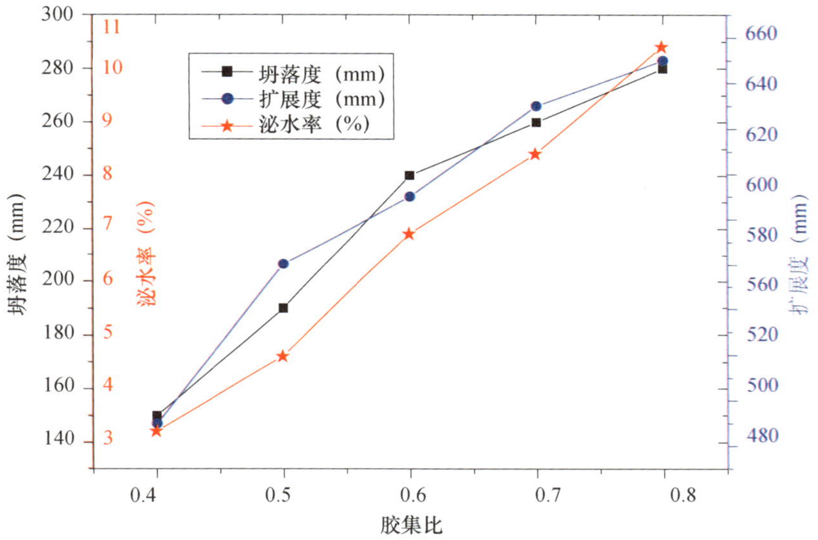

图 9-3 胶集比对 CLSM 工作性能的影响

从图 9-3 中可看出，在保持水泥用量、粉煤灰掺量和用水量不变的情况下，随着胶集比的升高，CLSM 的坍落度升高，扩展度增大，也即 CLSM 的流动性逐渐变好；与此同时，CLSM 的泌水率逐渐增大，离析泌水问题趋向越来越严重的程度。这是因为，在保持水泥用量、粉煤灰掺量和用水量不变的情况下，胶集比的升高意味着集料用量逐渐减少，也就意味着将集料表面润湿所需要的用水量相应减少，因此 CLSM 中自由水的含量随着胶集比的升高而升高，从而使得 CLSM 的流动性“依靠”浆体中“增加”的自由水而得到改善。CLSM 中过多的自由水使得 CLSM 和易性变差，离析泌水沉降使和易性变差越来越严重。

在水泥用量、粉煤灰掺量和用水量都保持不变的情况下，根据水胶比定则[174]，CLSM 各龄期的抗压强度应基本保持不变，然而，从图 9-4 可看出，随着胶集比的升高，CLSM 各龄期的抗压强度都逐渐下降。这可能是因为，CLSM 作为多相复合材料，其抗压强度不仅取决于基体，同时与孔隙率以及界面过渡区的强度有关。尽管 CLSM 中集料用量越小，水泥基体与集料间的界面过渡区缺陷越少，界面过渡区的强度越高，CLSM 强度越高；但由于集料用量减少，CLSM 中自由水含量增加，在 CLSM 凝结硬化的过程中，自由水挥发，留下大量的毛细孔，从而使得 CLSM 的孔隙率增大，固体材料的强度与孔隙率成反比，CLSM 的抗压强度随胶集比的增大而降低，由孔隙率增大引起的强度下降程度要大于由界面过渡区缺陷减少带来的强度的提升程度，因此，胶集比升高，总的效应表现为抗压强度降低。

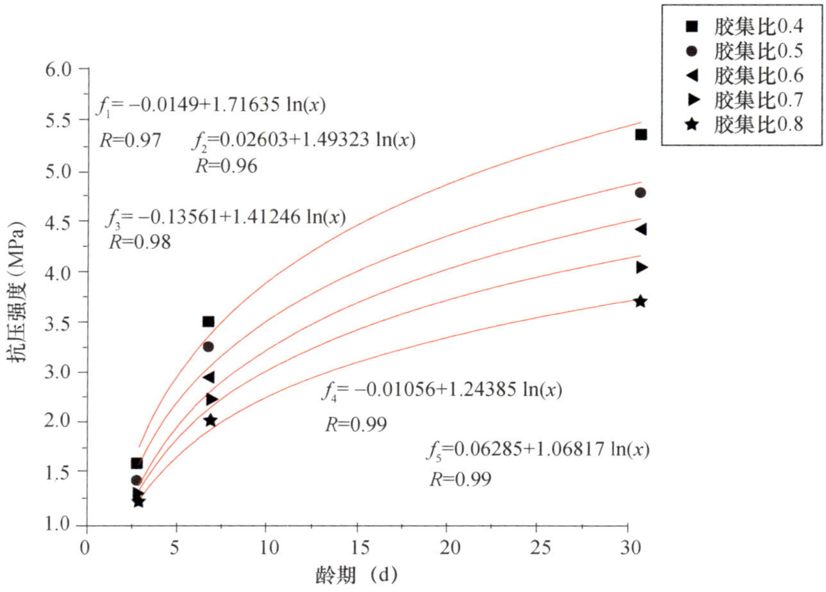

图 9-4　胶集比对充填材料抗压强度的影响

综上所述，随着胶集比的升高，CLSM 的流动性越来越好，但泌水率越来越大，离析泌水沉降等和易性问题越来越严重，其强度越来越低。但胶集比低于 0. 6 时，CLSM 的流动性相对较差，而胶集比高于 0. 6 时，CLSM 虽流动性较好，但离析泌水沉降等和易性问题相对严重，综合考虑，认为胶集比为 0. 6 时，CLSM 的性能较佳。

（2）水胶比对 CLSM 性能的影响

水胶比是指用水量与胶凝材料用量（水泥与粉煤灰总量）的比例。水胶比不仅是 CLSM 强度的主要影响因素，同时对 CLSM 的流动性、流变性能及凝结硬化过程有着显著影响。已选定 CLSM 的胶集比为 0. 6，继续研究了水胶比对 CLSM 流动性、泌水率和抗压强度的影响，试验的配合比见表 9-4，试验结果见表 9-5、表 9-6、图 9-5、图 9-6。

表 9-4　水胶比变化配合比

编号	水泥	粉煤灰	煤矸石	水	水胶比	胶集比	C：FA	密度（kg·m^{-3}）
6	190	380	950	340	0.6	0.6	1：2	1860
7	190	380	950	400	0.7	0.6	1：2	1920
8	190	380	950	455	0.8	0.6	1：2	1975
9	190	380	950	515	0.9	0.6	1：2	2035
10	190	380	950	570	1.0	0.6	1：2	2090

表 9-5　水胶比对充填材料工作性能的影响

编号	坍落度（mm）	扩展度（mm）	泌水率（%）	沉降
6	40	330	0	严重
7	200	520	4.2	严重
8	240	590	6.9	严重
9	270	650	9.9	严重
10	280	670	11.5	严重

表 9-6　水胶比对充填材料抗压强度的影响

编号	抗压强度/MPa		
	3d	7d	28d
6	2.1	4.4	7.1
7	1.8	3.7	5.8
8	1.3	2.8	4.5
9	0.9	2.2	3.8
10	0.6	1.4	2.9

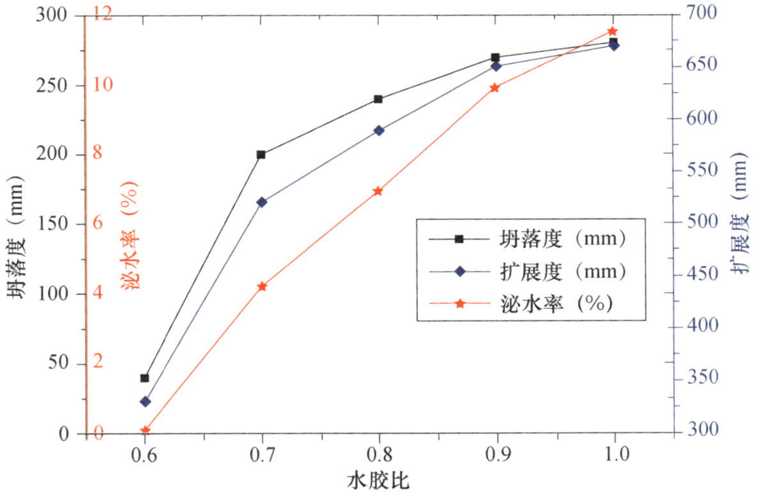

图 9-5　水胶比对充填材料工作性能的影响

从图 9-5 中可看出，在水泥用量、粉煤灰掺量及集料用量保持不变的情况下，随着水胶比的增大，CLSM 的坍落度、扩展度增加，泌水率增加。但当水胶比为 0.6 时，料浆干稠，很难搅拌，CLSM 的坍落度只有 40mm，扩展度只有 330mm，基本没有流动性。这是因为水在 CLSM 中分为吸附水、化学结合水、层间水和毛细孔水[175]，其中，吸附水、化学结合水和层间水跟原材料的物理特性、胶凝材料的水化程度有关，而毛细孔水中的自由水决定着 CLSM 的流动性。当水胶比为 0.6 时，CLSM 中的水绝大部分形成了吸附水、化学结合水以及层间水，只有极少部分水成为毛细孔水，CLSM 中自由水含量极少，因此 CLSM 的流动性极差，几乎没有流动性。随着水胶比的提高，CLSM 中自由水含量提升，CLSM 的流动性逐渐得到改善，越来越好，但由于自由水含量的提升，使得 CLSM 的泌水率几乎呈直线提升。

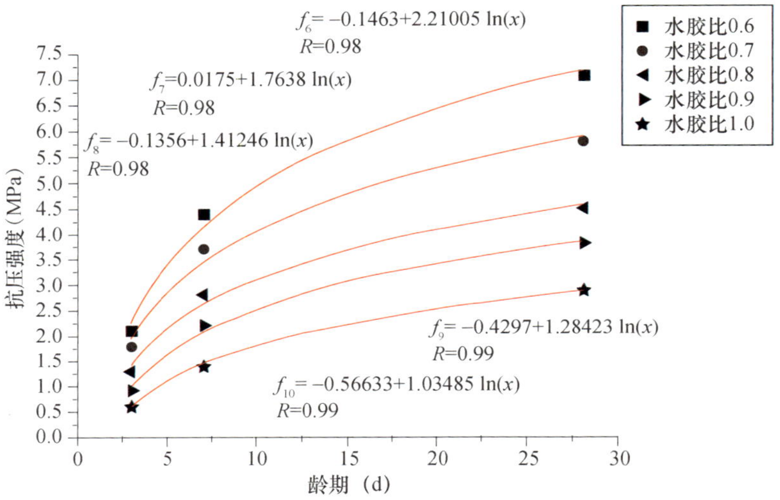

图 9-6　水胶比对充填材料抗压强度的影响

从图 9-6 中可看出，在水泥用量、粉煤灰掺量及集料用量保持不变的情况下，随着水胶比的升高，CLSM 各龄期的抗压强度均下降。这是因为，在其他条件保持不变的情况下，CLSM 的强度只取决于水胶比，水胶比越低，CLSM 中的自由水越少，毛细孔水越少，在 CLSM 凝结硬化后所形成的毛细孔的体积就越少，CLSM 的基体孔隙率就越低，因此水胶比越低，CLSM 的强度越高。

综上所述，随着水胶比的升高，CLSM 的流动性越来越好，泌水率接近于线性增大，各龄期的抗压强度均降低。但水胶比过低时，CLSM 基本没有流动性，水胶比为 0.7 时，CLSM 的流动性有所改善，但仍相对较差，当水胶比大于 0.8 时，CLSM 中自由水含量过高，流动性极好，但离析泌水沉降使和易性变差，给施工带来极大困难。综合考虑，认为水胶比为0.8时，CLSM具有较好的性能。

（3）粉煤灰掺量对CLSM性能的影响

粉煤灰目前已成为混凝土等水泥基材料中用量最大的矿物掺合料，据统计，粉煤灰仅在混凝土行业中的年用量已超过1亿t[176]。粉煤灰在水泥基材料中的作用主要体现在三个方面：改善浆体的流动性、降低水化热及在保证强度的情况下降低水泥基材料成本[177]。本文在胶集比为0.6、水胶比为0.8条件下，研究水泥与粉煤灰比例对CLSM材料坍落度、扩展度、泌水率和抗压强度的影响，试验配合比见表9-7，试验结果见表9-8、表9-9、图9-7、图9-8。

表9-7 粉煤灰掺量变化配合比

编号	水泥	粉煤灰	煤矸石	水	水胶比	胶集比	C：FA	密度（kg·m^3）
11	285	285	950	455	0.8	0.6	1：1	1975
12	228	342	950	455	0.8	0.6	1：1.5	1975
13	190	380	950	455	0.8	0.6	1：2	1975
14	163	407	950	455	0.8	0.6	1：2.5	1975
15	142	428	950	455	0.8	0.6	1：3	1975

表9-8 粉煤灰掺量对充填材料工作性能的影响

编号	坍落度（mm）	扩展度（mm）	泌水率（%）	沉降
11	280	660	9.0	严重
12	270	620	7.7	严重
13	240	590	6.9	严重
14	190	510	5.0	严重
15	130	420	4.2	严重

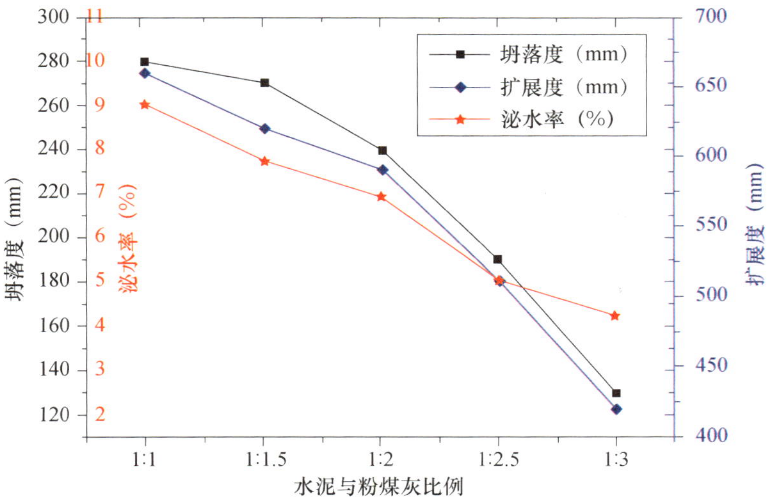

图9-7 粉煤灰掺量对充填材料工作性能的影响

从图 9-7 中可看出，当水泥与粉煤灰总量保持不变，同时用水量及集料用量保持不变时，随着粉煤灰掺量的提高，CLSM 的坍落度与扩展度逐渐降低，泌水率也逐渐降低。当粉煤灰掺量达到 1：3 时，CLSM 的坍落度与扩展度分别为 130mm 和 420mm，CLSM 的流动性处于较差状态，粉煤灰的加入并没有使 CLSM 的流动性得到改善。这主要是因为，汾西矿业（集团）下属电厂生产的粉煤灰烧失量较高，粉煤灰颗粒大多呈现多孔型蜂窝状结构，且具有较大的比表面积，因此，这种粉煤灰的吸附水量较大，也即需水量较大。再者，本文所用的粉煤灰中球型颗粒含量较少，并不能在 CLSM 中起到润滑作用和轴承作用以减少集料之间及集料与水泥浆之间的摩擦从而改善流动性。随着粉煤灰掺量的提高，粉煤灰对 CLSM 中的水量吸附增大，导致 CLSM 中毛细孔水含量降低，自由水含量降低，因此，CLSM 的流动性随粉煤灰掺量的增大而降低。

表 9-9　粉煤灰掺量对充填材料抗压强度的影响

编号	抗压强度（MPa）		
	3d	7d	28d
11	2.3	4.9	7.6
12	1.7	3.8	5.9
13	1.3	2.8	4.5
14	1.0	2.1	3.3
15	0.8	1.7	2.4

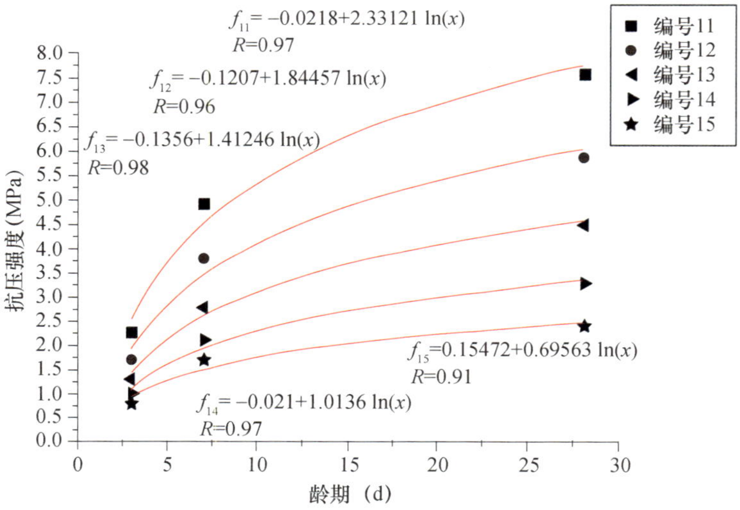

图 9-8　粉煤灰掺量对充填材料抗压强度的影响

从图 9-8 中可看出，CLSM 的抗压强度随着粉煤灰掺量的增高而降低。尽管粉煤灰在水泥基材料中的三大效应："活性效应""形态效应"及"微集料效应"已越来越被认可[178]，粉煤灰的二次火山灰反应[179]能够消耗水泥水化生成的 $Ca(OH)_2$，而这种 $Ca(OH)_2$ 为六方板片状晶体，不仅表面面积较小，范德华力较弱，而且其取向结构提供了劈裂的位置，属于水泥基材料中界面过渡区的最薄弱环节。显然，粉煤灰的加入，能够改善 CLSM 的界面过渡区，从而提高其强度。此外，粉煤灰的加入能够促使高钙硅比的水化硅酸钙向低钙硅比的水化硅酸钙转化，而后者强度更高[180]。但由于粉煤灰的掺量增多，相应的水泥的用量减少，水泥作为主要的胶凝材料，所能提供的强度相应降低[181]，由于水泥用量的减少带来的强度降低要大于粉煤灰活性效应所带来的强度增高，因此粉煤灰掺量增多的总效应表现为 CLSM 的抗压强度随粉煤灰掺量的增多而降低。

综上所述，随着粉煤灰掺量的增多，CLSM 的流动性降低，泌水率降低，离析泌水沉降，和易性问题逐渐改善，抗压强度逐渐降低。但当粉煤灰掺量大于 1∶2 时，CLSM 的流动性相对较差，而粉煤灰掺量小于 1∶2 时，虽然 CLSM 的流动性较好，但相应的水泥用量较多，CLSM 成本较高。从环保角度出发，争取最大限度地利用粉煤灰等大宗固体废弃物，综合考虑，认为粉煤灰掺量为 1∶2 较合适。

（4）CLSM 配合比计算方法的探索

查阅国内外关于 CLSM 研究的报道，并没有 CLSM 配合比的科学计算方法。本文对 CLSM 配合比的计算方法进行了探索研究。

王栋民[182]认为混凝土各组成材料（包括固、液、气三相）具有体积加和性，石子的空隙由干砂浆来填充，干砂浆的空隙由水来填充。干砂浆由水泥、掺合料、砂和空气所组成，体积模型如图 9-9 所示。

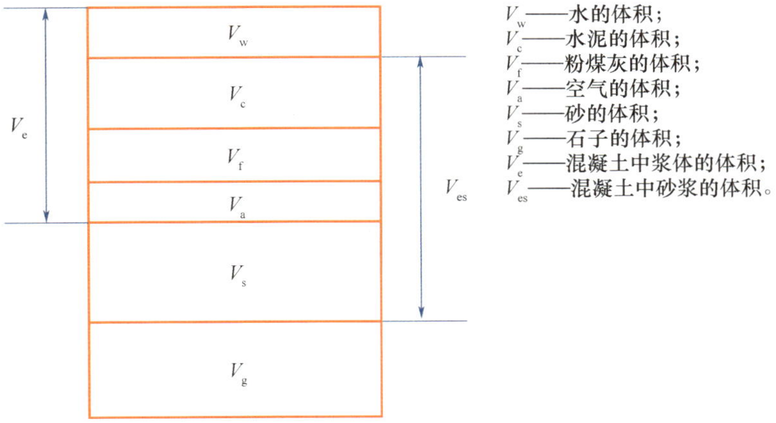

图 9-9 混凝土的体积模型

20 世纪初期，Abrams 提出了水胶比定则[183]，演变到现在，强度与水胶比的关系可以近似用公式（9-1）表示。

$$f_{cu,p}=Af_{ce}\left[\frac{m(w)}{m(C)}-B\right] \tag{9-1}$$

式中　$f_{cu,p}$——混凝土的配制强度；

f_{ce}——水泥的实测强度；

$m(w)/m(C)$——水灰比。

其中，$f_{ce}=f_{ce,k}\times R$，$f_{ce,k}$为水泥强度等级的标准值，R 为富裕系数，通常取 1.13；A、B 均为回归系数，对于碎石混凝土，$A=0.53$，$B=0.20$；对于卵石混凝土，$A=0.49$，$B=0.13$。

下列公式中出现的 M_C、V_C、ρ_C 分别为水泥（C）的质量、体积和密度，其他关于粉煤灰（FA）、水（W）在式中的符号含义以此类推。

由公式（9-1），变换形式得

$$\frac{M_W}{M_C+M_{FA}}=\frac{1}{\frac{f_{cu,p}}{Af_{ce}}+B} \tag{9-2}$$

由图 9-9 混凝土的体积模型，得

$$V_e=V_w+V_C+V_{FA}+V_a \tag{9-3}$$

设 ϕ 为细粉料粉煤灰在整个胶凝材料中所占体积分数，则

$$\frac{V_C}{V_{FA}}=\frac{1-\phi}{\phi} \tag{9-4}$$

$$M_{(C+FA)}=\left(\frac{1-\phi}{\phi}\rho_C+\rho_{FA}\right)V_{FA} \tag{9-5}$$

由公式（9-2）、公式（9-5），得

$$M_W=\frac{\left(\frac{1-\phi}{\phi}\rho_C+\rho_{FA}\right)V_{FA}}{\frac{f_{cu,p}}{Af_{ce}}+B} \tag{9-6}$$

由公式（9-3）、公式（9-4），得

$$V_{FA}=\phi(V_e-V_a-V_w) \tag{9-7}$$

由公式（9-6）、公式（9-7），得

$$M_W=\frac{[(1-\phi)\rho_C+\phi\rho_{FA}](V_e-V_a-V_w)}{\frac{f_{cu,p}}{Af_{ce}}+B} \tag{9-8}$$

由 $\rho_W=1\text{kg/L}$，解公式（9-8），得

$$V_w=M_W=\frac{V_e-V_a}{1+\frac{1}{\rho_C(1-\phi)+\rho_{FA}\phi}\left(\frac{f_{cu,p}}{Af_{ce}}+B\right)} \tag{9-9}$$

根据以上推导出的计算公式，结合现行规范[184]，以及绝对体积法来设计计算可控低强度材料的配合比，探索出 CLSM 的配合比设计步骤如下：

①确定配制强度

$$f_{cu,p}=f_{cu,0}+1.645\times\sigma$$

②确定水胶比

$$\frac{M_W}{M_C+M_{FA}}=\frac{1}{\frac{f_{cu,p}}{Af_{ce}}+B}$$

③确定用水量

$$M_W=\frac{V_e-V_a}{1+\frac{1}{\rho_C\times(1-\phi)+\rho_{FA}\times\phi}\left(\frac{f_{cu,p}}{Af_{ce}}+B\right)}$$

④确定胶凝材料用量

$$M_C+M_{FA}=\frac{M_W}{\frac{M_W}{M_C+M_{FA}}}$$

$$M_C=(M_C+M_{FA})\times\frac{(1-\phi)\rho_C}{(1-\phi)\rho_C+\phi\rho_{FA}}$$

$$M_{FA}=(M_C+M_{FA})\times\frac{\phi\rho_{FA}}{(1-\phi)\rho_C+\phi\rho_{FA}}$$

⑤确定砂石用量

根据 Mehta 教授和 Aitcin 教授的观点，当拌合物水泥浆与集料的体积比为 35：65 时，拌合物同时获得最佳的施工和易性和强度性能。因此对于 CLSM 可取 $V_e=350L/m^3$。根据体积模型图 9-9，当单位体积石子的空隙正好被干砂浆填满时，则干砂浆体积为 $V_{es}=1000P$，P 为石子的空隙率。

若石子的视密度为 ρ_0，堆密度为 ρ_b，则 $P=1-\frac{\rho_b}{\rho_0}$，从而

$$V_{es}=1000\times\left(1-\frac{\rho_b}{\rho_0}\right)\times100\%$$

根据体积模型，$V_S=V_{es}-V_C-V_{FA}-V_a$

$$V_G=1000-V_W-V_C-V_{FA}-V_S-V_a$$

其中，σ 为抗压强度的总体标准差，取值见表 9-10；V_a 为空气体积，在非引气混凝土中可取 15～30L/m^3；ϕ 为粉煤灰在整个胶凝材料中的体积分数。

表 9-10 σ 取值

强度等级	≤C20	C25 ~ C45	C50 ~ C55
σ 取值	4	5	6

现根据上述 CLSM 配合比的探索计算方法，计算 CLSM 的配合比。配制 CLSM 所用原材料水泥为山西省孝义市水泥厂生产的 42.5 级普通硅酸盐水泥，密度为 3.13kg/L，粉煤灰为山西孝义南关电厂分选粉煤灰，密度为 2.47kg/L，粉煤灰占胶凝材料体积分数为 67%，煤矸石为山西孝义汾西矿业集团原料矸石，破碎后 0.15mm 以下粒径含量为 7%，0.15 ~ 4.75mm 粒径含量为 62.4%，4.75mm 粒径以上颗粒含量为 30.6%，视密度ρ_0 = 2.35kg/L，堆密度ρ_b = 1.35kg/L，设计强度为 10MPa，空气含量为 15L/m^3。其配合比计算过程如下：

a. 确定配制强度

$$f_{cu,p} = f_{cu,0} + 1.645 \times \sigma = 16.58\ (\text{MPa})$$

b. 确定水胶比

$$\frac{M_W}{M_C + M_{FA}} = \frac{1}{\dfrac{f_{cu,p}}{Af_{ce}} + B} = 1.175$$

c. 确定用水量

$$M_W = \frac{V_e - V_a}{1 + \dfrac{1}{\rho_C \times (1-\phi) + \rho_{FA} \times \phi}\left(\dfrac{f_{cu,p}}{Af_{ce}} + B\right)} = 254.42 \approx 255\ (\text{kg})$$

d. 确定胶凝材料用量

$$M_C + M_{FA} = \frac{M_W}{\dfrac{M_W}{M_C + M_{FA}}} = 217.02 \approx 220\ (\text{kg})$$

$$M_C = (M_C + M_{FA}) \times \frac{(1-\phi)\rho_C}{(1-\phi)\rho_C + \phi\rho_{FA}} = 84.546 \approx 85\ (\text{kg})$$

$$M_{FA} = (M_C + M_{FA}) \times \frac{\phi\rho_{FA}}{(1-\phi)\rho_C + \phi\rho_{FA}} = 135.454 \approx 135\ (\text{kg})$$

e. 确定砂石用量

$$V_{es} = 1000 \times \left(1 - \frac{\rho_b}{\rho_0}\right) \times 100\% = 425.5 \approx 425\ (\text{L})$$

$$V_S = V_{es} - V_C - V_{FA} - V_a = 328.1877 \approx 330\ (\text{L})$$

$$V_G = 1000 - V_W - V_C - V_{FA} - V_S - V_a = 318.1877 \approx 320\ (\text{L})$$

$$M_S = V_S \times \rho_0 = 775.5 \approx 775\ (\text{kg})$$

$$M_G = V_G \times \rho_0 = 752 \approx 750\ (\text{kg})$$

f. 计算结果

设计强度为 10MPa 的可控低强度材料的配合比计算结果见表 9-11：

表 9-11 CLSM 配合比计算结果

名称	水泥	粉煤灰	煤矸石砂	煤矸石	水	总计
用量（kg/m^3）	85	135	775	750	255	2000

根据计算结果，将破碎煤矸石筛分为煤矸石砂、煤矸石及煤矸石灰，得出 CLSM 的配合比见表 9-12。CLSM 的工作性与抗压强度见表 9-13、表 9-14、图 9-10、图 9-11。

表 9-12 CLSM 配合比

编号	水泥	粉煤灰	煤矸石				水
			≤0.15mm	0.15～4.75mm	≥4.75mm	总计	
16	85	135	0	775	750	1525	255
17	85	50	85	775	750	1610	255
18	190	380	—	—	—	950	455

表 9-13 CLSM 的工作性能

编号	坍落度（mm）	扩展度（mm）	泌水率（%）	沉降
16	250	620	3.7	轻微
17	260	640	4.4	轻微
18	240	590	6.9	严重

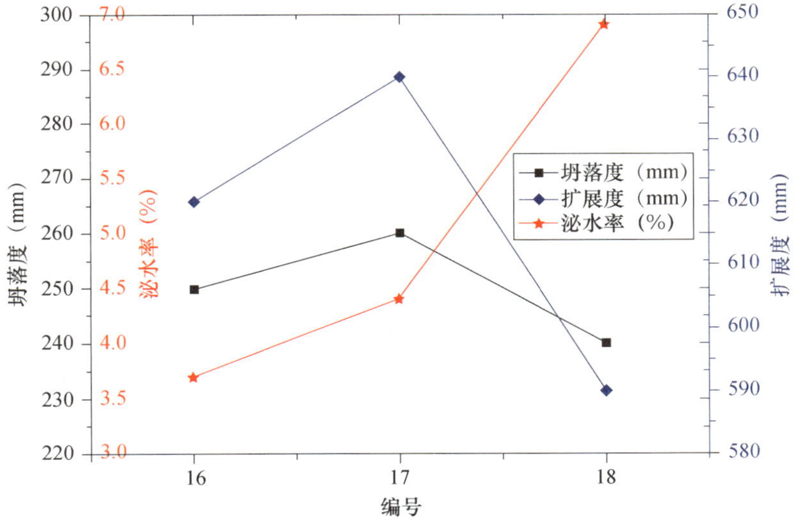

图 9-10 CLSM 的工作性能

从图 9-10 中可看出，通过计算得出的 CLSM 配合比，其坍落度与扩展度要好于试验配比，泌水率也低于试验配比。将筛出的煤矸石灰作为粉体材料替代粉煤灰后，其坍落度与扩展度增大，泌水率也增大。这是因为，通过计算得出的 CLSM 配合比，其水胶比为 1.175，用水量为 255，而实验得出的较佳 CLSM 配合比，水胶比为 0.8，用水量为 455，虽然第 16、第 17 组用水量远少于第 18 组，但其水胶比比较大，水泥与粉煤灰的用量较少，且颗粒级配更合理，所需要的吸附水、层间水和化学结合水较少，毛细孔水较多，自由水较多，因此第 16、第 17 组与第 18 组相比，坍落度与扩展度较好，流动性更好。由于所用粉煤灰烧失量较高，粉煤灰颗粒大多呈现多孔型蜂窝状结构，且具有较高的比表面积，因此，这种粉煤灰的吸附水量较多，也即需水量较多。将筛出的煤矸石灰作为粉体材料替代粉煤灰，进一步减少了 CLSM 的需水量，CLSM 中的自由水更多，第 17 组的坍落度、扩展度也就好于第 16 组，其泌水率也就高于第 16 组。

表 9-14　CLSM 的抗压强度

编号	抗压强度（MPa）		
	3d	7d	28d
16	1.1	2.1	3.6
17	1.0	2.0	3.4
18	1.3	2.8	4.5

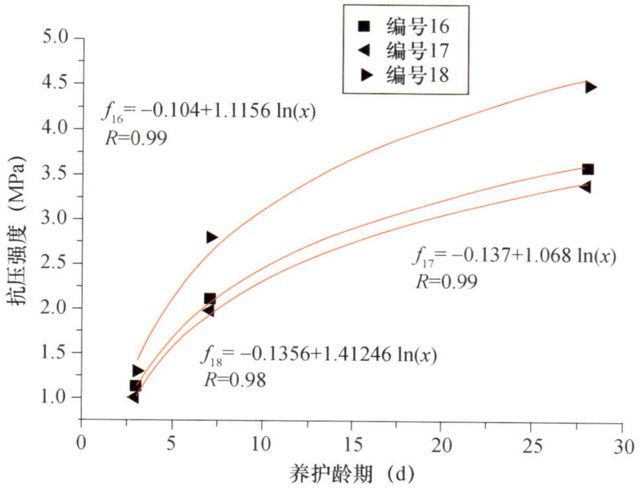

图 9-11　CLSM 的抗压强度

从图 9-11 中可看出，通过计算得出的 CLSM 配合比，各龄期的抗压强度均低于第 18 组。使用筛出的煤矸石灰替代粉煤灰，CLSM 各龄期的抗压强度降低。这是因为通过计算得出的 CLSM 配合比，水泥用量为 85kg/m^3，是第 18 组水泥用量的一半，其各龄期抗压强度必然要低于第 18 组。再者通过计算得出的 CLSM 配合比，集料用量较多，导致水泥基体与集料间的界面过渡区缺陷增多，界面过渡区的强度降低，从而使得 CLSM 强度降低。此外，通过计算得出的 CLSM 水胶比较大，为 1.175，高于第 18 组的 0.8，根据水胶比定则，其各龄期的抗压强度应均低于第 18 组。以上三个因素都导致 CLSM 强度的降低，尤其是水泥用量的减半，并没有使 CLSM 的强度过分降低，这可能是因为通过计算得出的 CLSM 配合比，其颗粒级配比较合理，从而减少了 CLSM 的孔隙率，一定程度上增加了 CLSM 的抗压强度。将筛出的煤矸石灰作为粉体材料替代部分粉煤灰，虽然煤矸石灰也具有相应的集料效应和形态效应，但其几乎没有活性 SiO_2 和活性 Al_2O_3，不能在 CLSM 水化后期提供二次火山灰反应，活性效应较差，因此，煤矸石灰替代粉煤灰，导致各龄期的 CLSM 抗压强度降低。

（5）归纳

单一变量研究胶集比、水胶比及粉煤灰掺量对 CLSM 工作性能和抗压强度的影响，得出如下结论：

随着胶集比的升高，CLSM 的流动性越来越好，但泌水率越来越大，离析泌水沉降，和易性问题越来越严重，强度也越来越低。胶集比为 0.6 时，CLSM 的性能较佳。

随着水胶比的升高，CLSM 的流动性越来越好，泌水率接近于线性增大，各龄期的抗压强度均降低。水胶比为 0.8 时，CLSM 具有较好的性能。

随粉煤灰掺量的增大，CLSM 的流动性降低，泌水率降低，离析泌水沉降，和易性问题逐渐改善，抗压强度逐渐降低。从环保和节约成本的角度出发，认为粉煤灰掺量为 1：2 较合适。

通过探索出的 CLSM 配合比计算方法得到的配合比，要比上述试验得出的最佳配合比流动性更好，泌水率更低，强度也更低，但足够用于矿井充填开采。将筛出的煤矸石灰作为粉体材料替代粉煤灰，使得 CLSM 流动性更好，泌水率也更高，强度更低。仅从工作性、和易性及抗压强度的角度来看，探索得到的 CLSM 配合比计算方法具有有效性。

9.3　煤矸石矿井充填工程实例

火铺矿共征用土地约 $1.6\times10^6 m^2$，用于办公、建设、住宅、道路等各种用地。其中办公楼片区家属区用地约3730m^2，副斜井工业广场用地约1.1×10^{5}m^2，北三工业广场用地约4.1×10^{4}m^2。火铺煤矿从建矿至2011年，累计采出煤炭4505.9万t，煤矸石4000万m^3，约6000万t，造成了大片的采空区，严重破坏了矿区地下应力分布，以至于矿区多处出现大面积塌陷区。为了减少矿区塌陷，井下采空区垮塌，与其他矿井一样，火铺矿将煤矸石用于井下采空区及地面塌陷区的充填，既减少了煤矸石出井量又减少了地质灾害的发生，保护了矿区的生态安全。

现如今，用煤矸石充填采空区有很多的充填方法，但目前比较有发展前景的是煤矸石井下回填技术。煤矸石井下回填就是将煤炭开采过程中产生的煤矸石就近排至联巷、排矸巷、施工巷及其他废弃的巷道内，解决建筑物下、道路下、水体下的煤柱回采，使煤矸石不升井就地消化，达到控制岩层运动及地表沉陷的目的。太原东山煤矿应用煤矸石充填技术，将井下采煤过程产生的煤矸石破碎后直接充填到采空巷道内，不仅治理了采空区，还提高了煤炭的回采率，实现煤矸石零排放，给煤矿带来良好的经济和环境效益。淮南矿区用于井下充填每年消耗煤矸石180万t。河北金牛能源股份有限公司近年来着力研究煤矸石井下回填利用技术，并取得了一定的突破。自2004年，他们在所属的邢东煤矿采用这一技术，目前1年可填巷道1万m，直接经济效益可达1.8亿元。另外，还直接减少了煤矸石升井、运输、占地等费用。此项技术在今后的发展中需要多做研究[185]。

本课题组也对前期做的工作进行了工业化生产可行性分析，在山西新阳煤矿充填站进行环管试验研究，如图9-12所示。

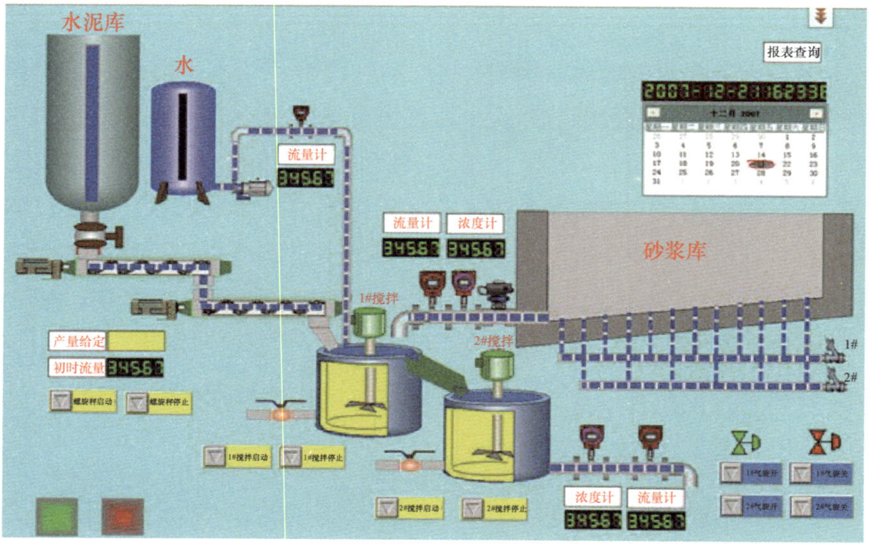

图9-12　山西新阳煤矿充填站

汾西矿业（集团）有限责任公司新阳煤矿的充填工业性试验选择在高阳村保安煤柱内，地面充填站布置在二号井工业广场上，控制系统如图 9-13 所示。试验面充填管路为内径 180mm 的耐压无缝钢管，管路总长 2700m，最远距离充填管路总长 3500m，其中，地面 40m，二号井立管 260m，井底至三下集中巷 1600m，集中巷长度为 800m，顺槽长度为 600m，工作面管路及排水管路为 200m。泵送系统采用的是飞翼股份有限公司研发的 HGBS200 型活塞式工业液压泵，出口压力为 14MPa，工作能力为 $150m^3/h$，如图 9-14 所示。

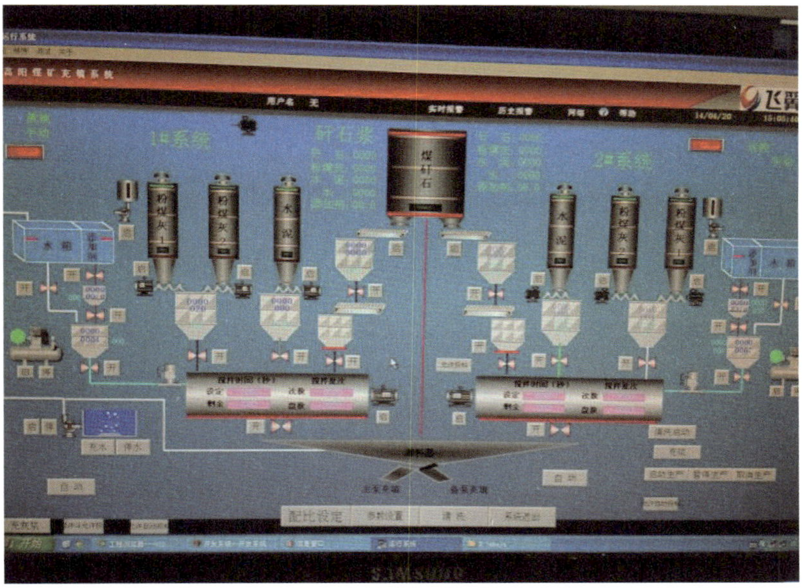

图 9-13　充填站控制系统

图 9-14　充填泵

根据国外金属矿山充填的经验，一般高浓度料浆在管道内的流速控制在 1.5m/s 以内，浆体的速度过高，料浆流动需要克服的水力坡降大，管道磨损速度也快，增大能量消耗，流速过小则充填能力不能满足生产需要或需要增加充填管道内径。充填管路内径为 $D=180$mm，充填泵最

大工作能力为 $Q=150\text{m}^3/\text{h}$，则 CLSM 在管道内的流动速度为[186]

$$v=\frac{4Q}{\pi\times D^2}=1.638\text{m/s}$$

以约 1.64m/s 的流速泵送 CLSM，从充填站泵送至充填工作面至少需

$$t=\frac{S}{v}=\frac{2700}{1.64}=1646.34\text{s}=27\text{min}$$

考虑到充填泵不能长时间满载工作，设定充填泵的正常工作能力为 $120\text{m}^3/\text{h}$，则 CLSM 在管道内的流动速度 $v=1.31\text{m/s}$，此时 CLSM 从充填站泵送至充填工作面的时间为 2061s，即 34min。考虑到排除充填系统或泵送系统可能出现的故障的预留应急时间 1.5h，因此 CLSM 料浆应具有 2h 左右的良好工作性、和易性和可泵性，这一性能要求已经通过外加剂的复掺得到保证。

但充填泵的出口压力为 14MPa，充填管路总长 2700m，将充填管路看作直流管路，无弯曲，则 CLSM 在充填管路中的最大压力损失不能超过 5.19kPa/m，否则 CLSM 无法从出料口泵出。关于 CLSM 在充填管路中的压力损失难以测定，只能通过环管试验测得接近实际充填的 CLSM 管道压力损失。

9.3.1 环管试验系统

环管试验采用河北联合大学的环管试验系统，主要包括硬件和软件部分，硬件部分为 4 个子系统：制浆系统、加压输送系统、测量系统、给排水系统；软件部分为控制系统。环管试验具有以下特点：

（1）管道压力损失测量精度较高。河北联合大学的环管试验系统采用高精度远传压差传感器代替压力传感器，具备抗压能力强、测量精度高的特点。

（2）使用数据采集卡对传感器进行集中取数，避免了过去因人为因素造成的数据读取时间上的不同步和误差。数据采集卡可获取极短的时间间隔、同一时刻多个传感器的数据并记录，大量的数据利于对泵送全过程微小细节的了解，利于对试验数据的处理。

（3）对 CLSM 在环管试验泵送过程中可能出现的堵管事故等故障问题有更清楚直观的认识，为工业大生产中可能出现的堵管等故障处理带来了难能可贵的经验认识。

环管试验系统的压差计和组成系统如图 9-15 ~ 图 9-18 所示。

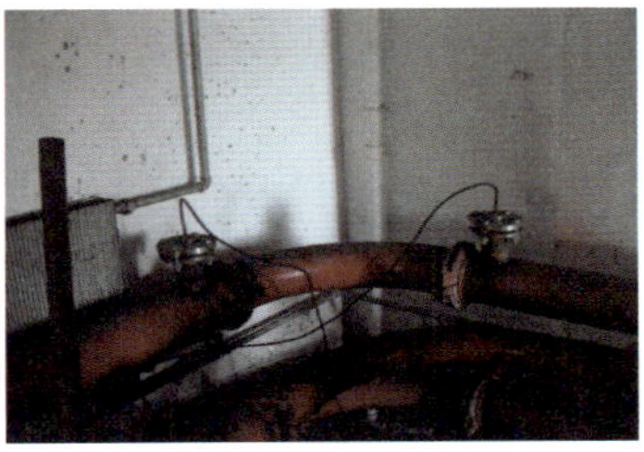

图 9-15 弯管压差计

图 9-16 直管压差计

图 9-17 加压输送系统

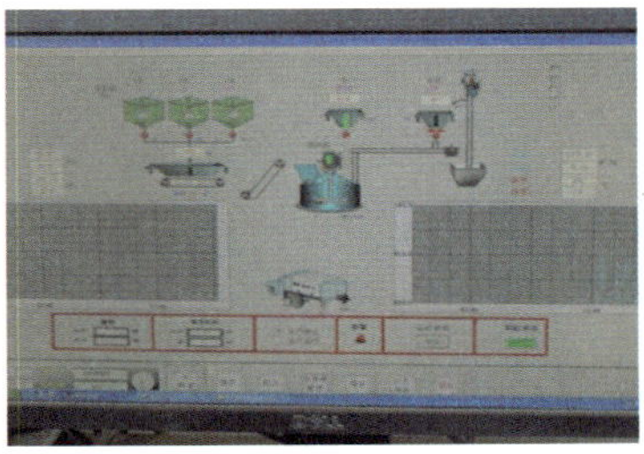

图 9-18 控制系统

9.3.2 CLSM 环管试验

1. CLSM 环管试验方案

本书第 3 章已确定了 CLSM 的配合比，但在实际工业应用时，由于粉煤灰与煤矸石的波动，造成粉煤灰与煤矸石需水量的变化，因此用水量并不能固定不变，而是需要根据搅拌制得的 CLSM 料浆的工作性与可泵性现场调整，因此 CLSM 的用水量会在一定范围内波动。本书第 3 章已确定，单纯靠新阳煤矿现场的原材料制备的 CLSM 的性能较差，流动性得不到保障，离析泌水沉降使和易性变差，可泵性较差，必须通过复掺外加剂进行改性。根据本书第 4 章确定的外加剂复掺方案，确定环管试验配合比，见表 9-15。

表 9-15 CLSM 环管试验配合比（kg/m^3）

编号	水泥	粉煤灰	煤矸石	水	外加剂
1	190	380	950	435	11.4
2	190	380	950	445	11.4
3	190	380	950	455	11.4

河北联合大学环管试验系统拥有两套不同管径的无缝钢管以及不同曲率半径的弯管。本书在试验时选择了管径为 150mm 的管路，根据汾西矿业（集团）新阳煤矿充填管路布置，设置了近似弯管，管路总长 72m，同时，设定 CLSM 在管路内的流动速度为 1.31m/s，则流量 $Q=\pi D^2 v/4=83.34m^3/h\approx 84m^3/h$，此时流速 $v=1.39m/s$。

2. CLSM 环管试验方法与步骤

（1）系统开始使用前先做清水试验，其目的是检测管道及阀门的密封性、监测仪器的精度可靠性、泵对流量的调节能力以及清洗管路等。

（2）系统开始使用时，先加入 400～500kg 的粉煤灰与水泥，制得水泥灰浆，用以润湿管道。

（3）按 CLSM 环管试验方案，称取各原料，开启搅拌机，搅拌 1～2min，制备 CLSM 料浆。

（4）设定环管试验系统参数，如流速设定为 1.34m/s、流量设定为 $85m^3/h$。流量是通过改变活塞冲程周期完成的，通常每一冲程是在 3～16s 的范围内调节。每次试验开始前，先标定泵活塞冲程的周期。

（5）打开出料阀，CLSM 进入泵料斗内至 2/3 处启动混凝土泵，料浆需在系统中连续运转 10～20min 至系统运行基本稳定之后，即可开始各种数据测试工作。测试时，每隔 1min 测取一次数据。

（6）测取数据后，按照步骤（2）泵送水泥灰浆，以清除管路内残余的煤矸石等固体颗粒。

（7）用清水对设备进行清洗，重点是泵的活塞缸、喂料斗以及管路，确保其内不残留粗粒料和水泥浆。

3. CLSM 环管试验结果与分析

按照环管试验方法和步骤，根据 CLSM 环管试验方案，进行环管试验，测得 CLSM 不同用水量下的直管段压差和弯管段压差，见表 9-16、图 9-19、图 9-20。

表 9-16　CLSM 环管试验数据

编号	时间（min）	直管压差（kPa）	弯管压差（kPa）
1	0	25.31	3.23
	1	26.66	3.37
	2	26.58	3.18
	3	26.83	3.36
	4	26.70	3.05
	5	26.66	3.03
	6	26.53	3.26
	7	26.34	3.50
	8	26.56	3.35
	9	25.19	3.60
	均值	26.34	3.29

续表

编号	时间（min）	直管压差（kPa）	弯管压差（kPa）
2	0	22.74	2.86
	1	23.12	2.88
	2	22.93	2.86
	3	22.71	2.86
	4	23.64	2.87
	5	23.56	2.89
	6	23.58	2.66
	7	23.22	2.84
	8	23.54	2.68
	9	22.94	2.56
	均值	23.20	2.79
3	0	19.32	2.45
	1	18.86	2.29
	2	19.43	2.33
	3	19.32	2.52
	4	19.56	2.30
	5	19.31	2.38
	6	19.41	2.56
	7	19.24	2.24
	8	19.31	2.59
	9	19.17	2.45
	均值	19.29	2.41

从图 9-19 与图 9-20 中可看出，随着用水量 w 的增加，直管压力损失与弯管压力损失都呈线性下降，这是因为，其他原材料用量保持不变，用水量降低，则 CLSM 中自由水含量降低，CLSM 的流动性降低，相应的 CLSM 黏聚性增大，CLSM 与管路的摩擦系数增大，因此，CLSM 在管路内的压力损失增大；用水量增大，则 CLSM 中自由水含量升高，CLSM 的流动性更好，相应的 CLSM 黏聚性降低，CLSM 与管路的摩擦系数降低，因此，CLSM 在管路内的压力损失减小。对环管试验数据进行拟合，可以得到直管压力损失 dp_1 与用水量 w 的计算公式以及弯管压力损失 dp_2 与用水量的计算公式：

$$dp_1 = 109.30583 - 0.3525w$$

$$dp_2 = 13.61 - 0.044w$$

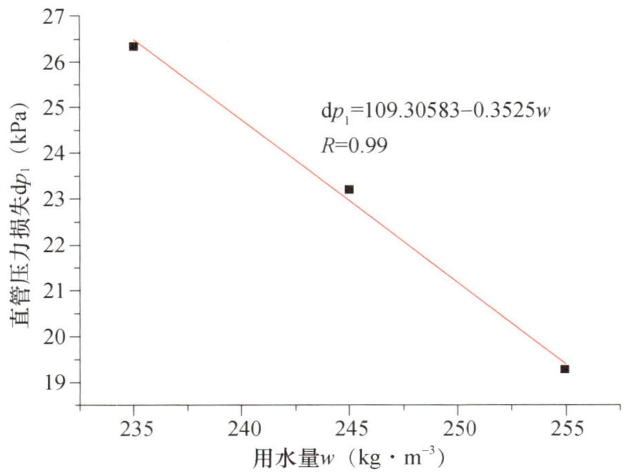

图 9-19　用水量 w 对直管压力损失 dp_1 的影响

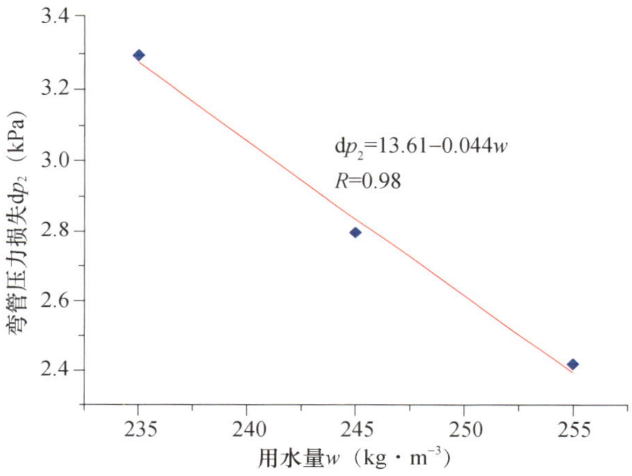

图 9-20　用水量 w 对弯管压力损失 dp_2 的影响

4. CLSM 用于矿井充填开采的可行性分析

在环管试验中，液压泵的工作能力为 85m^3/h，管路直径为 150mm，CLSM 在管路中的流动速度为 1.34m/s，测得用水量为 245kg/m^3 时，CLSM 的直管压力损失为 23.20kPa，弯管压力损失为 2.79kPa，直管压差计相距 10m，弯管压差计距离为 1m，因此，CLSM 的总体管路压力损失 dp = （23.20 + 2.79）/（10 + 1） = 2.36（kPa/m），用水量为 235kg/m^3 时，CLSM 的总体管路压力损失为 2.69kPa/m，用水量为 255kg/m^3 时，CLSM 的总体管路压力损失为 1.97kPa/m。用水量在 10kg 范围内波动，CLSM 的总体管路压力损失均低于 CLSM 在新阳煤矿工业充填开采时所允许的最大管路压力损失 5.19kPa/m。此外，在环管试验中所选择的 CLSM 流动速度要大于新阳煤矿工业充填开采时设定的流动速度，张兴荣[187]等的研究表明，浆体在管路中的流动速度提高，会使浆体在管路中的压力损失增大，因此，实际充填时，CLSM 在管路中的压力损失可能更低。综合考虑，将 CLSM 用于矿井充填开采具备可行性。

10 煤系偏高岭土的制备与应用

10.1 煤系高岭土介绍

高岭土是一种以高岭石族矿物为主要成分、质地纯净的细粒黏土。其原矿含有少量蒙脱石、伊利石以及石英、云母、黄铁矿、方解石、有机质等杂质。其主要用途是用来制作日用陶瓷、工业陶瓷、搪瓷及耐火材料；也可以作为造纸、橡胶和塑料制品、涂料等的充填料或白色颜料[188]。

目前，全球高岭土的探明储量大约在 320 亿 t，主要分布于美国、英国、中国、巴西等地，其中美国以 82 亿 t 的储量居首，中国储量大约为 30 亿 t，居世界第三（图 10-1、图 10-2）。

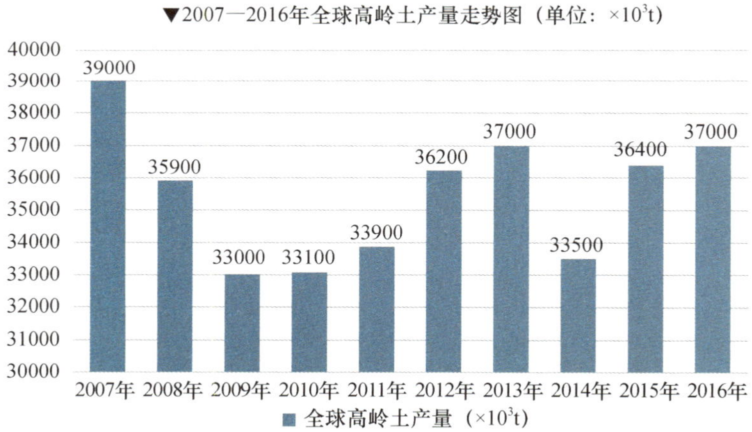

图 10-1　高岭土产量

高岭土矿石性质如下：

高岭石是长石和其他硅酸盐矿物经过天然蚀变反应后生成的产物，是一种含水的铝硅酸盐，属于黏土矿物。高岭石化学式：$Al_4[Si_4O_{10}]\cdot(OH)_8$，理论组成：$Al_2O_3$39.53%、$SiO_2$46.51%、$H_2O$13.95%。高岭石是层状结构的硅酸盐矿物，是典型的 1：1 型二八面体晶体，属于三斜晶系，结构单元层由 Si—O 四面体片与 Al—O 八面体片连接形成的结构层沿 C 轴堆积而成，层间没有阳离子或水分子存在，强氢键加强了结构单元层间的连接（图 10-3）。

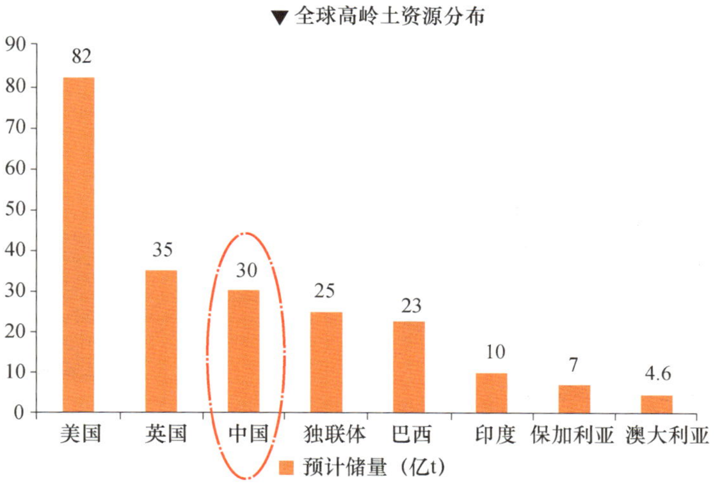

图 10-2　高岭土资源分布

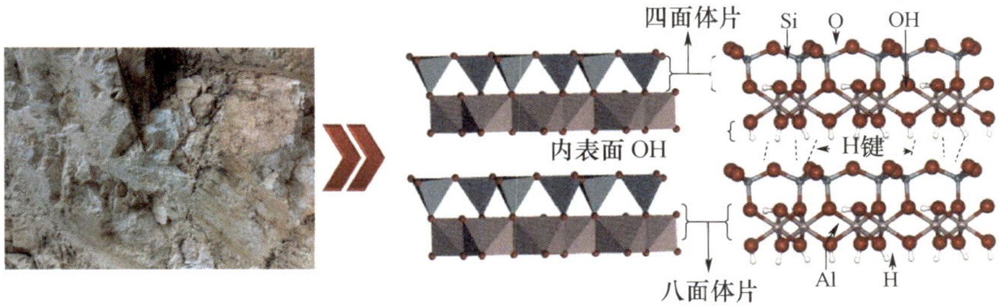

图 10-3　高岭石

高岭土与煤系高岭土（图 10-4）分类如下：

高岭土是一种以高岭石族黏土矿物为主的非金属矿产。质纯的高岭土呈洁白细腻、松软土状，具有良好的可塑性和耐火性等理化性质。我国的高岭土矿产资源位居世界前列。主要包括非煤建造高岭土和含煤建造高岭土（煤系高岭土）两种类型，储量各占 50%，其中，煤系偏高岭土的储量居世界首位。

煤系高岭土作为一种重要的矿产资源，其预计储量为 112 亿 t 左右，已探明储量约为 17 亿 t，其中。煤炭生产加工过程中遗弃的煤矸石中高岭石含量超过 80% 的称为煤系高岭土。

煤系高岭土是煤矸石的主要类型之一，它是以高岭石（>80%）为主要矿物成分的黏土矿。研究表明：高岭石质煤矸石含丰富铝资源和大量高岭土等可利用的其他矿物组分，被称为具有综合利用价值的“可再生资源”。用煤系高岭土加工煅烧高岭土时，关键技术在于超细粉碎和煅烧，目前国内生产煅烧高岭土的原料主要指标要求：高岭石含量在 97% 以上，Fe_2O_3 含量不超过 0.5%。

偏高岭土是以高岭土为原料，在一定温度范围内对其进行煅烧，使其内部结构发生破坏，从而形成一种化学性质不稳定的物质。它的化学成分主要是氧化铝和二氧化硅，性质不稳定，在碱性环境下具有胶凝特性，是一种活性高的矿物掺合料。

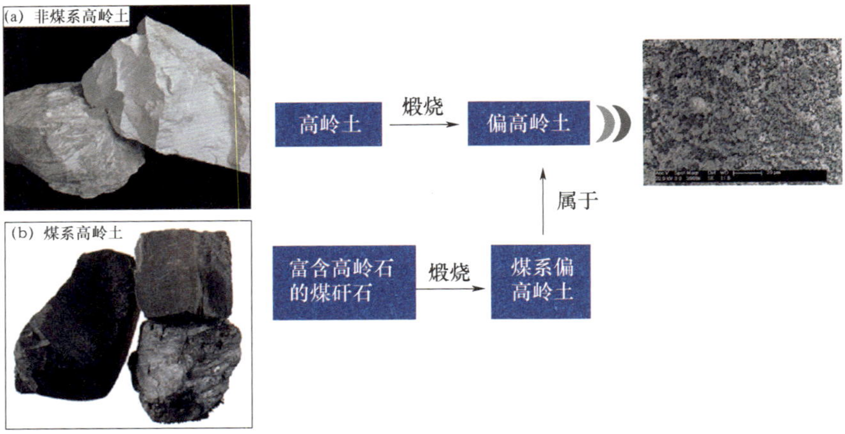

图 10-4　高岭土与煤系高岭土

国际上有很多相关企业和公司。比如法国的 Imerys（英格瓷）公司、美国的 Engelhard 公司、巴西的 Cadam 公司等。

Imerys（英格瓷）公司是世界上最大的开发高岭土的跨国公司，总部设在法国巴黎，其高岭土生产开发经营分布在美国、巴西、英国、葡萄牙、泰国、澳大利亚、乌克兰和新西兰，其产量占世界总产量的 1/4。2003 年该公司将其业务重组成造纸和特种材料，成立了一个全球“造纸颜料”商业集团，其在欧洲、北美、巴西和亚洲的“造纸颜料”分部也并入该集团。这家公司是世界上唯一的在 3 个优质高岭土矿带上从事高岭土开采的高岭土公司，这 3 个矿带位于巴西亚马逊、美国佐治亚州和英国康沃尔，其高级高岭土精选产品可用于造纸涂料。该公司提供的产品主要为软质高岭土和超细煅烧高岭土两大部分，其中以煅烧高岭土为主，主要应用在涂料、颜料、薄膜、密封剂、胶粘剂和橡胶等领域。此集团市场是全球造纸工业，特种材料集团市场为陶瓷和特种材料（如涂料、橡胶）等。

Engelhard 公司创建于 1902 年，总部位于美国新泽西州，其主要致力于催化剂的研发与销售。另外，高岭土年产量 200 万 t。近几年开发了煅烧高岭土和高档造纸用高岭土。提供的特种高岭土主要用于塑料、橡胶、墨水、化妆品、陶瓷、结合剂、涂料及其他工业。Engelhard 公司已被巴斯夫（BASF）收购。

Cadam 公司是巴西最大的高岭土生产商，巴西造纸涂料用高岭土的主导企业。其高岭土储量超过25.04亿t，质量优良，天然白度86.3% ~ 89.3%。按目前高岭土的生产量计算，Cadam可提供世界350年的高岭土需求量，其90%的产品出口，主要销往欧洲、亚洲和南美洲。

10.2 煤系偏高岭土的制备及胶凝性

高岭土的主要成分是SiO_2和Al_2O_3，将其在600 ~ 900℃下煅烧脱水、超细粉磨形成偏高岭土（MK），在煅烧过程中，高岭土排出结构水，Al—OH八面体中的Al^{3+}扩散并重新排列，组成Al—O键，由六次配位变成四次配位，形成偏高岭土。其化学式如下：

$$Al_2O_3 \cdot 2SiO_2 \cdot 2H_2O \longrightarrow 2SiO_2 \cdot Al_2O_3 + 2H_2O$$

煤系偏高岭土为层状结构，层间分子排列不规则，呈热力学介稳状态，在适当激发下具有胶凝性，且偏高岭土具有粒径小、比表面积大、结晶度差、活性好等特点，在高性能水泥砂浆、混凝土掺合料、地聚合物制备等领域得到广泛研究。

不同煅烧温度下煤矸石矿物组成如图10-5所示。

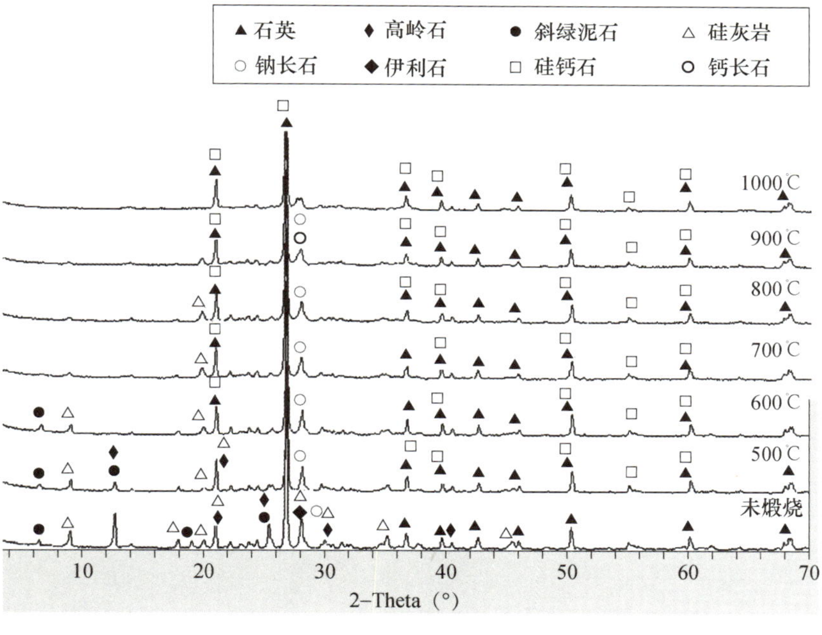

图10-5 不同煅烧温度下煤矸石矿物组成

500℃高岭石衍射峰大幅降低，结构水OH^-的脱出，高岭石结构被破坏，逐渐生成偏高岭土其他矿物分解，峰值也下降，石英的相对含量增加，峰强度增大；600℃、700℃煅烧，高岭石、绿泥石衍射峰全部消失；800℃煅烧后，云母、长石的衍射峰还在，1000℃已经可见铝硅尖晶石及少量莫来石的衍射峰。

煤系偏高岭土水泥基材料研究与应用较为广泛。偏高岭土本身就是一种高活性的火山灰材料，其中的 SiO_2 和 Al_2O_3 在水泥水化的碱性环境下，可与体系中的 $Ca(OH)_2$ 发生火山灰反应，生成水化硅酸钙、水化铝酸钙等水泥石矿物，起辅助胶凝材料的作用，所以偏高岭土也是较为优质的活性矿物掺合料。

在工作性方面，偏高岭土的作用也较为突出，其具有较大的比表面积，亲水性好，且具有层状结构，层间间隙大，结构无序且孔隙较多，偏高岭土在混凝土中应用时这些结构和形貌特征导致混凝土流动性变差，用水量提高，但可改善混凝土拌合物的和易性及黏聚性，保持水分、减少泌水。

偏高岭土颗粒细小，粒径通常在几微米左右，掺入混凝土时能填充水泥浆体中的孔隙，增加浆体的密实度，且其中的活性成分与水泥水化产生的氢氧化钙反应生成凝胶产物，起到降低混凝土孔隙率，细化孔径的作用，如图 10-6 所示。在混凝土中加入偏高岭土后，微观结构有一定的改善。硬化后的水泥石中，氢氧化钙的含量会大大减少，水化 C—S—H 凝胶的含量相应增多[189]。

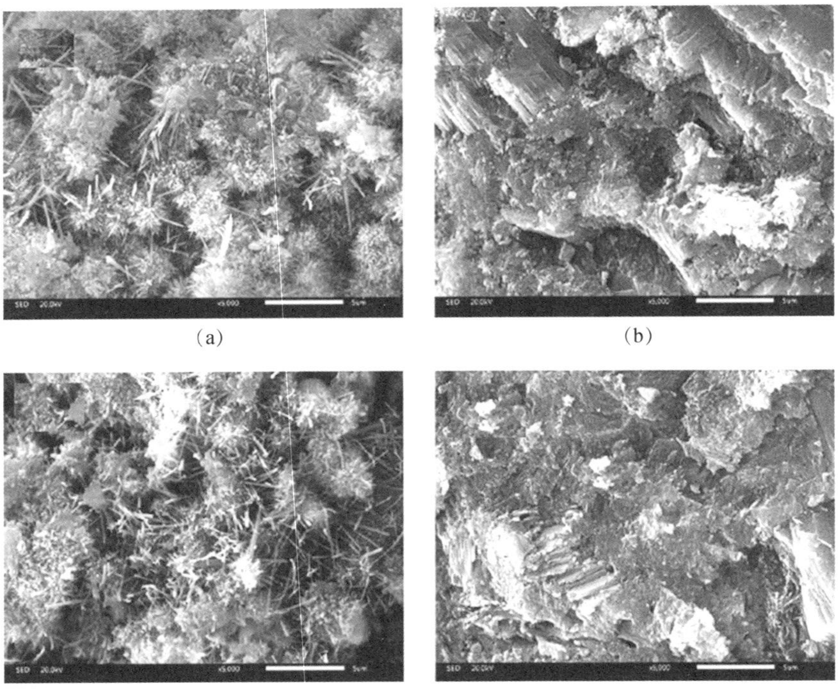

图 10-6 净浆试块 SEM 图像

(a) MK0，3d；(b) MK0，28d；(c) MK12，3d；(d) MK12，28d

煤系偏高岭土之所以能提高混凝土的强度及其他性能，主要在于它加速水泥水化反应及其填充效应和火山灰效应。加速水泥水化是它能大幅度提高混凝上强度的重要原因，填充效应居次，火山灰效应则发生在7～14d。

（1）加速水泥水化效应：介稳态无定型硅铝化合物，在碱性环境激发条件下，形成硅铝酸盐网络结构，迅速与 $Ca(OH)_2$ 反应加速水化。

（2）填充效应：微小颗粒具有良好的填充性能，可以提高混凝土的密实性。

（3）火山灰反应：改善界面区 $Ca(OH)_2$ 的取向度，减少界面过渡区薄弱环节。

有研究表明，偏高岭土、矿渣与粉煤灰等矿物掺合料复掺组合时增强效果会更显著。偏高岭土混凝土三元复掺的抗压强度一般大于其二元复掺的抗压强度，其二元复掺的抗压强度一般大于其单掺的抗压强度[190-191]（图10-7）。

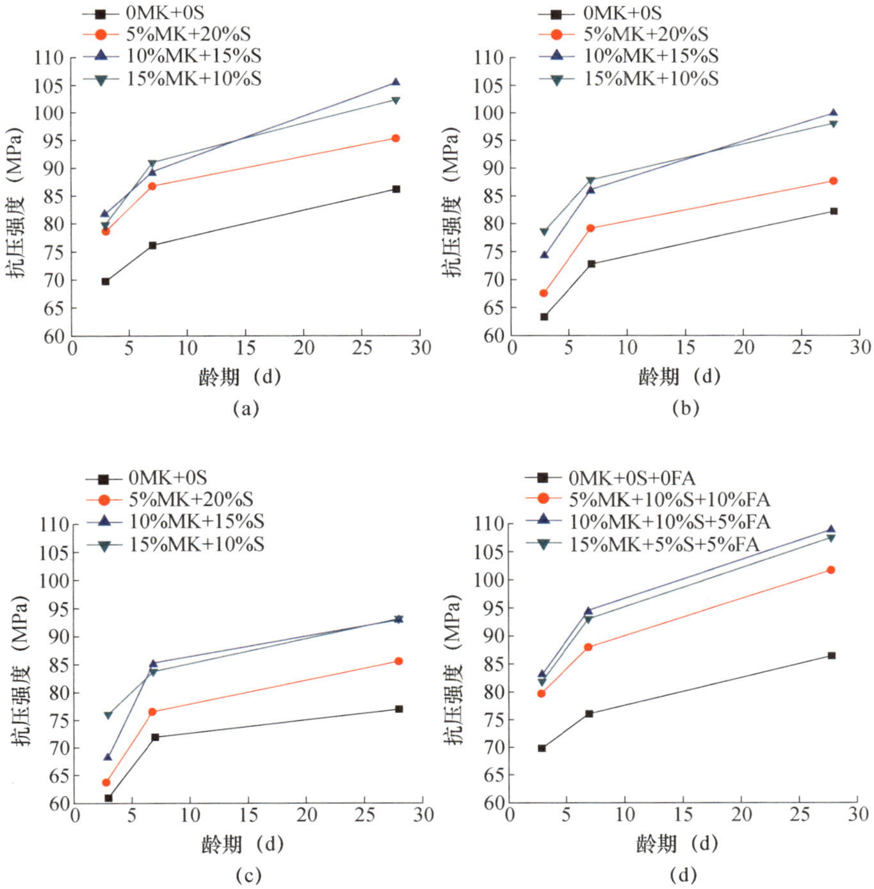

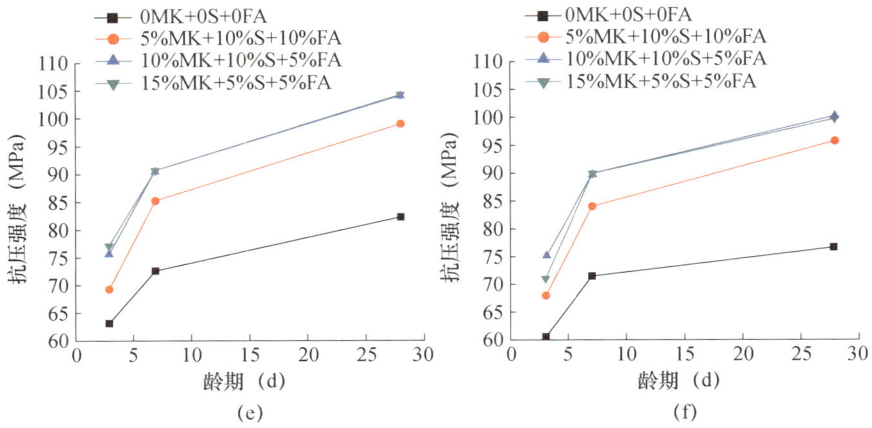

图 10-7　偏高岭土、矿渣与粉煤灰复掺对混凝土抗压强度的影响

（a）水胶比为 0.18；（b）水胶比为 0.21；（c）水胶比为 0.24；

（d）水胶比为 0.18；（e）水胶比为 0.21；（f）水胶比为 0.24

此外，偏高岭土作为矿物掺合料使用还会使水泥基材料具有不泌水、不开裂、耐磨性优良、观感效果好等优点，在实际土木建筑工程中也应用较多。例如，1962 年偏高岭土作为矿物掺合料应用于巴西朱瑟皮大坝的工程，现如今的北京西郊机场跑道也曾使用偏高岭土掺合料来制备混凝土（图 10-8）。

图 10-8　西郊机场俯视图

10.3　煅烧煤系高岭土的应用实例

我国煤系高岭土资源主要分布在东北和西北的石炭-二叠纪煤系中，据对全国主要矿区统计，煤系高岭土探明储量为 14.42 亿 t，其中以内

蒙古准格尔煤田的资源最多，达 8.1 亿 t，我国煤系高岭土主要产出省区储量统计，见表 10-1[192-193]。

表 10-1 我国煤系高岭土主要产出省区储量统计

省份	内蒙古	安徽	山西	河南	陕西
矿区（处）	4	3	7	2	2
储量（亿 t）	8.27	4.8	3.40	2.03	1.16

煤矸石经过煅烧、超细磨处理后可得到煅烧高岭土，它具有成本低、储量大、质量好等特点，可广泛应用于涂料、造纸、陶瓷、医药和橡胶工业，有可观的市场前景。目前，一些国家如日本、韩国等，它们拥有的资源匮乏，高岭土稀少，所以每年本国的煅烧高岭土产量很少，这样就需要向别的资源大国进口高岭土原料或者优质的煅烧高岭土。2015 年全国煅烧高岭土需求量为 50～55 万 t，出口量约为 100 万 t。在造纸行业中高岭土是消耗量最多的白色非金属矿物材料，75% 以上的高岭土用于造纸。高岭土用于造纸填料需要具备一些特点（如具有较小的粒径并且粒度均匀一致、有很高的白度和纯度等）。由于高岭土和一些矿物共存伴生，杂质含量偏高并且白度低，所以，目前我们国内的高岭土经预处理后 80% 以上用作造纸涂料。造纸涂料一般由填料、膜物质、助溶剂等组成，主要原料为滑石粉、碳酸钙、二氧化钛和煅烧高岭土。煅烧高岭土分为两种：一种是低温煅烧高岭土，也就是在 600～800℃ 煅烧，称为不完全煅烧高岭土；另一种是在 950～1050℃ 高温下煅烧高岭土，称为完全煅烧高岭土。前者低温煅烧高岭土多用于造纸填料，后者高温煅烧高岭土用于造纸涂料颜料。这两种高岭土都可以替代价格很高的 TiO_2 作为颜料使用[194]。

10.3.1 造纸

煤系高岭土的另一大消费产业为造纸工业。高岭土在纸业生产中主要起填料和涂料作用。由于木质纤维之前存在间隙，会影响纸张的光滑度及密度，加入高岭土后，可以很好地填充消除木质纤维之间的大量间隙，使纸张密度及平滑度都得到提升。涂料是涂在纸张表面，使生产出来的纸张表面光滑和光亮整洁，具有不透明性和“可印性”。

彩色印刷中的铜版纸就是以片状高岭土作为优质涂层原料，使纸张具有较好的表面光泽和白度并能使纸张更有效地吸收印刷油墨，极大改善油墨吸附性、光泽度和减少印刷斑点。另外，钛白粉是造纸用的一种较为昂贵的材料，也可以作为填料，并起增白作用，高岭土可以很好地替代钛白粉，使纸张生产成本得到有效控制。高岭土替代钛白粉尤其适用于刮刀涂布机。

在具体指标方面，造纸涂料主要是对高岭土加工产品的纯度、白度、黏度、浓度和细度有要求。例如，对高级加工纸涂料 ZT-OA 要求白度≥90.0%，小于 2μm 含量≥90.0%，黏度浓度（500mPa · s 固含量）≥68.0%，Al_2O_3 含量≥37.00%。

近年来，我国造纸工业发展迅速，每年以约 15% 的速度递增。当前，我国人均年用纸已达 50kg 左右，但与发达国家人均年用纸 90kg 左右仍有较大差距。

据中国造纸协会调查资料显示，2015 年全国纸及纸板生产企业约 2900 家，纸张现有总产能 1.3 亿～1.4 亿 t，开工率约 80%。全国纸及纸板生产量 10710 万 t，较 2014 年增长 2.29%；纸张消费约 10300 万 t，较 2014 年增长 2.95%。2015—2017 年，行业每年新增产能 400 万～600 万 t，新增产能逐年减少。2016—2020 年每年淘汰落后产能 300 万 t，行业开工率将每年上升 0.7pct，行业景气将逐步改善。2020 年，全国造纸产量预计为 16500 万 t 左右。

2015 年国内造纸行业高岭土消耗量约 165 万 t，依据历史数据及未来造纸行业产量的发展趋势，预测到 2020 年，全国造纸行业高岭土需求量约为 255 万 t，其中国内产量占 65% 左右（表 10-2）。

表 10-2　2020 年我国陶瓷用高岭土消费量

项目	2005 年	2010 年	2015 年	2020 年
造纸总量（万 t）	4000	7000	10710	16500
造纸行业高岭土需求量（万 t）	62	108	165	255
其中：国产量（万 t）	42	73	100	170
进口量（万 t）	20	35	65	85

10.3.2　涂料

高岭土在油漆涂料生产中主要是作为充填骨架，同时，由于高岭土具有优良的分散性且化学性质稳定、耐腐耐火，用其作为涂料生产添加剂，可以改善涂料的吸附能力及遮盖能力。另外，钛白粉是涂料的生产原料，该原料价格较高，高岭土可以部分替代该产品，从而大幅降低涂料的生产成本。

不同粒径的高岭土其加工产品可用于生产不同类型的油漆涂料。例如，相对大粒径高岭土粉可用于生产暗色涂料，而粒径较细的高岭土则可用于生产亮度较高、粗糙度要求较高的油漆涂料。大量焙烧高岭土和淘洗高岭土则用于浅色墙壁的涂料，也用于金属制品中的底漆。部分高岭土经过特殊的工艺加工后，具有疏水性能，可用于生产部分以油为底层的涂料。

我国建筑涂料产品生产企业集中于华东沿海城市和华南区域，其中，华东区域上海、江苏和浙江三地的建筑涂料产量占全国建筑涂料产量的 30% ~35%；华南区域广东和湖南两地的建筑涂料产量也占全国建筑涂料产量的 30% ~35%。

虽然我国涂料生产技术有了很大的进步，且涂料产量位列世界前列，但在高端涂料生产领域，尤其是国防军工方面，如隐身涂料、耐超高温涂料、航空航天涂料等仍与国际先进水平差距较大，当前主要依赖进口，而这些领域同样需要高岭土精加工产品作为原料或者添加剂。

据《中国涂料工业“十三五”发展规划》，2020 年我国涂料总产量将达2200 万 t，则高岭土加工产品需求量预计在65 万 t 左右（表10-3）。

表 10-3　2020 年我国涂料行业用高岭土消费量预测

项目	2001 年	2005 年	2015	2020 年
涂料产量（万 t）	150	380	1711	2200
高岭土需求量（万 t）	3. 9	10	40	65

10. 3. 3　陶瓷及耐火材料

煤矸石的主要化学组成为 Al_2O_3 和 SiO_2，是 Al_2O_3-SiO_2 系耐火材料的重要原料，但煤矸石品位波动大、矿物结构及杂质成分含量差别明显，因此造成了以煤矸石为主要原料的 Al_2O_3-SiO_2 系耐火材料的生产工艺也不尽相同。Al_2O_3-SiO_2 二元相图，如图 10-9 所示[195]。

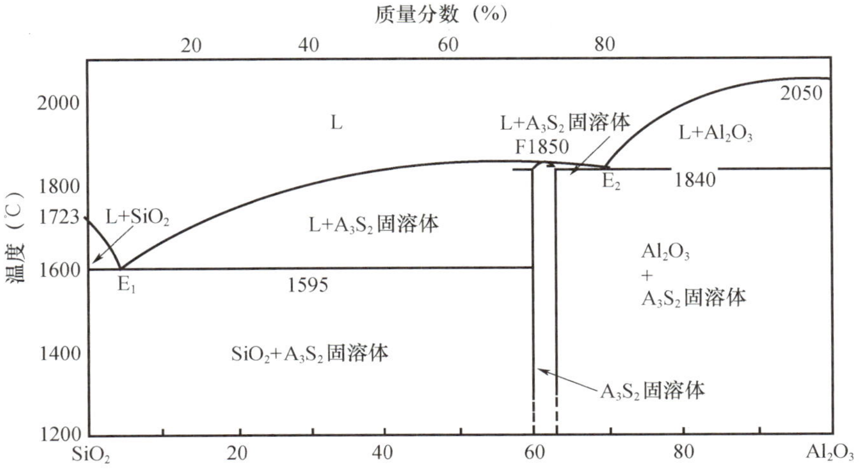

图 10-9　Al_2O_3-SiO_2 系二元相图

Al_2O_3-SiO_2 系相图二端元 Al_2O_3 和 SiO_2 的熔点分别为2050℃和1723℃。莫来石（$3Al_2O_3 \cdot 2SiO_2$）是二元体系中唯一稳定晶相，熔点为1850℃。由于莫来石的存在，Al_2O_3-SiO_2 系统被分割为两个子系统：SiO_2-A_3S_2 和 Al_2O_3-A_3S_2，莫来石成为系统内性能差异的一个重要分界线。

SiO_2-A_3S_2 子系统的共熔温度为1595℃，共熔组成点（E_1）Al_2O_3 含量仅5.5%，其物相组成为方石英和莫来石相。在共熔点右侧的固-液两相区，莫来石含量随 Al_2O_3 含量的增大而提高，尽管相组成没变，但由于范围较宽，性能上差异还是较大。

Al_2O_3-A_3S_2 子系统共熔温度为1850℃，共熔组成点靠近 A_3S_2 侧，Al_2O_3 含量约79%，共存固相为莫来石（Mullite）和刚玉（Corundum）两个高熔点物相。此外，在 Al_2O_3-SiO_2 体系中，$n_{Al_2O_3}/n_{SiO_2}$ 比超过莫来石理论组成时，系统开始出现液相温度，提高了近250℃，材料的性能将产生重要变化。因此，结合煤矸石的化学组成及相图分析来看，$n_{Al_2O_3}/n_{SiO_2}$ 比大于莫来石组成的煤矸石原料可以制备高铝砖（Ⅰ等、Ⅱ等和Ⅲ等）；$n_{Al_2O_3}/n_{SiO_2}$ 比小于莫来石组成的煤矸石原料可制备半硅砖、黏土砖等耐火制品。

1. 煤矸石合成堇青石

堇青石（$2MgO \cdot 2Al_2O_3 \cdot 5SiO_2$）是属于 MgO-Al_2O_3-SiO_2 三元系矿物。堇青石的最大特点是具有极低的热膨胀系数，其熔点为1465℃。由于堇青石具有极低的热膨胀系数和优异的热震稳定性，因而被广泛用作陶瓷工业的窑具材料、催化剂载体等。一般天然产出的堇青石很少，而且纯度低，因而人工合成堇青石是堇青石制品的主要原料来源。堇青石理论化学组成（质量分数）为 SiO_2 51.36%、Al_2O_3 34.86%、MgO 13.78%。通常采用高岭石含量高的煤矸石，再根据煤矸石的化学成分及当地的原材料情况，加入滑石、菱镁矿、镁砂、刚玉等作为配料，可以制成堇青石质耐火材料[196]。

2. 煤矸石制备莫来石

莫来石具有抗化学侵蚀、抗热震性，体积稳定性好，电绝缘性强，荷重软化温度高等优点，是理想的耐火材料。煤矸石的碳和有机质在烧成过程中除节约热量外，还会留下微孔，可提高隔热效果，故可将煤矸石用来生产莫来石耐火材料。由于煤矸石作为煤炭开采固废的堆积及资源化综合利用的迫切需要，煤矸石合成莫来石已经成为目前研究的一个热点（图10-10）。

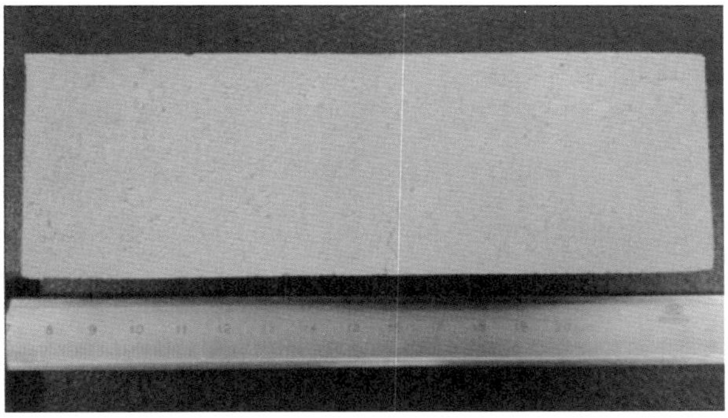

(a)

(b)

图 10-10 以煤矸石为原料制备的莫来石

（a）实物图；（b）微观形貌图

目前，莫来石被广泛应用于陶瓷、玻璃、燃气、冶金等工业。莫来石作为主要原料，在陶瓷业中，主要用作高温结构陶瓷和窑具砖；在玻璃工业中，主要用在活塞、连续玻璃容器、旋转管、给水器及玻璃窑的底部和顶部结构中；在燃气工业中，主要用在气化车间炼焦炉、水汽发生器和燃气发生器中；在冶金业上，主要用作窑具和热风炉砖。此外，莫来石在陶瓷、电子、光学等方面，有极其广泛的应用。

由于优质高纯莫来石的合成温度在1700℃左右，为降低莫来石的合成温度，降低生产能耗，国内外学者主要研究开发了以下两条途径：

（1）通过加入添加剂（如 LiF、AlF_3 等）来降低合成温度，从而实现莫来石的低温合成。

（2）采用湿法，主要是固溶胶法（Sol-Gel 方法）制备出颗粒尺寸小，且具有较高反应活性的和混合性较好的莫来石前驱体，进而实现低温条件下合成莫来石。

研究者已经对煤矸石合成莫来石进行了大量的研究，通过对煤矸石物相分析研发出了利用煤矸石低温合成莫来石的方法，并且分析了其合成机理及理论依据。近年来，有研究人员进行了利用煤矸石与氧化铝和氢氧化铝合成莫来石的研究，实验表明：温度在 1500 ~ 1600℃ 区间内，莫来石接近高纯电熔莫来石的理论密度 $3.02g/cm^3$。煤矸石添加部分氧化铝合成的莫来石产品性能最好且纯度较高。部分研究者还在研究以煤矸石和高铝矾土，添加少量 Al_2O_3 为原料，经一系列工艺，如磨矿、过滤、烘干、成型、煅烧等，制备出莫来石，产品性能也能达到国内外先进水平。研究者使用煤矸石掺杂 $Al(OH)_3$ 以合成莫来石陶瓷，并对原料配比、煅烧温度等生产工艺参数对产品性能的影响进行了研究。

3. 煤矸石合成 β-SiC

碳化硅是典型的共价键结合材料，分为高温型 α-SiC 和低温型 β-SiC 两种。与 α-SiC 相比，β-SiC 易微细化，烧结活性好，其耐各种酸碱的腐蚀性、耐高温性和抗氧化性并不比 α-SiC 差。作为非线性电阻材料，β-SiC 的非线性比 α-SiC 更好。β-SiC 以其优异的高温强度、高热导率、高耐磨性和耐腐蚀性等性能，在磨料磨具、耐火材料、冶金、高温结构、陶瓷等诸多工业领域获得广泛应用。SiC 在地球上几乎不存在。因此，工业上都是用硅质原料和碳素原料合成 SiC。硅质煤矸石中 SiO_2 和 C 的天然含量高，SiO_2 和 C 在天然地质条件下已达到均匀紧密混合的程度。这部分 SiO_2 和 C 具有纳米粒状结构和纳米层状结构。SiO_2 纳米颗粒的尺度为 3 ~ 20nm，C 质纳米颗粒尺度为 10 ~ 20nm，纳米层厚度为 5 ~ 80nm。两者天然的紧密均匀的结合状态使得在较低温度下利用煤矸石制取 SiC 成为可能。由于煤矸石中含有相当数量的 Al_2O_3，Al_2O_3 的存在对 SiC 的生成结晶是不利的，Al_2O_3 易与 SiO_2 结合成为莫来石结构，因此，必须先除去煤矸石中 Al_2O_3。除去 Al_2O_3 的方法是先对其进行热活化处理，使煤矸石中铝氧八面体的矿石晶体结构转变为非晶体，然后酸浸除去其中铝，热活化时为了保证煤矸石中的碳不损失，可采用惰性气氛进行保护[197]。

4. 煤矸石合成 Sialon

Sialon 材料具有高强、高硬、耐磨、耐腐蚀、耐高温、抗热震等优良性能，并且在热、光、声、电、磁、化学、生物等各个方面具有卓越的功能，某些性能远远超过现代优质合金和高分子材料。Sialon 材料被广泛用于冶金、电子、机械、化工、医药、光电、航空等行业。由于煤矸石主要成分为 SiO_2 和 Al_2O_3，因此它可作为合成 Sialon 的主要原料。合成 Sialon 的煤矸石应以高岭石为主要矿物。通常采用碳热氮化还原法，碳热氮化还原法是用碳作为还原剂，与原料混合细磨，干燥成型后，在氮气氛下加热到1400℃以上。此时极度活跃的碳使 Si—O 键打开形成 C—O 键，处于不饱和状态的硅原子便会和 Al_2O_3 等氧化物，以及氧原子结合达到饱和，形成 Sialon[198]。

硅质煤矸石可以合成先进陶瓷材料，如碳化硅（SiC）微粉、Sialon 陶瓷；利用高岭石质煤矸石合成莫来石（$3Al_2O_3 \cdot 2SiO_2$）、氮化硅（Si_3N_4）陶瓷等耐火材料。SiC 是一种特性优良的陶瓷材料，具有硬度大、强度高、耐腐蚀、耐磨、耐高温等特性。SiC 在自然界中不存在，SiC 分为高温型的 α-SiC 与低温型的 β-SiC，β-SiC 的性能优于 α-SiC，在冶金、磨料模具和高温结构陶瓷等工业中应用广泛。何恩广等利用硅质煤矸石、石英砂岩粉、高岭石质煤矸石和气相 SiO_2 各自与烟煤混合为原料，用 Acheson 工艺合成的试验研究，提出硅质煤矸石可以合成 SiC，反应过程如下：

$$SiO_2(s) + C(s) \longrightarrow SiO(g) + CO(g)$$

$$SiO(g) + 2CO(g) \longrightarrow SiC(s) + CO_2(g)$$

$$CO_2(g) + C(s) \longrightarrow CO(g)$$

煤矸石属于硅铝质材料，可作为合成 Sialon 主要原料，董鹏莉等采用碳热还原氮化煤矸石技术，在1500℃用煤矸石加一定比率的碳粉合成 β-Sialon、O-Sialon 和 X 相混合物。主要反应过程：煤矸石中的高岭石在500～600℃分解成偏高岭石；随着温度继续升至1000℃左右，偏高岭石分解为莫来石；当温度高至1400～1500℃时，反应基本完成，可能发生的反应如下：

$$Al_2O_3 \cdot 2SiO_2 \cdot 2H_2O \xrightarrow{500\sim600℃} Al_2O_3 \cdot 2SiO_2 + 2H_2O$$

$$2(Al_2O_3 \cdot 2SiO_2) \xrightarrow{900℃} 2Al_2O_3 \cdot 3SiO_2 + SiO_2$$

$$3(Al_2O_3 \cdot 3SiO_2) \xrightarrow{1100\sim1400℃} 2(3Al_2O_3 \cdot 2SiO_2) + 5SiO_2$$

$$3Al_2O_3 \cdot 2SiO_2 + 28SiO_2 + 63C + 21N_2 \xrightarrow{1400\sim1500℃} 6Si_5AlON_7 + 63CO$$

$$0.7(3Al_2O_3 \cdot 2SiO_2) + 30.4SiO_2 + 64.3C + 21.9N_2 \xrightarrow{1400\sim1500℃} 6Si5Al_{0.7}O_{0.7}N_{7.3} + 64.3CO$$

莫来石的合成有多种工艺，杨中正等利用煤矸石和矾土为原料研究莫来石的相组成与显微结构，在1000～1200℃期间煅烧，一次莫来石生成阶段，同时生成无定型的 SiO_2；在 1200～1500℃期间，二次莫来石生成阶段，同时生成方石英的 SiO_2；在 1500～1700℃期间，莫来石液相烧结阶段，有关反应如下：

$$3Si_3Al_4O_{12} \longrightarrow 2\ (3Al_2O_3 \cdot 2SiO_2)\ + 5SiO_2\ (\text{无定型})$$

$$3Al_2O_3 + 6SiO_2\ (\text{无定型}) \longrightarrow 3Al_2O_3 \cdot 2SiO_2 + 4SiO_2\ (\text{方石英})$$

王晓刚等利用煤高岭石夹矸，在 1250℃烧结合成莫来石，主要反应过程为

$$Al_2O_3 \cdot 2SiO_2 \cdot 2H_2O \xrightarrow{500\sim700℃} Al_2O_3 \cdot 2SiO_2 + 2H_2O$$

$$2\ (Al_2O_3 \cdot 2SiO_2) \xrightarrow{920℃} 2Al_2O_3 \cdot 3SiO_2 + SiO_2$$

$$2Al_2O_3 \cdot 3SiO_2 \xrightarrow{1100℃} 2\ (Al_2O_3 \cdot SiO_2)\ + SiO_2$$

$$3\ (Al_2O_3 \cdot SiO_2) \xrightarrow{1200℃} 3Al_2O_3 \cdot 2SiO_2 + SiO_2$$

氮化硅（Si_3N_4）陶瓷是一种耐高温性能优异的高强材料，具有密度小、耐腐蚀性、热膨胀系数小、硬度大特性。在氮气环境下，利用硅质煤矸石与高岭石质煤矸石以一定工艺，能烧结出 Si_3N_4 陶瓷，主要反应的方程为

$$3SiO_2 + 6C + 2N_2 \longrightarrow Si_3N_4 + 6CO$$

5. 煤矸石制备高性能复相陶瓷

陶瓷材料（Ceramics）是一类以黏土为主料，加以其他矿物为辅料，经破碎、混炼、成型、烧成后制得的无机非金属产品，它具有熔点高、耐磨性好、抗氧化等优良特性，被广泛应用于各个领域。徐斌等[199]以煤矸石为原料，通过碳热还原氮化法合成制备了 Sialon 复相陶瓷（β-Sialon），其柱状晶体结构能起到增强、增韧的作用，有利于提高材料的断裂韧性及强度。何恩广等[200]以硅质煤矸石、石英砂为主要原料合成制备了 SiC 陶瓷，在对原料特性的分析研究中发现煤矸石中的 SiO_2 被包覆于有机碳薄壳内，且含量分别为 64.74%、33.38%，杂质含量低，这为用 Acheson 法合成 SiC 奠定了良好的试验基础，这种包覆结构能明显加快反应速率，降低烧成温度。用硅质煤矸石部分替代价格较高的石英砂和石油焦炭制备 SiC 陶瓷能满足工业应用要求，同时可大大降低成产成本。

韩兵强等[201]以高岭石型煤矸石为原料、炭黑和无烟煤为还原剂，通过碳热还原法制备了 β-SiC/Al_2O_3 复相陶瓷，结果表明 β-SiC/Al_2O_3 生成量随反应温度的升高而增大，原料起始粒度越细小均一反应进程越快，同时控制无烟煤过量的条件下所制备产品纯度高。

6. 煤矸石制无机纤维

目前，国家为满足防火要求，已明确禁止在建筑物保温材料中使用聚氨酯保温材料，并推广无机防火保温材料。这对煤矸石制矿物纤维、硅铝纤维保温材料等是很好的推广应用机遇。

（1）制超细矿物纤维。煤矸石制超细矿物纤维，目前在国内作为一种新型的产业，具有节能、环保、纯净、适应性良好、成本低、效益高、市场需求广泛等特点，可广泛应用于密封、摩擦材料、VIP板（真空绝热板）、沥青改性材料、造纸领域、建筑物保温、吸声板、保温砂浆等领域。其工艺为将煤矸石原料（煤矸石占比40%～50%，其余为石灰石和少量的白云石）与填料（胶粘剂、附加剂）通过自动上料系统进入熔炉，使成纤炉熔融温度、熔体黏度、析晶度与生产设备的工艺参数配套，生产出初纤维，再进行物理深加工和化学改性处理后，制备出成品矿物纤维。

（2）制硅铝纤维。以煤矸石为原料生产硅铝纤维，这项国外技术在国内已研究成功，并有应用实例。硅酸铝纤维产品可应用于石油、化工、冶金、电力、建材、机械、纤维纺织等行业的窑炉、管道、锅炉、贮罐等耐火、保温、消声、耐热方面。硅酸铝纤维原料的熔融一般采用电炉作为熔化设备，主要有电阻炉和电弧炉两种。纤维的成形方法分为喷吹法、甩丝法和甩丝-喷吹法等。电弧法喷吹成纤、湿法制毡工艺合格配合原料加入电弧炉中熔融，形成流股，流股经压缩空气或水蒸气喷吹后成为纤维，经过除渣器除渣后，集棉形成成品纤维。成品纤维被送入搅拌槽旋涡除渣后，被送至贮料槽，施加胶粘剂后形成浆料。浆料经压机模压或真空吸滤，干燥形成硅酸铝棉成品。当前影响推广煤矸石制矿物纤维、硅铝纤维应用的主要问题是，该类产品和建筑领域的标准化、规模化要求有一定差距，生产的产品规格和建筑物的黏结、抹面、固定等方面有差距，没有形成系列和标准化[202]。

10.3.4 其他行业

其他行业主要是指农药、塑料、橡胶、石化、材料与尖端科学、国防军工等领域，这些领域对高岭土岩需求虽然较小，但对高岭土岩的产品质量与等级有较高要求，且近年来，这类行业需求量在逐步增加。初步预测，到2020年，其他行业对煤系高岭土的需求量将达到10万t左右。其启用参见表10-4。

表 10-4 其他行业应用

行业	化妆品	医药	造纸	化工	橡胶塑料	油漆涂料
性能要求	白度>90%，化学性能稳定	白度高、细度高、化学性能稳定	白度高、细度高、化学性能稳定	高细度、化学性能稳定	细度>1250目，化学性能稳定	白度>90%，细度>1250目，化学性能稳定
用途简介	化学性质稳定，白度高、遮盖力高，且无毒害，作为填料被广泛应用于化妆品领域	药品载体	有较好的覆盖力和光泽度。用其制作的纸张，涂层具有良好的松厚性和适印性。应用于涂布纸、铜版纸、涂布白纸等高档纸张	具有较高的基质活性、较强的抗重金属污染能力，常在石油加工中作催化剂载体使用；也可用于农药载体	具有良好绝缘体，与高分子材料混溶性好，可提高橡胶抗撕裂强度，适用塑料、橡塑、高压绝缘橡胶等领域的补强填充剂	具有化学惰性、高的覆盖能力、成本低、色白等特性，能减少染料用量，常作为充填物或色料替代物

11 煤矸石及其灰渣在道路工程中的应用

煤矸石是较好的充填材料，国外除了将其应用于充填塌陷区和土地复垦之外，还将煤矸石用于众多的土木工程领域（主要涉及道路路基的基层材料、水利工程的堤坝构筑、挡土墙的湖筑以及建筑工程的地基垫层等）。国外[203-205]对煤矸石的研究不仅局限于理论研究，而且率先将其应用于工程实例，在工程应用方面遥遥领先我国。例如，德国公路网、高速公路、英国地区干线公路以及法国北部公路网，这些实际的公路工程都采用煤矸石作为路基的基层材料。

进入21世纪以后，我国的专家学者对于煤矸石在道路工程与公路工程的应用开展了大量的理论分析和试验研究，所取得的学术成果和工程应用比较理想。

在理论研究方面，刘俊尧等通过煤矸石作为道路基层材料的试验研究，发现煤矸石混凝土混合料的强度、刚度、冻稳性和抵抗温度应力、防裂性具有较好的效果，显示出煤矸石混合料作为道理路基基层的优越性和经济性。张惠民重点对煤矸石的物理化学成分、强度形成机理以及煤矸石在路基中的应用和设计施工进行了分析研究，并且在兖州矿区和淮北矿区进行了煤矸石路基相关的试验研究，重点分析了煤矸石的成分、强度形成机理以及煤矸石路基的优缺点，强调了煤矸石路基在施工过程中需要注意的施工问题；郭秀岗等通过煤矸石路基在软土地基设计和施工的研究，重点分析了软土地区煤矸石路基的施工需要注意的问题，所得的研究成果可以为工程实际提供借鉴意义和参考价值。方磊等通过在实验室对煤矸石路基压实机理的分析，重点分析了煤矸石路基的压实过程，有针对性地分析了煤矸石路堤质量控制所需要采取的措施和方法。通过试验研究发现在压实煤矸石路基的过程中煤矸石路基压实机理可以分为以下两个过程：在外力的作用下煤矸石颗粒发生了重组和颗粒破碎现象，此过程有效地降低了粗大煤矸石所站的比率，煤矸石的细小颗粒占的比率则相应地提高，有效地改善了煤矸石的颗粒级配，并且在此过程中煤矸石的密实度也得到提高；在煤矸石路基的施工过程中，煤矸石路基的施工质量与煤矸石的含水率、对煤矸石的压实能量以及煤矸石在道路中的铺筑层厚度等施工条件密切相关；在对煤矸石路基的施工过程中可以采取表面波法、压实计法和碾压沉降差法对煤矸石路基的填筑质量进行有效控制；闫秀萍基于平顶山某高速公路工程，对煤矸石作为路基填料进行了深入的探讨分析，提出高速公路施工过程中将煤矸石作为路基填料的施工控制方法和措施。刘登攀等通过对煤矸石填筑路基的试验研究，在徐州市进行煤矸石置换地基处理，并在工程现场对煤矸石路基的基本物理力学性质进行了分析研究，在此基础上提出了合理的煤矸石路基填筑工艺和施工方法。

赵国智等根据兖州矿区实际情况，将煤矸石作为当地铁路路基进行了分析研究，在此基础上重点分析了煤矸石的物理化学性质对铁路路基可能产生的影响，并对煤矸石做路基填料进行了经济效益评价，指出煤矸石路基在施工过程中需要严格控制其路基工程的施工质量，有效地解决了煤矸石山堆积矿区所产生的环境污染和生态破坏问题，实现了煤矸石的资源化利用，可使其具有良好的社会效益、生态效益和经济效益。

当煤矸石作为填筑路基的材料时，由于煤矸石的长时间堆积，如果煤矸石的颜色呈现出黄色、灰色和红色，当煤矸石块小并且细料较多的时候，说明此时煤矸石里面的煤粉已经完全水化，此时作为路基材料则不会再发生较为剧烈的物理反应和化学反应，此时煤矸石基本上可以按照普通的土石混合料填筑路基的施工方法进行施工。

一般情况下，煤矸石路基具有其独特的工程特点，主要体现在以下几个方面：对于大多数煤矸石而言，由于其物理反应和化学反应尚未完全结束（例如，煤矸石中大块的砂岩和泥质页岩等均属于非常容易风化的岩石，在煤矸石的运输和填筑过程中导致煤矸石原有致密稳定的内部结构遭到破坏，进而转变成为粗粒状、粉状或者是具有裂隙的块状结构，在此转变过程中煤矸石的体积会变大，吸水性较强，但是其吸水过程较为漫长），虽然路基的填筑过程较为迅速，但是在路基修筑完成之后，煤矸石依然在发生吸水、膨胀、解理等各种现象，由此导致煤矸石路基发生变形。

煤矸石路基在被压实以后，其主要是由路基的填料颗粒、空气和水所组成的。煤矸石颗粒间的空气和水是以共存的状态存在的，所以煤矸石的颗粒空隙由空气和水共同占据，填料颗粒的外面被水膜包裹，以自由水的形式存在的水则是很少见的，由于填料颗粒间空气和水的存在导致压实路基具有一定的难度。在外界因素的影响下，煤矸石里面所含有的煤分、空气与水会发生一系列物理化学反应，在此过程中会产生大量的热量，而热量又由于水膜的存在无法排出，导致路基体积发生膨胀；煤矸石路基在发生物理化学反应中会消耗大量的水分子，水膜会变薄直至消失，由此导致填料颗粒之间的摩擦力增大，加大了颗粒之间的空隙。煤矸石路基出现的膨胀现象会严重危害路基的稳定，再加上路上往来的车辆荷载，此时会对路基进行重新加载，由此会排出填料颗粒间的气体，从而导致煤矸石路基发生坍塌现象；这种胀缩现象对于高等级公路来说是非常不利的；对于煤矸石路基，由于煤矸石这种材料的特殊性，所以对于煤矸石路基需要定期洒水。这主要是因为在对煤矸石洒水的时候，可以为煤矸石的填料颗粒间提供足够的水膜（主要起润滑作用），还可以为煤矸石发生物理化学反应的时候提供足够的水分，由此可以保证煤矸石发生物理反应和化学反应时能够反应充分。

在对煤矸石路堤进行施工的时候，需要考虑护肩土的施工。设置护肩土的主要目的是：（1）可以将颜色不一致的（黑色、灰色、红色）煤矸石掩盖住，杜绝视觉污染；（2）在护肩土的上面敷设防护层保护路面，而且可以种草植树起到美化环境的作用；（3）由于煤矸石里面的煤粉与空气和水发生一系列的物理化学反应的时候，会产生大量的有害气体，设置护肩土可以有效地杜绝空气污染，同时可以防止雨雪天气所产生的地表水进入煤矸石路基。

煤矸石路基与土质路基相对比，可以发现：煤矸石路基具有成型比较快，而且对路基的含水率要求不高，可以有效地避免土质路基经常发生的“翻松晾晒、掺灰处理”等各种施工措施，并且煤矸石路基在进行施工的时候受雨季的影响很小，基本上不会出现泥泞、翻浆等影响施工的现象。而且煤矸石路基在施工的过程中，在进行分层填筑的施工工序的时候，其分层填筑的厚度可放宽，大大简化了施工工序，同时有效地节省了各种施工机械和人工费，从而大大降低了煤矸石路基的施工费用。

11.1 煤矸石及其灰渣做公路路基材料

煤矸石中含有一定活性物质，具有较好的路用性能和强度，煤矸石可用于公路的路基填料、边坡防护、处理不良土质路段和桥背填土等。利用煤矸石做筑路材料有很多优点：首先，煤矸石在道路工程中用量比较大，而且技术手段简单，无须做特殊处理；其次，做筑路材料对煤矸石的种类和品质要求不高，适用于多种类型的煤矸石[206]。因为煤矸石种类、成分的不同，造成不同煤矸石强度存在很大差异，用于公路建设的煤矸石一般要求有机质含量和烧失量均小于15%，作为路基填料时还需注意剔除或粉碎粒径特别大或粒径超过摊铺厚度的煤矸石块。选择吸水量大的煤矸石处理不良土质路段，可以达到更佳的处理效果。合理利用煤矸石做公路建设材料可以降低建设成本。通常在煤矿区煤矸石堆存量大，按照就近取材的原则，矿区周边的公路工程可优先考虑采用煤矸石作为路基的填料。除了普通公路外，新建矿井的进场公路更可采用，除了节约资金、保护环境外，还能有效改善进场公路的道路状况，减少路面损坏，延长其使用寿命。

筑路修道煤矸石作为筑路基料，具有很好的抗风雨侵蚀性能，其强度、冻稳性和抗温缩防裂性均能满足多种等级公路的规范要求，而且有些混合料的性能还优于常用的基层材料。尤其“红矸石”（燃烧过的煤矸石），可用于空地和公共广场表面装饰、铺路或用于停车场，与铝土矿物混合起来，可以制成满意的防滑路面[207-208]。在路基、地基、坝基建设中，可以降低修筑成本，改善环境，减少所占土地面积，是大量处理、综合利用煤矸石的一条重要途径。

11.1.1 公路路基对材料的技术要求

根据《公路路基施工技术规范》（JTG/T 3610—2019）和《公路路基设计规范》（JTG D30—2015）对路基填料的要求，煤矸石要作为路基填料，需满足以下条件[209]：

1. 对材料的技术要求

（1）级配要求

路基填筑对填料级配要求不是十分严格，但一定要密实。在实际施工中，不是所有煤矸石都可以满足以上要求，应当从以下方面进行甄选：

①从承载力和稳定性上来讲，应采用硬质煤矸石，禁止使用烧结煤矸石。我所在的试验小组进行试验后发现：铺筑硬质煤矸石，经过洒水碾压能形成密实结构；而使用烧结煤矸石，在洒水后其强度会迅速下降，碾压过程中产生黏轮，甚至产生翻浆现象。因此需禁止使用烧结煤矸石，以免路基承载力下降，影响道路使用性能。

②煤矸石是由各种粒径的颗粒组成，各粒径所占比率由于各地区地质情况的不同而没有固定的比率。与级配较差，特别是大颗粒所占比率较大的煤矸石相比，选用自然级配较好的煤矸石经过碾压后产生的结构应更致密。

（2）力学指标

依据路基规范中对填石路基压碎值要求，煤矸石路基压碎值宜$\leqslant 30\%$，石料单轴抗压强度不应小于15MPa，美国加利福尼亚州承载比

CBR值和压实度要求具体见表11-1：

表11-1　美国加利福尼亚州承载比CBR值和压实度要求

项目分类	路面底面以下深度（m）	填料最小强度（CBR）（%）			压实度（%）		
		高速一级公路	二级公路	三、四级公路	高速一级公路	二级公路	三、四级公路
上路床	0～0.3	8	6	5	≥96	≥95	≥94
下路床	0.3～0.8	5	4	5	≥96	≥95	≥94
上路堤	0.8～1.5	4	3	3	≥94	≥94	≥93
下路堤	1.5以下	3	2	2	≥93	≥92	≥94

注：表列压实度是按《公路土工试验规程》（JTG E40—2007）重型击实试验法求得的最大干密度的压实度。

（3）稳定性要求

①煤矸石具有潜在的膨胀不稳定性，应限制其膨胀率。膨胀率过大时，路基会发生较大变形，面层会开裂。经过查阅相关资料，其膨胀率应小于40%。当膨胀率过大时，可考虑掺黏土。

②经过长期的地质演变，煤矸石中各种化学物质较多，作为路基填料，应确保有利于路基稳定的化学物质的含量。主要应控制以下方面：

a. 煤矸石中氧化硅、氧化铝、氧化铁等氧化物总含量要大于80%，氧化物含量较多，其剩余氧化反应才不会对路基产生较大影响。

b. 烧失量不应超过20%。由于煤矸石含固定碳及挥发性较高，易自燃，因此有必要对烧失量做出规定。基于此原因，填筑路基煤矸石使用已经燃烧过，即红色或黄色煤矸石的效果最佳，灰褐色煤矸石次之。

③《公路路基设计规范》（JTG D30—2015）中规定有机质含量超过25%的土不得用于路基填筑，对于煤矸石，对路基稳定不利的有机质含量应当更严格要求，应不超过15%。

④煤矸石中不应含有强崩解性的填料。崩解性太强，会对路基材料间黏结程度造成破坏。

2. 煤矸石路基施工工艺

煤矸石堆中，粗大颗粒占比率较大，细料含量较少，所以煤矸石路基的施工可以参照填石路基和施工进行。但因其物理和化学性质毕竟不同于一般石质材料，因此还需采取特殊措施。主要体现在以下三个方面：

（1）煤矸石在空气和水的作用下会继续发生物理和化学反应，可能发生自燃和性质的变化。因此，煤矸石路基应做到“三封”，即在煤矸石路基底部用黏土密封，顶部用灰土密封，两侧设置包边土以隔绝与外界的联系。底部密封方法前面已述，顶部密封为填筑 1 ~ 2 层二八灰土，两侧包边土的密封则下面另有专门论述。

（2）因煤矸石中大颗粒比率较大，路基成型后其透水性就较大，必要时需在煤矸石路基底部设置盲沟等排水设施。

11.1.2 煤矸石填筑路基的工艺流程

煤矸石填筑路基的工艺流程：基底处理、包边土施工、煤矸石储运、摊铺、碾压、效果检测。在煤矸石原材料合格的情况下，摊铺厚度、含水率、压实度是影响煤矸石路基质量的重要因素。

1. 基底处理

应按照《公路工程质量检验评定标准 第一册 土建工程》（JTG F80/1—2017）对煤矸石施工前的路基进行检测，原地面应进行清理、整平、压实。应对现场的水文和地质情况进行调查，并视不同情况进行以下处理：

（1）干燥地段

对于干燥和排水良好的地段，铺筑前需对原地面进行整平压实，使之达到规范要求的压实度和平整度。验收合格后，应用黏土做 20cm 厚的 3% 的土质路拱，以便施工过程中排除雨水或地表水，并密封地下水，为煤矸石的填筑提供条件。

（2）潮湿地段

若原地面清理后土壤含水率很高，经翻晒后仍然偏高，无法压实，出现大面积翻浆现象，可取用较大块的煤矸石进行处理。具体情况如下：

①在原地面铺一层厚度 30cm 左右，料径为 10 ~ 12cm 的大块煤矸石，用大吨位振动压路机碾压 4 ~ 5 遍。如仍不稳定，同样方法再铺一至二层即可满足要求。

②将潮湿路段犁开后加入红色煤矸石后进行碾压，若潮湿层较厚，则直接挖除换填煤矸石。

2. 包边土施工

在煤矸石摊铺前应首先摊铺包边土。煤矸石路基在空气和水的作用下，易发生自燃和性质的变化，因此其边坡防护的要求应比填土路基更加严格。包边土应用易于植被生长的黏土，以塑性指数不小于 15 为宜。包边土宽度不应小于 1m，确定摊铺厚度时应注意黏土与煤矸石不同的虚铺系数。

3. 煤矸石储运

选用煤矸石除需满足前文要求的物理、化学性能外，还需注意颗粒直径不应过大，尽量提前调节好含水率。

运输煤矸石时应尽量利用机械装车，大吨位汽车运输，并采取防止扬尘措施，做好环境保护工作。

4. 煤矸石摊铺

煤矸石应按水平分层法填筑，即按横断面全宽水平分层填筑，摊铺厚度不应超过35cm。摊铺过程中，应对超过15cm的大块煤矸石进行破碎或移除至路基外。对于较大块煤矸石集中处和与包边土结合处，应补充细料填充，确保级配良好。

摊铺后应检测煤矸石含水量，若超出最佳含水率±2%的范围，应进行晾晒或洒水。洒水量应按照以下公式进行计算：

$$M = (W - W_0) \times Q/(1 + W_0)$$

式中 M——所需洒水量，kg；

W——最佳含水率；

W_0——天然含水率；

Q——需洒水煤矸石的质量，kg。

5. 碾压

级配良好的煤矸石与碎石相似，其压实特性都是由集料中的细料和细集料对集料中的空隙填充决定的，因此应使用振动压路机进行碾压。通过振动压路机的共振碾压，可以有效减少煤矸石颗粒中的空隙，增大其密实度。

煤矸石压实的原则可以参考填土压实原则，即“先静后动，先轻后重，先慢后快，先边后中，先低后高”。应根据压实度的要求，先在试验段确定适宜的压实机械吨位和具体碾压遍数后再大面积进行碾压作业。试验小组总结的以下数据可供参考：

①静压

将1台30t振动压路机从路面两边往中间静压1遍，轮迹与上一次重叠40cm以上，速度控制在2～3km/h。

②稳压

开弱振碾压1遍，轮迹重叠1/2，速度为3～4km/h。

③强振

开强振碾压4遍，轮迹重叠2/3，速度为3～4km/h。

④消痕和局部处理

静压多次进行消痕，速度为 2 ~ 3km/h。对于局部边角地带，应人工配合小型机械压实到要求的压实度。

6. 效果检测

在煤矸石填筑效果检测中，除一般的标高、宽度、横坡等项目外，需特别重视压实度和弯沉检测。

（1）压实度检测

煤矸石填筑路基后，由于较大料径的煤矸石被压碎，煤矸石基本处于土石混合的状态，因此按一般施工单位的检测设备，可以用灌砂法和水袋法检测。但该法存在代表性较差、数据离散性大、费时费力的特点。对于大面积施工，则需参考填石路基的沉降量法控制压实度。相应的注意事项如下：

①灌砂法和水袋法

应按照《公路工程质量检验评定标准 第一册 土建工程》（JTG F80/1—2017）规定的频率进行取样。当施工段落短时，应每点都合格，且样本不少于 6 个。施工段落长时，应求其代表值进行评定。代表值 K 的计算式为

$$K = k - t_a \times S/\sqrt{n} \geqslant K_0$$

式中 K——检验评定段内各测点压实度的平均值；

t_a——t 分布表中随测点数和保证率（或置信度 a）而变的系数；采用的保证率：高速、一级公路：基层、底基层为 99%，路基、路面面层为 95%；其他公路：基层、底基层为 95%，路基、路面面层为 90%；

S——检测值的标准差；

n——检测点数；

K_0——压实度标准值。

路基、基层和底基层：$K \geqslant K_0$，且单点压实度 K_i 全部大于等于规定值减 2 个百分点时，评定路段的压实度合格率为 100%；当 $K \geqslant K_0$，且单点压实度全部大于或等于规定极限值时，按测定值不低于规定值减 2 个百分点的测点数计算合格率；$K < K_0$ 或某一单点压实度 K_i 小于规定极值时，该评定路段压实度为不合格，相应分项工程评为不合格。

②沉降量法

沉降量观测标高时需测原地面、虚铺和压实后高程，计算每遍高程

变化，连续两次高程无明显变化即压实完毕。施工时宜采用较小块的钢板作为沉降观测点。

（2）弯沉检测

施工单位可以采用贝克曼梁法来检测弯沉。弯沉只在路基顶面检测，若弯沉值合格，则说明整体强度已经满足要求。反之，则说明整体铺筑效果不良。

11.1.3 煤矸石做水泥稳定碎石层的相关探索研究

本课题组前期在煤矸石路基材料方面也做了相关研究，采用掘进煤矸石做水泥稳定碎石层相关的探索实验。

1. 设计依据

（1）《公路工程无机结合料稳定材料试验规程》（JTG E51—2009）；

（2）《公路工程水泥及水泥混凝土试验规程》（JTG E30—2005）；

（3）《公路工程集料试验规程》（JTG E42—2005）；

（4）《公路土工试验规程》（JTG E40—2007）；

（5）《建设用卵石、碎石》（GB/T14685—2011）；

（6）《建设用砂》（GB/T14684—2011）；

（7）《公路路面基层施工技术细则》（JTG/T F20—2015）。

2. 设计过程

（1）原材料试验

集料为定海混凝土公司生产的掘进煤矸石，具体试验结果见表 11-2、表 11-3。

表 11-2 粗集料试验结果

检测项目	单位	规范要求	检测值	试验方法	单项判定
压碎值	%	≤26	11	T0316—2005	合格
针片状	%	≤18	2.05	T0312—2005	合格
表观密度	kg/m^3	>2600	2703.4	T0304—2005	合格
堆积密度	kg/m^3	—	1712.9	T0304—2005	—
空隙率	%	≤47	36.64	T0304—2005	合格

通过粗细集料的各项性能测试，可以看出粗集料的各项基本性能满足规范要求。细集料的各项基本指标数据见表 11-3。

表 11-3 细集料试验结果

检测项目	单位	规范要求	检测值	试验方法	单项判定
压碎值	%	≤20、25、30	12	T0316—2005	合格
表观密度	kg/m^3	≥2500	2727.3	T0304—2005	合格
堆积密度	kg/m^3	≥1400	1685.7	T0304—2005	合格
空隙率	%	≤44	38.2	T0304—2005	合格
吸水率	%	—	2.13	T0304—2005	
细度模数			3.65		

粒级设计依据见表 11-4 ~ 表 11-7：

表 11-4 粗集料规格要求

规格名称	工程粒径（mm）	通过下列筛孔（mm）的质量百分率（%）									公称粒径（mm）
		53	37.5	31.5	26.5	19.0	13.2	9.5	4.75	2.36	
G1	20 ~ 40	100	90 ~ 100	—	—	0 ~ 10	0 ~ 5	—	—	—	19 ~ 37.5
G2	20 ~ 30	—	100	90 ~ 100	—	0 ~ 10	0 ~ 5	—	—	—	19 ~ 31.5
G3	20 ~ 25	—	—	100	90 ~ 100	0 ~ 10	0 ~ 5	—	—	—	19 ~ 26.5
G4	15 ~ 25	—	—	100	90 ~ 100	—	0 ~ 10	0 ~ 5	—	—	13.2 ~ 26.5
G5	15 ~ 20	—	—	—	100	90 ~ 100	0 ~ 10	0 ~ 5	—	—	13.2 ~ 19
G6	10 ~ 30	—	100	90 ~ 100	—	—	—	0 ~ 10	0 ~ 5	—	9.5 ~ 31.5
G7	10 ~ 25	—	—	100	90 ~ 100	—	—	0 ~ 10	0 ~ 5	—	9.5 ~ 26.5
G8	10 ~ 20	—	—	—	100	90 ~ 100	—	0 ~ 10	0 ~ 5	—	9.5 ~ 19
G9	10 ~ 15	—	—	—	—	100	90 ~ 100	0 ~ 10	0 ~ 5	—	9.5 ~ 13.2
G10	5 ~ 15	—	—	—	—	100	90 ~ 100	40 ~ 70	0 ~ 10	0 ~ 5	4.75 ~ 13.2
G11	5 ~ 10	—	—	—	—	—	100	90 ~ 100	0 ~ 10	0 ~ 5	4.75 ~ 9.5

表 11-5 细集料规格要求

规格名称	工程粒径（mm）	通过下列筛孔（mm）的质量百分率（%）								公称粒径（mm）
		9.5	4.75	2.36	1.18	0.6	0.3	0.15	0.075	
XG1	3 ~ 5	100	90 ~ 100	0 ~ 15	0 ~ 5	—	—	—	—	2.36 ~ 4.75
XG2	0 ~ 3	—	100	90 ~ 100	—	—	—	—	0 ~ 15	0 ~ 2.36
XG3	0 ~ 5	100	90 ~ 100	—	—	—	—	—	0 ~ 20	0 ~ 4.75

表 11-6　不同粒径混合料的备料规格

公称最大粒径（mm）	类型	一档	二档	三档	四档	五档	六档
19	三档备料	XG3	G11	G8	—	—	—
	四档备料Ⅰ	XG2	XG1	G11	G8	—	—
	四档备料Ⅱ	XG3	G11	G9	G5	—	—
	四档备料Ⅲ*	XG3（1）	XG3（2）	G11	G8	—	—
	五档备料Ⅰ	XG2	XG1	G11	G9	G5	—
	五档备料Ⅱ*	XG3（1）	XG3（2）	G11	G9	G5	—
26.5	四档备料	XG3	G11	G8	G3	—	—
	五档备料Ⅰ	XG3	G11	G9	G5	G3	—
	五档备料Ⅱ	XG2	XG1	G11	G8	G3	—
	五档备料Ⅲ*	XG3（1）	XG3（2）	G11	G8	G3	—
	六档备料Ⅰ	XG2	XG1	G11	G9	G5	G3
	六档备料Ⅱ*	XG3（1）	XG3（2）	G11	G9	G5	G3
31.5	四档备料	XG3	G11	G8	G2	—	—
	五档备料Ⅰ	XG3	G11	G9	G5	G2	—
	五档备料Ⅱ	XG3	G11	G9	G4	G2	—
	五档备料Ⅲ*	XG3（1）	XG3（2）	G11	G8	G2	—
	六档备料Ⅰ	XG2	XG1	G11	G9	G5	G2
	六档备料Ⅱ*	XG3（1）	XG3（2）	G11	G9	G5	G2

* 表示 XG3（1）和 XC3（2）为两种不同级配规律的 0～5mm 的细集料。

表 11-7　水泥混凝土的颗粒组成范围

项目		通过质量百分率（%）		
		编号 1	编号 2	编号 3
筛孔尺寸（mm）	37.5	100	100	
	31.5		90～100	100
	26.5			90～100
	19		67～90	72～89
	9.5		45～68	47～67
	4.75	50～100	29～50	29～49
	2.36		13～38	17～35
	0.6	17～100	8～22	8～22
	0.075	0～30	0～7①	0～7①
液限（%）				<28
塑性指数				<9

注：集料中 0.5mm 以下细粒土有塑性指数时，小于 0.075mm 的颗粒含量不应超过 5%；细粒土无塑性指数时，小于 0.075mm 的颗粒含量不应超过 7%。

（2）矿料组成设计

通过上述对集料的基本性能测试以及筛分结果，设计粗、细集料的比例为 30：20：14：14：22，进行一个矿物组成的设计，设计级配要求符合规定的级配范围，范围参考《公路路面基层施工技术细则》（JTG/T F20—2005）。设计范围见表 11-8，级配曲线见图 11-1。可以看出级配 1 的曲线基本在规定的级配上限和级配下限之间，但是可以很明显地看出在曲线两端有明显的重合部分，这可能是上述筛分结果分析的大粒径颗粒偏少以及石粉含量偏多导致的。

表 11-8　矿料组成设计

各矿料比例（%）（1#：2#：3#：4#：5#）	下列筛孔（mm）的通过率（%）							
	31.5	26.5	19	9.5	4.75	2.36	0.6	0.075
配比 30：20：14：14：22	100	100	75.9	49.56	36.48	22.45	6.32	0.17
规范级配范围	100	90～100	72～89	47～67	29～49	17～35	8～22	0～7

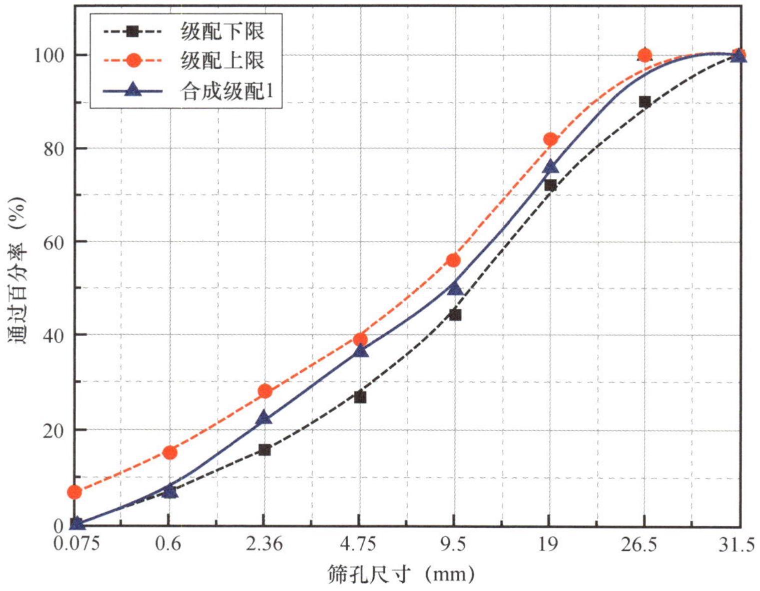

图 11-1　级配曲线

通过筛分的结果，设计出一个合适的配合比，做出级配曲线，可以发现曲线中段基本在级配上限和下限中间，只有曲线两端与上下限靠近，这是由 1#和 5#料的级配缺陷导致的。

（3）确定最大干密度及最佳含水率

根据规范《公路工程无机结合料稳定材料试验规程》（JTG E51—2009）采用集料配比 30：20：14：14：22 来进行击实试验，确定最佳含水率及最佳干密度。

击实试验采用150mm×150mm的击实筒（带球形底座），将5.5kg的试料按照级配1进行称重，水泥掺量为集料的4.0%，并且预定5个不同含水率（估计最佳含水率只差0.5%～1%），然后依次计算不同预定含水率的加水量。将称取好的试样拌和均匀，采用四分法分三次加入筒中，每加完一次试样，使其表面平整稍加压紧，安装到电动击实仪上进行第一层试样的击实（击实次数98次）。第一层击实完后检查其高度是否合适，以便调整后续两层试样的加入高度。用刮刀将已击实的表面拉毛，再重复上述做法。最后一层试样击实后，试样超出试筒高度不得大于6mm，超出试件作废。

击实完毕后，齐筒顶部细心刮平试样，擦净试筒外壁称重。取出筒内试样在托盘上击碎后放入烘箱，计算其含水率。计算方法参考《公路工程无机结合料稳定材料试验规程》（JTG E51—2009）。

不同水泥掺量的击实曲线如图11-2、图11-3所示。

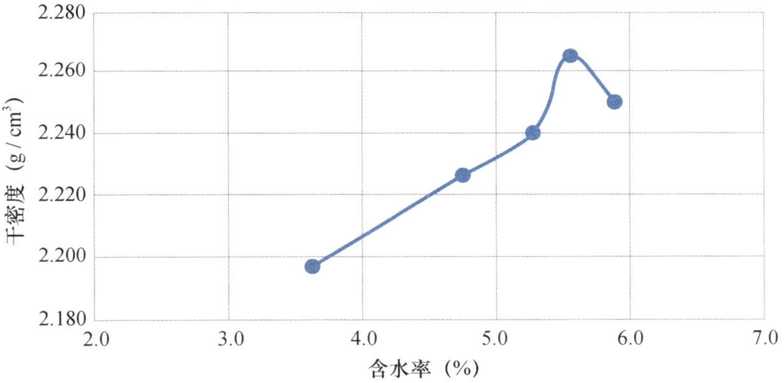

图11-2　击实曲线（水泥掺量4%）

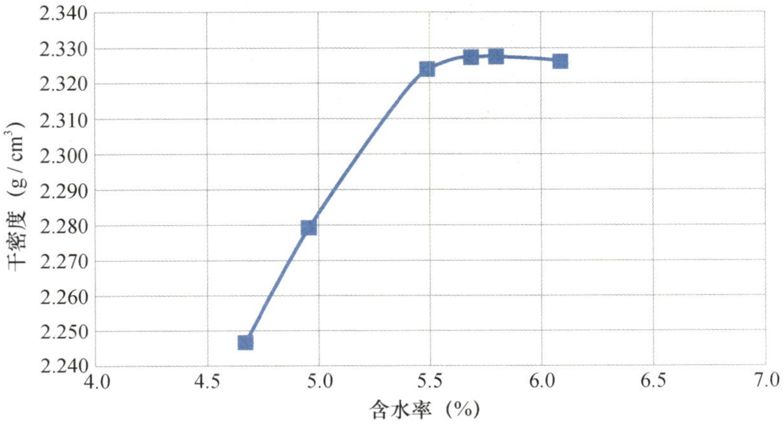

图11-3　击实曲线（水泥掺量8%）

不同水泥掺量的重型击实试验结果及制件干密度见表 11-9。

表 11-9　不同水泥掺量的重型击实试验结果及制件干密度

水泥掺量（%）	最大干密度（$g \cdot cm^{-3}$）	最佳含水率（%）	
4.0	2.270	理论	5.5
		实际	5.2
8.0	2.328	理论	5.8
		实际	5.5

（4）煤矸石水泥稳定材料试件的成模试验（圆柱形）

通过上述确定的最佳含水率和最佳干密度，用 150mm×150mm 的圆柱形试模成模，计算所需材料质量，计算方法参考《公路工程无机结合料稳定材料试验规程》（JTG E51—2009）中的 T0843—2009。

圆柱形试模内壁刷油，上下垫片能自由移动，且上下垫片均外露 2cm 左右。将上述材料拌和均匀，分三次加入试模中，每次加入后用夯棒轻轻均匀插实。将整个试模（连同上下垫片）放在液压式压力试验机上，以 1mm/min 速率加压，直到上下垫片都压入试模为止，维持压力 3～5min。

对于粗粒土的水泥稳定材料，在模内成型 2～6h 脱模，在脱模器上取件时，应用双手抱住试件侧面的中下部，然后轻轻旋转，感觉试件移动后，再将试件轻轻捧起放在试验台上。称试件质量和高度。大试件高度误差允许范围 -0.1～0.2cm，大试件质量损失不超过 50g。

称量后立即放在塑料袋中封闭，移至养生室，标养 6d，浸水湿养 1d，然后测无侧限抗压强度。试验过程如图 11-4 所示，测试结果见表 11-10。

击实

成模

脱模

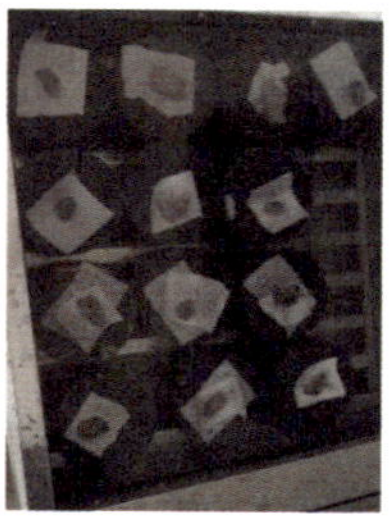
测试前1d水养

图 11-4　试验过程

表 11-10　不同水泥掺量水稳混合料无侧限抗压强度试验结果

水泥掺量（%）	龄期	n	平均值 R_c（MPa）	偏差系数 C_v	Z_a	代表值 $R_d = R_c(1 - Z_a C_v)$
4	7	6	2.89	0.06068	1.645	2.7902
8	7	7	8.99	0.03551	1.645	8.9283

11.1.4 煤矸石及其灰渣做公路路基材料的应用实例

道路工程是大量应用煤矸石的主要途径，其中美国、俄罗斯、英国、法国、中国都有用煤矸石修筑道路的成功案例。如美国、法国用煤矸石矿渣作为建筑填充材料；俄罗斯用煤矸石作为道路底基层材料。英国用煤矸石与铝土矿混合作为路面防滑材料。我国的京福高速、平顶山至临汾高速、徐丰公路利用煤矿石作为路基材料，这些路况至今良好。煤矸石作为路基材料，主要应用于低等级公路的基层和底基层。其优点是煤矸石作为路基材料具有良好的路用性能；其中煤矸石的物理和化学性能好，如抗压强度高、水稳性好、膨胀性小等。其缺点是煤矸石颗粒级配不均匀，且对施工路段周围环境容易造成二次污染[210]。

国外对于煤矸石材料的研究始于20世纪30年代末，但因为世界大战的原因一直到20世纪60年代末，各国才真正地关注煤矸石材料的应用。在工程利用方面，煤矸石作为一种土工充填材料，除了用于回填塌陷区外，许多欧美国家都曾利用煤矸石铺筑公路、机场跑道和工厂地基、填筑水工大坝及工民建的地基垫层等众多的土木工程领域(表11-11)，并制定相关的技术规范。在国外以填充材料的方式处理煤矸石已经成为主要途径，煤矸石的利用率一般在45%左右，高者可达80%。

表11-11 国外煤矸石工程应用列表

工程类型	用途	主要工程实例
公路	路基路面充填材料	法国北部公路网、德国 Ruhr 地区公路网；英国 Livepool 干线、Gateshead 高速公路等
铁路	路基填充材料	英国 Gloucester、Croydon 铁路编组站
水工建筑	坝体充填材料	英国海岸护提、水库大坝；拦河坝、潜坝（荷兰）
其他	地基垫层	英国拉姆斯盖特飞机场；停车场地基、软弱地基处理

英国自燃煤矸石大约有16亿t，目前每年销售量大约在700万t范围内，被认为是一种优质低价的土工材料，大部分使用途径是在公路工程、填坝工程和其他基础建设工程。把自燃后的煤矸石颗粒与铝土矿物按照4：1的比例混合在一起能制成不错的防滑路面。一些自燃后的煤矸石适合用在低强度等级混凝土的集料中，处理技术仅仅是破碎和筛分，但须控制煤矸石中的含硫量，超出标准要求则不可用煤矸石代替砾石制造混凝土[211]。

在美国将煤矸石燃烧后得到的“红矸石”作为填筑材料，通过这种途径来处理煤矸石废料，宾夕法尼亚州某公司工作人员对已燃过的无烟煤矸石用于防滑材料进行试验研究，最后试验说明煤矸石可以和沥青混合在一起制造成抗压强度十分高的混合材料，使用这种材料能够满足重型车辆的行驶要求，并能有效地修补路面破损，是一种性能良好的路面材料[212]。

在苏联时期由于工业的大力发展，堆积了大约 8 亿 t 煤矸石废料，并每年增加 6000 万 t，为了解决这一问题，研究人员将煤矸石氧化处理转化为烧岩，可以作为沥青混凝土路面的垫层和底基层，并且和高炉矿渣相比较，这种材料的价格还降低了一半。烧岩还可以作为沥青混凝土的石粉，能够保障路面性能的稳定性，并提高路面使用耐久性，和传统惰性石粉相比，价格低。磨细处理后的烧岩可作为制作蒸压加气混凝土和泡沫混凝土等的材料，制成混凝土用于建筑物基础和地下工程后表现出优越的特性，能够在底层建筑和工业建筑中大量推广使用[213]。

法国煤矸石每年排出量大概为 850 万 t，煤矸石的储存量现已有约 10 亿 t，目前法国科研人员主要利用煤矸石做建筑材料，最近法国学者把自燃后的煤矸颗粒破碎后划分等级大小，以此运用到人们公共场所地面装饰、铺路或停车场。

法国道路公路技术研究部和道路桥梁实验中心的研究表明，煤矸石可以作为很好的建筑充填材料。将煤矸石分层铺成 35cm 左右厚的路基，压实后密度可达 1. 8t/m^3，这样路基就具有良好的防透水性（图 11-5）。法国北部所有的载重车道路都是使用这种材料做路基。近些年来，以煤矸石作为路基材料，广泛用于城市乡村道路、轻重型汽车道路、铁路路基、人行道、公园小路和运动场地等。徐丰公路庞庄矿区段塌陷区 1. 2km 长路段的路基，全部采用煤矸石填筑，使用性能良好。

图 11-5　煤矸石铺路

从 20 世纪 70 年代开始研究人员以煤矸石作为建筑填充材料，并制作成砖，应用于路基修筑等，经过研究和试验结果表明是一种不错的建筑材料，特别是在路基铺筑中表现出良好的特性，易于压实，不透水性好。仅20世纪70年代就消耗了1亿t煤矸石，近年来大量运用于乡村道路的修建，并通过改良处理逐渐应用于高等级公路。

现如今我国公路网的大范围规划及建设施工，煤矸石在土木工程中的利用具有不可估量的前景，我国煤矿地区既能解决公路工程的征地与取土难度，又能大量使用堆积的煤矸石堆，根据相关数据表明，在公路工程中利用主要实例见表11-12。

表11-12 国内煤矸石公路工程应用实例

序号	工程名称	工程概况
1	平顶山至临汝高速公路	平顶山至临汝高速公路是交通运输部“国家重点公路建设规划”中所确定的16条东西向干线之一的上（海）落（阳）国家重点公路之重要段落，也是河南省干线公路网规划确定的“五纵、四横、四通道”中的一横，按双向四车道高速公路标准设计，路基总宽度28m。该项目的No. 4合同起迄桩号为K18+000~K28+200，全长10.2km，路基填方2150274m^3，全部用煤矸石填筑，黏土包边。该标段于2003年12月开工，2005年7月完工，使用状况至今良好
2	京福高速公路曲张段	1998年9月，京福高速公路曲张段在K135+060~K136+600做了煤矸石筑路的试验，取得了成功，在后来的10多公里路段中推广应用
3	104国道枣庄段	1995年，山东省交通科研所、山东省枣庄市交通局、山东省枣庄市公路管理处联合成立课题小组对“104国道枣庄段使用煤矸石路堤”进行了研究与论证，修筑的煤矸石试验路堤，经过多年使用至今状况良好
4	205国道张博段	1997年，山东省205国道张博段全长40km，采用煤矸石作为筑路材料。试验表明煤矸石底基层强度比12%石灰土底基层强度略高，完全满足公路整体强度要求，该路段至今运营情况良好。另外，在该路段附近兴隆庄洗煤矿厂进行了煤矸石做路基填料的试验路段，试验表明煤矸石路基强度远高于土路基，煤矸石铺筑厚度在2m以上的路段，煤矸石的回弹模量可达100MPa以上，具有良好的力学性能
5	徐丰公路（S 239）庞庄矿区段	徐丰公路（S 239）庞庄矿区段1.2km塌陷区路段（行车道宽21m，重交通量，由徐州市公路管理处承建），路基全部采用煤矸石填筑，填筑高主工为6~10m，原路面结构设计为25cm二灰煤矸石+6cm沥青贯入，为临时路面，后改为25cm二灰煤矸石+15cm二灰结石+6cm沥青贯入+2cm沥青表面处理，设计为永久路面，施工期3.5个月。该路段已于1995年3月施工完毕，现使用性能良好
6	山西介休汾西洗煤厂专用线	山西介休汾西矿务局洗煤厂专用线DK0+090~DK0+718.64段采用分层法填筑煤矸石路堤，共填筑煤矸石47000m^3，工程于1996年12月竣工，经过4年多的运营与观察，路堤质量稳定
7	鹤伊（鹤岗至伊春）高速公路	1998年修建的鹤伊（鹤岗至伊春）高速公路，其K0+000~K13+650路段为平原微丘区，地表层为中液限黏土，含水量较大，地下水位高，属季节性冻融区，通过对煤矸石的理论和实践研究，确定采用鹤岗煤矿丰富的煤矸石作为此路段路基填料，现已完工投入营运，各项路用性能指标均满足要求

续表

序号	工程名称	工程概况
8	徐州市“时代大道”	1999 年，徐州市政府建设的“时代大道”，全长 3.5km，路幅宽 100m，道路的软地基处理和道路填筑需要大量土方和其他建筑材料，为了节省筑路土方、降低公路造价、保护环境，采用煤矸石作为路基填筑材料，现在道路基本完工，煤矸石路基处理取得了成功，效果良好
9	湖北省荆南公路	湖北省荆南公路 K19 + 500 ~ K59 + 500 段垫层（厚 15cm）直接采用煤矸石铺筑，材料同基层所用煤矸石，施工方法同碎石垫层，基层（厚 20cm）采用石灰土煤矸石，1996 年 1 月至 1997 年 7 月完成 250m 试验段及 K19 + 500 ~ K49 + 500 段基层，次年铺筑渣油表处路面，1998 年 3 月至 1999 年 7 月完 K49 + 500 ~ K59 + 500 段基层，次年铺筑渣油表处路面

煤矸石作为路基填料，一方面可以充分利用煤矿的煤矸石废料，利于煤矸石综合利用和保护资源与环境；另一方面节省工程造价。为进一步研究煤矸石作为高速公路的路基填料需要采用怎样的填筑技术和质量控制标准，现于某高速公路进行试验段施工进行研究。

1. 原材料选用

（1）煤矸石填料的自然级配良好，可用于路基填料；

（2）煤矸石作为高速公路填料，为了满足路基的压实度要求，考虑到煤矸石的碾压破碎性，填料的最大粒径不宜大于 350mm；

（3）煤矸石材料本身强度满足要求，可以直接用于高速公路路基填筑，但不同的煤矸石材料需经物理力学性能试验确定其强度后方可应用于高速公路路基填筑；

（4）煤矸石作为路基填料，在施工之前应进行材料的膨胀量及吸水率试验，满足填料要求后方可用于高速公路路基填筑；

（5）煤矸石作为路基填料，在施工之前应进行材料的浸水变形特性试验，满足要求后方可用于高速公路路基填筑；

（6）煤矸石作为路基填料，在施工之前应进行材料的化学成分及分解排气试验，满足要求后方可用于高速公路路基填筑。

2. 施工方案

（1）煤矸石作为高速公路路基填料，填筑时煤矸石填料不宜潮湿或含水率过大。

（2）煤矸石作为路基填料应分层填筑，每层松铺厚度一般取 350 ~ 400mm 为宜，最大松铺厚度不宜大于 450mm。

（3）煤矸石作为路基填料，在压实过程中建议采用“静压 + 振压 +

静压”的碾压组合方式进行路基压实。

（4）每层松铺厚度为400mm左右时，碾压过程中，若采用18t振动式压路机，依据“合淮阜高速煤矸石研究”，可在静压后，振动碾压遍数不小于5遍的碾压方式；蚌淮高速煤矸石路基试验段，建议具体碾压遍数根据路基填筑高度和分层松铺厚度以及碾压机械而定。

（5）煤矸石作为路基填料，在振动碾压过后，必须采用静压收光处理。

（6）煤矸石作为路基填料，在压实过程中，不建议采用冲击式压路机进行路基碾压处理。

（7）煤矸石作为路基填料，雨后不宜立即进行路基的碾压处理，应等填料风干后方可进行碾压以及后续施工；如果填料含水率较大，尽可能进行填料的翻晒，风干后方可继续施工。

（8）煤矸石路基两侧应进行包边处理，包边土应分层填筑，每层厚度不宜大于200mm，并进行碾压处理达到相应的压实度要求。

（9）采用煤矸石作为路基填料，若路床含水率较大，须进行有效处理后或其他填料填筑后方可进行煤矸石填料的填筑。

（10）煤矸石作为路基填料，路基顶部下基层是否采用灰土层，建议进一步深入研究，最终确定取舍。

3. 施工质量控制

（1）在煤矸石路基分层填筑、压实完成后，须选择有代表性的点位进行路基压实度的测定；

（2）在碾压过程中，选取有代表性的桩号及断面，进行压实过程中路基沉降量和沉降率的测量；

（3）将相应断面的路基压实度测定值与路基的沉降率及沉降量建立相应的关系，以方便和有效地判断其他断面的路基压实度，提高施工效率；

（4）路基填筑完成后，应进行路基强度、模量以及承载能力等测定试验；

（5）在煤矸石路基填筑及碾压过程中，应建立永久性观测点，以长久观测路基的沉降，判定煤矸石路基的耐久稳定性；煤矸石作为特殊路基填料，其材料的强度、膨胀性、吸水率、浸水变形及化学分解等各项物理化学指标均应满足路基填料要求。使用煤矸石作为填料可以变废为宝，填筑工艺基本成熟，其广泛推广应用既可以节约有限的农田资源，又符合国家的可持续发展的要求，其发展空间很大且意义深远。

11.2 煤矸石及其灰渣做铁路路基材料

11.2.1 铁路路基对材料的技术要求

1. 铁路道碴材料的技术规定

铁路道碴材料的技术标准：选用块石、漂石土、碎石土、砂砾、砾砂、粗砂、中砂等材料，颗粒大小为 20 ~ 70mm、大于 70mm、小于 20mm 的颗粒各不得超过总质量的 5%，大于 100mm 的颗粒应除去；不洁率小于 0.1mm 的尘末不应超过总质量的 1%，黏土块及其他杂物应没有[214]。

《铁路路基设计规范》（TB 10001—2016）规定，路基填料按性质和适用性归纳为 A、B、C、D 四个组。规定路基基床以下部分的填料，宜选用 A、B、C 组，如用 D 组填料应采用不同措施。Ⅰ级铁路的表层应选用 A 组填料（可采用级配碎石或级配砂砾石），颗粒直径不得大于 150mm，底层可选用 B 组填料或改良土。Ⅱ级铁路路基表层应优先选用 A 组填料，其次是 B 组填料，底层可选用 B、C 组填料。由于专用铁路的运行速度较低（小于 50km/h），对其技术要求只能达到国铁标准的 01 铁路，所以在填料的选择上可以稍有放宽。

从物理性质来看，煤矸石应属于 B、C 组，可以直接作为铁路路基填料使用。对于煤矸石粒度不规则且粒径很大时，不能直接用于路基的回填，可以进行适当的加工，如破碎、筛选等。当颗粒级配不良时，需进行填料改良，提高路基填筑质量。改良措施为掺和一定数量的土使用，掺和比为土与煤矸石 1∶5 左右。如掺和 6% 左右的水泥或石灰进行填料改良，能进一步提高路基强度，路基填筑效果更好。

煤矸石的渗水性很强，黏聚性较差，但随着风化土数量的增加，黏聚性增高；煤矸石中的硅、铝、铁、钙、镁等氧化物在适宜的条件下，能与水化作用下产生的 $Ca(OH)_2$ 发生反应，主要生成硅酸盐，呈凝胶状态或纤维结晶体，还生成部分氧化钙和碳酸钙结晶体，使煤矸石颗料之间的黏结力增强。另外，开采出的自然状态堆积下的煤矸石颗粒大小不一，可以看作级配较好的碎石料，经过碾压，可排除煤矸石内的空气和水，使之重新排列，密实度大大提高，再加上其间胶凝物质的作用，碾压过的煤矸石强度很高。因此，煤矸石的各项指标可达到或超过铁路道碴的技术标准，在煤矸石道碴级配及不洁率满足要求的情况下，可以作为铁路道床材料，而级配颗粒大小及不洁率均可在加工过程得到有效控制，使其符合标准。

2. 路基材料用煤矸石的技术要求

路基是路面的基础，路基的强度和稳定性是保证路面强度与稳定性的基本条件。由于路基的重要作用，除要求路基设计有正确合理的断面尺寸外，还应满足以下基本要求：具有整体稳定性；具有一定的强度；具有足够的水稳定性。利用煤矸石作为路基材料，为保证路基的耐久性，要充分考察煤矸石的颗粒级配、水稳性、化学稳定性、压实性及其变形特性等。

（1）颗粒级配

良好的颗粒级配是路基材料保证压实的重要指标。级配良好的评价标准由不均匀系数与曲率系数来评价，不均匀系数与曲率系数的计算方法见有关内容。煤矸石在开挖、运输和堆放过程中受到风化作用，组成煤矸石的粒径大小不一，各粒径所占的比例没有固定的关系。级配较好，颗粒大小所占比例均匀的煤矸石可直接作为路基填筑料。自然级配较差，颗粒较大的所占比例较多的煤矸石，不宜直接作为路基填筑料，而需再深加工处理后才能被利用。

（2）吸水稳定性

煤矸石的吸水稳定性与煤矸石的孔隙率有关。结构致密的煤矸石吸水性较差，但具有良好的透水性；结构较松散的页岩、泥质岩、砂质岩等煤矸石吸水性较强，吸水后体积膨胀，并破碎形成较小的粉状煤矸石，用作路基表面时，遇雨水冲刷易流失，影响路基边坡的稳定和安全，不宜用作路基材料。

（3）风化性能

煤矸石暴露在自然环境中，具有被风化的特性。一些抗压强度较高、风化程度较慢的煤矸石不易破碎，适用于路基填料；而一些抗压强度较低、易于风化成粉末的煤矸石不宜作为路基填料。

（4）压实特性

路基的荷载-变形特性对路面结构的整体强度和刚度有很大影响，路面结构的破坏，除路面的自身原因外，主要是由路基的过大变形引起的。所以，尽量采用抗变形能力强的煤矸石作为路基填料是提高路面结构的整体强度与稳定性的重要措施。

（5）含水率

含水率的大小直接影响着压实度，所以，路基材料中应检测煤矸石的含水率大小。所检测到的含水率值 $w\%$；应在最佳含水率 $(w_0 \pm 3)\%$ 范围以内才合理，否则应考虑对煤矸石进行加水或晾晒处理。若含水量 $w\% <$ 最佳含水率 $(w_0 + 3)\%$，需考虑施工中加水，加水量按下式计算：

$$Q = L \cdot B \cdot H \cdot \rho + 0.01\ (w_0 + 3)\ \times 0.01\ (w_0 + 3 - w)$$

式中 Q——加水量，kg；

L——摊铺长度，m；

B——摊铺宽度，m；

H——松铺厚度，m；

ρ——松铺湿密度，kg/m^3；

w_0——最佳含水率,%；

w——天然含水率,%。

若含水率 $w\% >$ 最佳含水率 $(w_0 + 3)\%$，则需考虑拉运到工地推平后晾晒至含水率约为最佳含水率 +3% 时，再行碾压施工；也可适当掺拌生石灰粉或消石灰直接施工。

（6）坚硬性

由于组成煤矸石的大多数成分是破碎的岩石混合物，在碾压密实的情况下，其抗压强度值较高，具有一定的硬度。抗压承载能力达到（40～60）$\times 10^3$Pa 的煤矸石，适合用于路基填料。

（7）自燃性

由于煤矸石含有部分原煤、硫等易燃成分，易于发生自燃，在煤矸石没有充分自燃的情况下，不宜用作路基填料。只有在自然环境中充分自燃过的煤矸石，其中含固定的碳成分较低，适用于路基填料。用于路基填料的煤矸石烧失量即含碳量不宜大于 12%。

3. 煤矸石用作路基时的施工工序

铁路路基施工中填方量往往较大，需要的煤矸石量也多，其基本施工工序：煤矸石的开采、运输、分层摊铺、洒水、碾压（分为初压、复压、终压）、检测等。对原料煤矸石中级配不符合要求的煤矸石，还应适当进行再加工处理后才能被应用。一般再加工为筛选出不合格的粒径或掺砂性土以改良其性能。在施工工序中把握好含水率和压实度是两个重要指标。

（1）煤矸石的开采：一般都在煤矸石山上进行，由于煤矸石山堆积松散，加上煤矸石的自燃现象，其体积的膨胀作用，煤矸石山易于崩塌，具有较高的危险性，开采时应特别注意安全，一般采用机械挖采方式为主、人工及其他方式为辅助方式。

(2) 运输：由于铁路专用线的施工线路较长，运输距离一般都较远，宜采用大吨位的自卸汽车来运输，采用机械装车对施工更有利。另外，为了减少运输过程中煤矸石对运输沿线环境造成污染，应在运输前对煤矸石进行洒水润湿为宜。

(3) 分层摊铺：为了做到碾压密实，摊铺应分层进行，其厚度一般控制为20～30cm。在铁路路基边缘一般可预留1m宽，作为路基边坡覆盖黄土之用，其作用是不使雨水冲刷而造成路基边坡的不稳定。煤矸石中粒径大于15cm的块料，可在现场进行破碎处理，不易破碎者可捡除。摊铺的长度可由当日的工程进度确定。

(4) 洒水：在摊铺完成以后，碾压之前应及时洒水，其作用可使煤矸石饱水，利于风化，易于碾压密实施工。

(5) 碾压：煤矸石摊铺洒水后，待其含水率略大于最佳含水率的2%～3%时开始碾压。碾压应首先采用大吨位的振动压路机静压2遍，再进行振压3～5遍。而后利用较轻的压路机静压2～3遍，以碾压表面光洁、无轮迹即可。

(6) 检测：碾压成型后应及时进行检测，待检测合格后才能进行下一道循环施工。

煤矸石填筑铁路路基施工，需严格按照《铁路路基设计规范》(TB 10001—2005)、《铁路路基施工规范》(TB 10202—2002) 标准进行。为提高煤矸石填筑路基施工质量，在施工前建立施工试验段，取得填筑工艺数据。严格按照路基施工规范要求进行压实，提高路基密实度，利用压实密度检测仪进行质量控制。路基填筑时，对粒径大于150mm煤矸石块应加以剔除或粉碎，然后采用强振动压路机碾压。煤矸石路堤应采用分层充填碾压方法进行施工，以获得较高的地基承载能力和稳定性。

在煤矸石填筑铁路路基工程中，路基填筑过程分为三阶段、四区段、八流程。三阶段即准备、施工、竣工验收阶段。四区段即填筑、平整、碾压、检验区段。八流程即施工准备、地基处理、分层填筑、摊铺整平、洒水或晾晒、机械碾压、质量检验、路基整形。

由于煤矸石的颗料不均匀，施工中应分层压实，注意其紧密程度的检查，确保其密实状态。对于两侧水源丰富的线路，为了防止河水的冲刷，考虑到部分煤矸石的风化作用，应将这类线路的路肩适当加宽。

为提高煤矸石路基工程施工质量，煤矸石填料试验和施工质量控制是关键环节。路基工程质量要符合《铁路路基工程施工质量验收标准》

（TB 10414—2003）的规定，保证路基整体强度和稳定性符合规定要求。加强施工工序和施工质量检测控制，按规定进行取点取样试验检测，经检验合格后，方可进行下一步工序施工。确保路基工程整体质量符合质量验收标准要求。

11.2.2 煤矸石及其灰渣做铁路路基材料的应用实例

1. 煤矸石在沉区线路中的应用

西张线 K4 +200 ~ K6 +800 段，为某煤矿下沉区，下沉时间较长，最大下沉值超过 6m，铁路长年限速，严重制约运输能力。为确保运输安全畅通，为此设立路基下沉特别养路工区，专门负责线路抬道补碴，年补充碎石道碴近 4000m^3。现基床下沉则利用煤矸石回填，大大减少了碎石用量，每年仅料费一项就可节约 10 万元，大大降低了养护成本。

鹤壁矿区四矿、八矿沉区线路下沉时间较长，八矿沉区最大下沉值接近 4m，四矿沉区线路下沉值也达 2m 多，已严重制约了线路货运能力，必须恢复线路原有状态。按照常规，全部采用一般土壤填筑路基，由于土壤颗粒过于细小，不能利用起拨道法，需拆除线路，进行逐层碾压施工，达到设计标高后重铺线路，这样将严重影响煤炭外运；若采用中间石碴，两边填土，这样虽可以利用起拨道法不会影响煤炭外运，但是会在线路中间形成水槽，雨季严重威胁线路安全，必须沿线路设置排水管道。鉴于此，经过全面分析决定选用煤矸石作为路基填料，施工期间，将道床部位煤矸石视之为石碴，起道后用捣固机捣固，两侧装载机压实，用此方法在沉区线路施工后，线路状态至今良好，应用煤矸石达 7 万 m^3，节约材料费、排水设施费等 150 多万元，经济效益显著。

2. 煤矸石在新建铁路装车站工程中的应用

鹤煤集团公司十矿铁路装车站于 1998 年 3 月开始动工，该工程中，站场设计土石 6.3 万 m^3，先期利用矿建施工弃土填筑路堤 2 万 m^3，之后，4 万 m^3的路基填料便成为问题，鹤壁地区土质较差，多为白垩土，根据《铁路路基设计规范》（TB 10001—2005）的规定，白垩土不经处理不能用作路基填料，而最近适宜土源距施工地点约 10km，基于以往下沉区煤矸石路基施工经验及技术经济分析，决定采用附近煤矸石山堆积的煤矸石作为路基填料进行施工。将煤矸石运往工地后，推土机推成每层 500mm 左右，利用 20t 压路机碾压 3 ~5 遍，施工组织中考虑运输车辆的碾压，采用灌砂法检验密实度，合格后再填筑上层路基。十矿站场工程于2000年竣工，实践证明，路基状态良好，同时节省基建投资56万元。

花家湖煤矿专用线全长11.6km，设计土石29万m^3，由阜淮线张集站接轨，于1996年4月开始施工。阜淮地区多为膨胀土，膨胀土主要是由蒙脱石和伊利石等矿物组成，粒度成分中以黏土颗粒为主，具有多裂隙性、超固结性、强胀缩性、强亲水性、弱透水性、高塑性等特征，是一种工程性质较差的路基填料。阜淮线路基主要用该土填筑，建成运营不久，基床便出现翻浆冒泥、下沉外挤以及边坡溜坍等病害，并逐渐蔓延至全线。每年投入200万~300万元进行路基大修，既增加投资又影响运输，真可谓“后患无穷”。基于上述情况，结合以往下沉区煤矸石路基施工经验及技术经济分析，花家湖煤矿（新集二矿）专用线决定采用附近新集一矿堆弃如山的煤矸石作为路基填料，施工时将煤矸石运至工地后，堆土机推成每层厚50cm左右，利用20t压路机碾压5~7遍，采用灌砂法检验密实度，合格后再填筑上层。运营至今已有多年，路基状态良好，汛期从未发生边坡溜坍，也未发现基床翻浆、下沉等病害。

1999年，徐矿集团物资公司筹建卸油专用线，须回填深达4m的池塘，设计及施工单位经过实地考察，对煤矸石的强度、粒度了解后，采纳了用煤矸石回填池塘的意见。近150m长的铁路路基，全部在池塘上用煤矸石回填，经过层层压实处理，强度基本上达到路基要求，特别是煤矸石在有水的条件下，其黏结性增强，密实性进一步提高，有利于路基强度的保持。运用多年来没有发现路基坍塌、边坡冲刷、路基翻浆冒泥等情况。2004年徐矿集团新建的华美电厂建卸煤专用线，同样采用了煤矸石回填池塘，建成后一直很稳定，至今没有异常现象发生。

12 从煤矸石中提取化工产品

国家《大宗工业固体废物综合利用“十二五”规划》提出“以煤矸石高附加值、规模化利用为目标……推进煤矸石的综合利用”，高附加值利用作为煤矸石综合利用的重要补充，已正式列入国家发展规划。高附加值利用是提高产品附加值、提高资源利用企业利润的重要方式。事实上，在此方面我国已经开始了工业化探索。2012 年，山西蒲县县东循环工业园区年产 30 万 t 煤系高岭土项目动工；山西孝义市汾西勇龙新材料有限责任公司 10 万 t/a 煤矸石制陶瓷微珠项目于 2013 年开始建设；2012 年万吨级的利用粉煤灰、煤矸石等制备无机纤维保温材料及高性能复合保温材料示范生产线在山西朔州建成；太原玉盛源能源发展有限公司利用高炉矿渣、镁渣、煤矸石等工业废渣生产 2 万 t 无机纤维及 5.5 万 t无机纤维防火用纸项目已于 2011 年正式投产，之后又建设年产 6 万 t 无机纤维及 30 万 t 无机纤维防火用纸生产线。此外，由于煤矸石中含有大量 Al、Si 等元素，从煤矸石中提取有价元素也开始由应用开发逐步走向工业示范。2010 年，内蒙古乌海市巨能环保科技开发有限公司开始建设年处理 10 万 t 煤矸石生产硫酸铝和白炭黑一期工程；柳林县煤矸石综合利用示范园区年消化 5 万 t 煤矸石提取氧化铝和白炭黑项目分别于 2012 年和 2013 年完成单体试车。煤矸石高附加值利用已开始成为煤矸石综合利用的重要途径，目前已形成近百万吨煤矸石处理量的生产能力。

煤矸石中主要的矿物成分为 SiO_2、Al_2O_3，另外还含有数量不等的 Fe_2O_3、FeS_2、Mn、P、K 及微量稀有元素（Ga、V、Ti、Co）等。根据煤矸石中不同的化学元素，从煤矸石中提取的化工产品包括：①铝系化工产品，如氧化铝、氢氧化铝、硫酸铝和结晶氯化铝等。任根宽等以煤矸石和石灰石为原料，采用煅烧活化方法制备得到的 Al_2O_3，铝的提取率可以达到 90% 以上[215]（图 12-1）。②硅系化工产品，利用煤矸石中的硅元素可以生产 SiC、Na_2SiO_3、$SiCl_4$ 等多种硅系化工产品[216]。③碳系化工产品，如白炭黑、硅铝炭黑等。④其他化工产品，如钛白粉和镓等。由于部分煤矸石中含有 Ti、Ga 等稀贵金属元素，同样也可以采用适当的方法从煤矸石中回收 TiO_2 和金属 Ga 等。含 FeS_2 的煤矸石由于自身氧化产生的 SO_2 虽是大气环境的主要污染物，但硫铁矿是化学工业制备硫酸的重要原料，从煤矸石中回收硫铁矿具有较高的经济效益和生态效益。

(a)

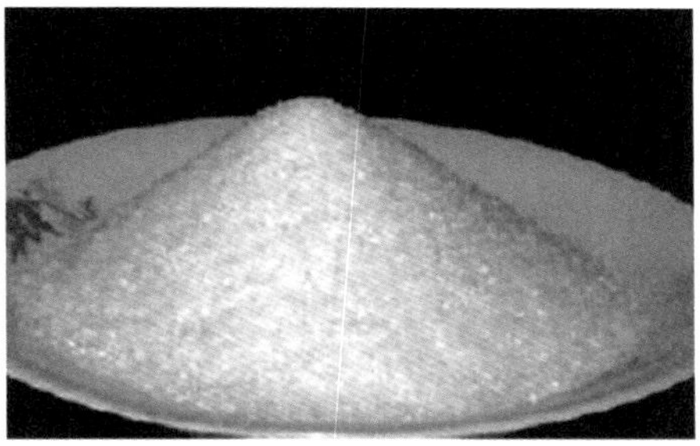

(b)

图 12-1 煤矸石生产的氧化铝和白炭黑

（a）Al_2O_3；（b）白炭黑

除上述应用途径之外，含碳量较高的煤矸石可以用来制备甲醇。内蒙古天时建环保科技有限责任公司利用 HTCW 高温热解气化技术承担了 20 万 t 煤矸石制甲醇示范项目。也可以先将煤矸石热解气化，产生的煤气用来发电，剩余的粉煤灰采用合适的方法分离出氢氧化铝和硅系化合物，然后用煤气发出的电用于氢氧化铝电解铝的生产，实现煤矸石的综合利用。

化工产品领域是利用煤矸石中含有较多的 SiO_2、Al_2O_3，可以通过特殊的方式方法提取煤矸石中硅、铝、铁等化学元素。其优点是使煤矸石资源化，充分利用煤矸石的化学性质。缺点是煤矸石化学组成，因不同矿区和地区的差异较大且煤矸石用量小，需要在化学成分和矿物组成提前分析和分类的基础上，才能进行资源化的综合利用。

用煤矸石制取铝系化工产品，目前有两种方法，即酸法和碱法。碱法包括碱石灰烧结法和石灰烧结法，其原理是利用碱石灰或石灰石将煤矸石烧结，然后利用碱溶液使煤矸石中的铝以铝酸钠的形式溶出。酸法是通过酸溶的方式将煤矸石中的 Al_2O_3转变成铝盐溶液。由于酸法效率高、操作简单而成为常用的方法。

12.1 煤矸石提取 Al_2O_3

Al_2O_3是重要的原材料。纳米级 Al_2O_3更是具备了很多普通 Al_2O_3不具备的性质，主要应用于集成电路基板和 YGA 激光器的主配件；对橡胶增韧、陶瓷、补强性能比常规 Al_2O_3微粉更为优异，对提高陶瓷的光洁度、致密度、断裂韧性、冷热疲劳尤其显著；还可以用作制造分析试剂、人造宝石、催化载体和催化剂[217-222]。

Al_2O_3主要来自铝土矿，但是鉴于我国及部分国家和地区铝土资源短缺，从低品位矿、尾矿甚至废弃矿产中提取 Al_2O_3，已经成为解决铝资源不足的重要手段。煤矸石作为一种含铝、铁、硅的废弃资源，从其中提取 Al_2O_3、Fe_2O_3等有用组分，不仅可以进行煤矸石高效利用，还可以解决 Al_2O_3等资源供应不足的问题。

现今国内外从煤矸石中提取 Al_2O_3的工艺有多种，但较常用的主要有两种：即酸浸取法和碱溶法。

酸浸取法：美国于 20 世纪 80 年代开始了酸浸取沉淀法提取 Al_2O_3的研究，后来我国也开展了一些相关研究。酸浸取法提取煤矸石中 Al_2O_3也可以分为 4 个过程：酸浸取过程、除杂纯化过程、过滤分离过程和焙烧过程。此方法主要是利用酸液浸取煤矸石，将其中可溶组分转化成为可溶性盐类溶出到溶液中，然后通过添加试剂对溶液中的杂质金属盐进行脱除，最后进行铝盐的转化、过滤、干燥及焙烧，形成 Al_2O_3。从目前的情况看，需要进一步改进和优化条件，提高酸浸取法提取效率等[223]。

碱溶法：相较于酸浸取法对碱溶法的研究较多，而且趋于成熟。石灰石烧结法作为碱溶法提取煤矸石中 Al_2O_3的常用方法，其工艺流程主要包括 4 个环节：烧结、碱溶、脱硅除杂、碳化等过程。本工艺的主要不足在于：第一，石灰石烧结过程中通常在 1200℃以上进行，能耗相对较高；第二，提取氧化铝需要大量的碳酸钠等，回收率仅 55% 左右，使得工艺的原料消耗和生产成本大大增加；第三，残渣形成量较大。为了降低渣量，工艺过程不得不经常考虑联产水泥，但是在许多地区，由于水泥产能过剩，影响了工艺的应用。

12.1.1 碱溶法原理

碱溶法又分为两种：石灰石烧结法、碱石灰烧结法。

石灰石烧结法的主要工艺流程：原料配比和烧结自粉化→碱溶过程→溶液的除硅过程→溶液的碳分过程→煅烧，如图 12-2 所示。

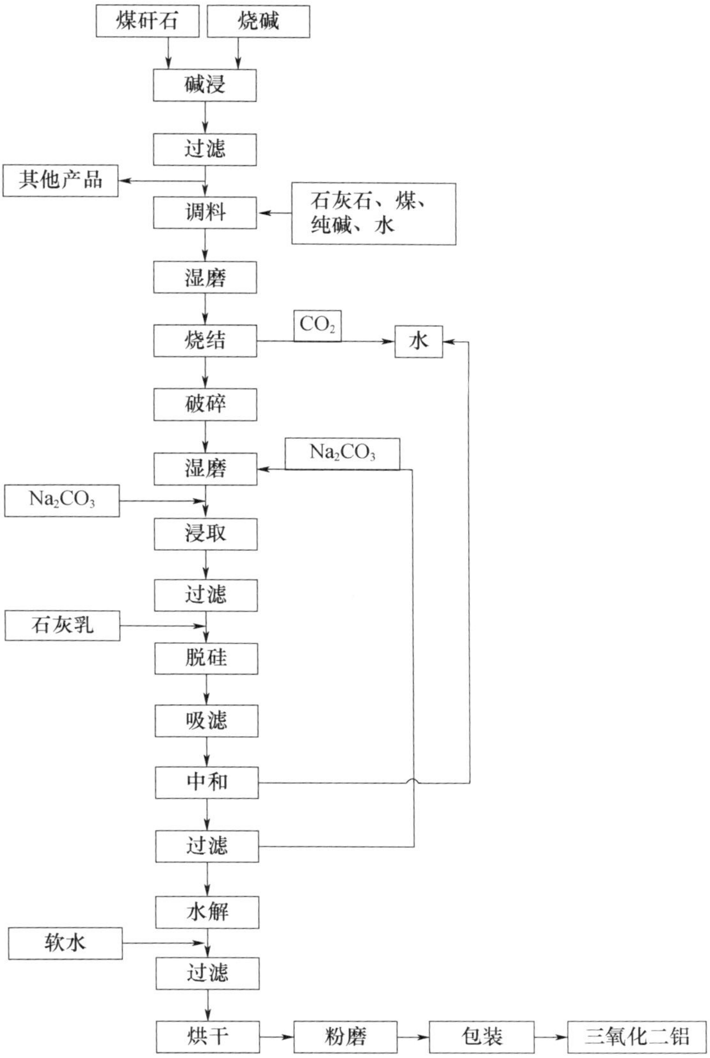

图 12-2 石灰烧结法工艺流程

1. 原料配比及烧结自粉化

对于含铝矿物进行烧结的目的是使煤矸石中的 Al_2O_3 成为易溶于碱溶液的化合物，从而使铝与硅、铁等其他杂质分离，烧结过程发生如下反应：

$$CaCO_3 \longrightarrow CaO + CO_2$$

$$3(Al_2O_3 \cdot 2SiO_2) \longrightarrow 3Al_2O_3 \cdot 2SiO_2 + 4SiO_2$$

$$SiO_2 + 2CaO \longrightarrow 2CaO \cdot SiO_2$$

$$3Al_2O_3 \cdot 2SiO_2 + 7CaO \longrightarrow 3(CaO \cdot Al_2O_3) + 2[2CaO \cdot SiO_2]$$

$$7[3Al_2O_3 \cdot 2SiO_2] + 64CaO \longrightarrow 14[2CaO \cdot SiO_2] + 3[12CaO \cdot 7Al_2O_3]$$

2. 碱熔过程

碱熔的主要目的是通过用纯碱溶液处理烧结原料，使其中的铝化合物以铝酸钠形式进入溶液而与其他组分分离，浸出过程发生如下反应：

$$12CaO \cdot 7Al_2O_3 + 12Na_2CO_3 + 33H_2O \longrightarrow 14NaAl(OH)_4 + 12CaCO_3 \downarrow + 10NaOH$$

$$2CaO \cdot SiO_2 + 2Na_2CO_3 + aq \longrightarrow Na_2SiO_3 + 2CaCO_3 \downarrow + 2NaOH + aq$$

$$2CaO \cdot SiO_2 + 2NaOH + aq \longrightarrow 2Ca(OH)_2 + Na_2SiO_3 + aq$$

$$3Ca(OH)_2 + 2NaAl(OH)_4 + aq \longrightarrow 3CaO \cdot Al_2O_3 \cdot 6H_2O + 2NaOH + aq$$

$$2Na_2SiO_3 + (2+n)\ NaAl(OH)_4 + aq \longrightarrow Na_2O \cdot Al_2O_3 \cdot 2SiO_2 \cdot nNaAl(OH)_4 \cdot xH_2O + 4NaOH + aq$$

第一个反应是生产过程中的主反应，剩下的几个反应为副反应，副反应的发生则会导致 Al_2O_3和碱的损失。

3. 溶液的除硅过程

碱溶液中除了含有铝、钠等元素外，还含有硅、铁等组分，除硅过程发生主要反应如下：

$$3Ca(OH)_2 + 2NaAl(OH)_4 \longrightarrow 3CaO \cdot Al_2O_3 \cdot 6H_2O + 2NaOH$$

$$3CaO \cdot Al_2O_3 \cdot 6H_2O + xNa_2SiO_3 \longrightarrow 3CaO \cdot Al_2O_3 \cdot xSiO_2 \cdot (6-2x)\ H_2O + 2xNaOH + aq$$

4. 溶液的碳分过程

碳分过程发生的主要反应为

$$2NaAl(OH)_4 + CO_2 \longrightarrow 2Al(OH)_3 \downarrow + Na_2CO_3 + H_2O$$

但当溶液含硅量较高时，还会伴有如下反应发生：

$$2NaAl(OH)_4 + 2CO_2 + aq \longrightarrow Na_2O \cdot Al_2O_3 \cdot 2CO_2 \cdot 4H_2O + aq$$

5. 煅烧

煅烧过程中发生的主要反应是：

$$2Al(OH)_3 \longrightarrow Al_2O_3 + 3H_2O$$

12.1.2 酸浸取法原理

利用酸液浸取，提取煤矸石中的 Al_2O_3，主要是利用酸将煤矸石中的金属氧化物转化成可溶性盐并同时溶于溶液，然后通过一些添加试剂对溶液中的杂质金属盐进行进一步去除，最后对铝盐进行转化、过滤、干燥及焙烧等步骤来制备 Al_2O_3产品。工艺流程如图 12-3 所示。

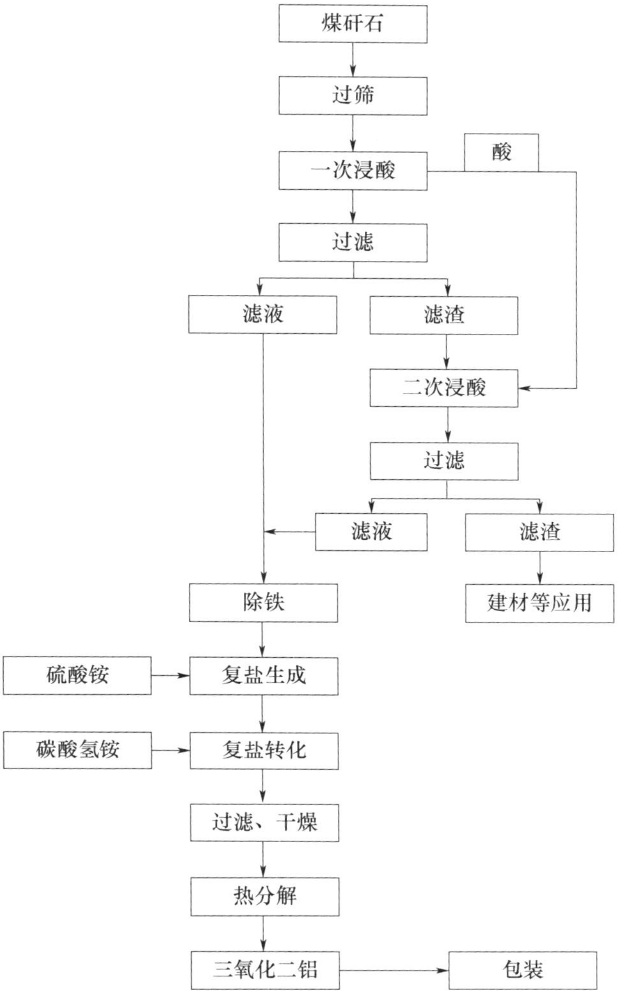

图 12-3　酸浸取法工艺流程

1. 酸溶解过程

煤矸石中主要的含铝矿物高岭石（化学式为 $Al_2O_3 \cdot 2SiO_2 \cdot 2H_2O$），在一般条件下难以直接用酸将其中的 Al_2O_3 浸取出来，但是在一定温度下利用一定强度的酸液，可以将 Al_2O_3 等组分浸取出来，主要反应如下：

$$Al_2O_3 \cdot SiO_2 + 6H_2SO_4 \longrightarrow 3Na_2SO_4 + Al_2(SO_4)_3 + H_2SiF_6 + 5H_2O$$

$$Fe_2O_3 + 2NaF + 4H_2SO_4 \longrightarrow Fe_2(SO_4)_3 + Na_2SO_4 + 2HF + 3H_2O$$

2. 除杂纯化过程

这个过程也可以称为碱溶过程，是加入 NaOH 等碱液至一定的 pH 值，使铁组分沉淀，达到含铁组分分离出来的目的，反应如下：

$$Al_2(SO_4)_3 + 6NaOH \longrightarrow 2Al(OH)_3\downarrow + 3Na_2SO_4$$

$$Al(OH)_3 + NaOH \longrightarrow NaAlO_2 + 2H_2O$$

$$Fe_2(SO_4)_3 + 6NaOH \longrightarrow 2Fe(OH)_3\downarrow + 3Na_2SO_4$$

此外，除杂过程还包括碱性组分 Ca、Mg、Na、K 等的脱除。

3. 碳分过程

碳分过程是将二氧化碳通入溶液，使其与溶液中的 $NaAlO_2$ 发生反应，进而形成 $Al(OH)_3$ 沉淀，发生的反应如下：

$$2NaAlO_2 + CO_2 + 3H_2O \longrightarrow 2Al(OH)_3\downarrow + Na_2CO_3$$

4. 焙烧过程

此过程是将得到的 $Al(OH)_3$ 在一定的温度下焙烧，最终得到 Al_2O_3 产品。焙烧过程中发生的主要反应如下：

$$2Al(OH)_3 \longrightarrow Al_2O_3 + 3H_2O$$

12.1.3 两种方法对比

综合国内外的研究，可以将碱溶法和酸浸取法分析对比如下：

1. 工艺方面

碱溶法的烧结阶段一般需要高达 1200℃ 的温度，能耗相对较高；而酸浸取法一般在较低的温度下进行，能耗相对较低。

2. 脱硅

因为硅在酸浸取过程中不溶解从而可以达到与铝分离的目的，因而与碱溶法相比，酸浸取法生产氧化铝的最大优点在于能够处理一些含有高硅的非铝土矿。而碱溶法在反应过程中，因为二氧化硅会与碱反应，所以既耗费大量的碱液，又会将含有硅的杂质带入浸取液，使除硅工艺复杂。此外，碱溶法在除硅过程中还会损失一些铝。

3. 除杂纯化方面

在除杂纯化过程中，主要是去除浸出液中的杂质——铁，在这方面碱溶法要优于酸浸取法。一般铁离子和碱溶液会生成沉淀物，比较容易去除，而其与酸溶液生成的物质一般为可溶物。

4. 药品和材料消耗

碱溶法提取煤矸石中的氧化铝，采用了大量的碳酸钠等碱性物质，回收率为50%～60%，使得碱耗较大，产生大量的碱渣。

通过对酸浸取法和碱溶法提取煤矸石中 Al_2O_3 的工艺进行对比分析（表12-1），可见，相比于碱溶法，酸法浸取煤矸石中铝似乎表现出一定的优势，而且有可能提取煤矸石中的铁等有价组分。

表12-1　酸浸取法和碱溶法的比较

比较内容	碱溶法	酸浸取法
需添加的试剂	较多	较少
能耗	很高	低
副产物	多，且易产生二次污染	少，且可以再次利用
工艺难易程度	较繁	简单
灰渣	多，且不易再利用	少，成分简单，可再利用
成本	较高	相对较低

12.2　煤矸石制备结晶氯化铝及聚合氯化铝

聚合氯化铝（PAC）是一种无机高分子混凝剂，由于氢氧根离子的架桥作用和多价阴离子的聚合作用而生成的分子量较大、带电荷较多的无机高分子水处理药剂[224]。聚合氯化铝的合成方法有很多种，以煤矸石为原料的生产工艺可分为两步：第一步是得到结晶氯化铝；第二步是通过热解法或中和法得到聚合氯化铝。马艳然等人[225]制备的PAC比市售的PAC具有更强的废水处理能力，其制备过程如下：

（1）将粉碎过筛的煤矸石在650～750℃下焙烧5h，自然冷却；

（2）酸浸：煤矸粉与一定浓度的盐酸混合，在110℃下反应；

（3）除杂：反应的滤液中加入硫化钠；

（4）熟化、水解、聚合。

利用酸浸技术进行煤矸石制备主要反应机理如下公式所示，式中 $n=1\sim5$，$m<11$，$x<12$。

酸溶：

$$Al_2O_3+6HCl=\!=\!=2AlCl_3+3H_2O$$

水结和热解：

$$2AlCl_3+12H_2O\longrightarrow Al_2(OH)_nCl_{6-n}+(12-n)H_2O+nHCl$$

聚合：

$$mAl_2(OH)_nCl_{6-n}+mxH_2O\longrightarrow[Al_2(OH)_nCl_{6-n}\cdot xH_2O]_m$$

20世纪90年代，欧美等国进行了低温结晶制取氯化铝的研究，但也仅限于实验室研究，并未形成产业化。例如，美国矿业局（Bureau of

Mines）研究了氯化铝六水合物（$AlCl_3 \cdot 6H_2O$）在水中的溶解性和活度，该研究是通过采用加入盐酸改变盐的溶解度，来得到结晶氯化铝。早在20世纪70年代，我国就已经开始了煤矸石制备$AlCl_3 \cdot 6H_2O$的探索。制备工艺基本类似，将煤矸石破碎煅烧活化，与盐酸在一定条件下反应，经过若干小时后固液分离，酸浸渣可以用来制备水玻璃及白炭黑，而母液一部分经浓缩后得到结晶氯化铝，然后将结晶氯化铝沸腾热解制备聚合氯化铝产品，另一部分直接向其中添加一定量的碱化剂加热聚合。

此外，由于盐基度是反应产品聚合度的重要指标，直接影响聚合氯化铝的性质及其分子量，因此聚合氯化铝产品的盐基度是整个制备过程中至关重要的因素，尽可能多地将煤矸石中的氧化铝提取出来以及提高产品的盐基度就成为制备过程中两个最重要目的。为了进一步提高产品的盐基度，需在聚合过程中添加适量的碱化剂，碱化剂的选择也是影响产品质量的因素。一般在聚合反应中添加的碱化剂主要有氢氧化钠溶液、碳酸钠溶液、氨水以及石灰水等，由于在聚合过程中会产生副产品氯化钠、氯化钙等，这些物质难以与聚合氯化铝得到有效分离，不仅降低了产品中的有效成分，而且会进一步增加固体产品的吸湿性。另外，调节产品盐基度时常会添加一定量的碳酸钙，此时产品的浓缩时间变长、氧化铝含量降低、过滤性能较差，并且对于某些特定的水体来说盐基度偏低。将煤矸石经过酸溶浸取、浓缩结晶得到结晶氯化铝，再由结晶氯化铝通过沸腾热解制备聚合氯化铝或者结晶氯化铝溶解添加碱化剂调节盐基度制备聚合氯化铝，得到的产品纯度较高，但生产成本相对增加，不宜规模化生产。

12.3 煤矸石制备含铝速凝剂

无机高分子絮凝剂是在传统铝盐、铁盐基础上发展起来的一种新型的水处理药剂，无机高分子絮凝剂在净化矿井水、处理选煤厂煤泥水方面比传统絮凝剂有着更优良的性能，并且比有机高分子絮凝剂的价格低，其主要组成元素是硅、铝、铁，其生产原料可以是化学试剂，也可以是矿物质和工业废物等。目前我国主要以粉煤灰为原料制备无机高分子絮凝剂。煤矸石同样富含制备无机高分子絮凝剂的主要成分（含有质量分数不少于55%的SiO_2、15%的Al_2O_3和8%的Fe_2O_3），是制备无机高分子絮凝剂的天然原料[226]。

目前，用国内煤矸石制备絮凝剂的较成熟的工艺是用煤矸石制备聚合氯化铝（PAC）。近年来的研究重点主要集中在充分利用煤矸石中的硅、铝、铁等元素，制备聚硅酸铝盐（PSA）、聚硅酸铁盐（PSF）和聚硅酸铝铁（PSAF）等复合型无机高分子絮凝剂方面。在聚硅酸溶液中定量加入硫酸铝和硫酸铁，可制得复合型絮凝剂聚硅酸铝铁（PSAF）。PSAF 对浊度和腐殖酸的去除率分别为95%和75%，远远高于传统絮凝剂，而且用量少、反应快，稳定性也高于 PSA 和 PSF。无机高分子絮凝剂实际上都是铝盐和铁盐水解过程的中间产物与不同阴离子的络合物。根据絮凝剂的适用对象、最佳剂量、pH 值等条件，利用各种现代分析技术，研究各种复合絮凝剂的分子结构，水解絮凝形态及絮凝剂性能表征，进而评价、探索和指导各种合成方法。

现如今在生产高分子聚硅酸铝铁絮凝剂时如果以纯化工产品为原料，生产成本高，而且稳定性差，活性硅酸容易形成凝胶导致产品失败。如果采用工业废料为原料，除使用煤矸石外，还需另外加入铁和铝，工艺复杂，原料利用率低，形成的废渣需要再处理。用煤矸石制备絮凝剂工艺简单、操作方便、原材料消耗量少、成本低、产品质量易控制，生产出来的絮凝剂在处理焦化废水、印染废水、生活废水等方面都具有很广阔的前景。

12.3.1 聚硅酸铝铁絮凝剂的制备工艺

根据煤矸石的组成和结构特点，可以研制复合絮凝剂聚硅酸铝铁。将高温焙烧过的煤矸石经碾细后在酸碱作用下打开 Al—Si 和 Fe—Si 键，进而将其溶于酸生成活性硅酸、铝盐和铁盐复合物，陈化后即得聚硅酸铝铁絮凝剂。

煤矸石硅酸聚合是由相邻分子上羟基间的脱水聚合形成具有硅氧键的聚合物，硅原子模型是四面体，硅酸分子可以向各个方向进行聚合，形成带支链的、环状的、网状的三维立体结构聚合物，最终形成硅酸凝胶，当在硅酸聚合过程的某一时间引入 Fe^{3+}、Al^{3+} 后，由于 Fe^{3+}、Al^{3+} 与聚硅酸的链状、环状分子端的 OH^- 进行络合作用和吸附作用，阻断了聚硅酸的凝胶化，从而制得稳定存在的大分子聚合物。另外，Fe^{3+} 具有极强的亲 OH^- 能力，络合反应速度较快，Al^{3+} 亲 OH^- 能力较弱，络合反应速度较慢，这使铁盐、铝盐有交叉共聚的可能，从而制得铝、铁、硅共聚物。

$$[Al(H_2O)_6]^{3+} \longrightarrow [Al(OH)(H_2O)_5]^{2+} + H^+$$

$$[Al(OH)(H_2O)_5]^{2+} \longrightarrow [Al(OH)_2(H_2O)_4]^+ + H^+$$

$$[Al(OH)_2(H_2O)_4]^+ \longrightarrow [Al(OH)_3(H_2O)_3] + H^+$$

$$[Fe(H_2O)_6]^{3+} \longrightarrow [Fe(OH)(H_2O)_5]^{2+} + H^+$$

$$[Fe(OH)(H_2O)_5]^{2+} \longrightarrow [Fe(OH)_2(H_2O)_4]^+ + H^+$$

$$[Fe(OH)_2(H_2O)_4]^+ \longrightarrow [Fe(OH)_3(H_2O)_3] + H^+$$

水解过程中，原料矿粉中的氧化铝、氧化铁进一步溶出，继而使H^+的浓度降低，OH^-浓度不断上升，配位水发生水解及水解产物的缩聚反应，两个相邻的OH^-之间发生架桥聚合反应，生成聚合多核配位化合物——聚合体。整个过程交叉进行，也就是溶出、水解和聚合的过程是互相促进、交叉进行的，煤矸石中的铝和铁不断溶出，生成的$[Al(H_2O)_6]^{3+}$和$[Fe(H_2O)_6]^{3+}$逐步缩聚为二聚体、三聚体，最后成为多聚体；矿粉在溶解后经过滤，去除不溶物滤渣，即可制得聚硅酸铝铁。

煤矸石制备聚硅酸铝铁的工艺：煤矸石经焙烧活化、酸浸取，制得的Al、Fe混合液，用一定浓度的NaOH聚合，即可得聚合铝铁；强碱浸出的硅酸钠在酸性条件下聚合，可得聚合硅酸；聚合硅酸和聚合铝铁在特定的条件下按一定摩尔比共聚，在室温条件下，以100r/min的速度搅拌，使之反应2h，再静置24h，即可得到聚硅酸铝铁溶液[227]（图12-4）。

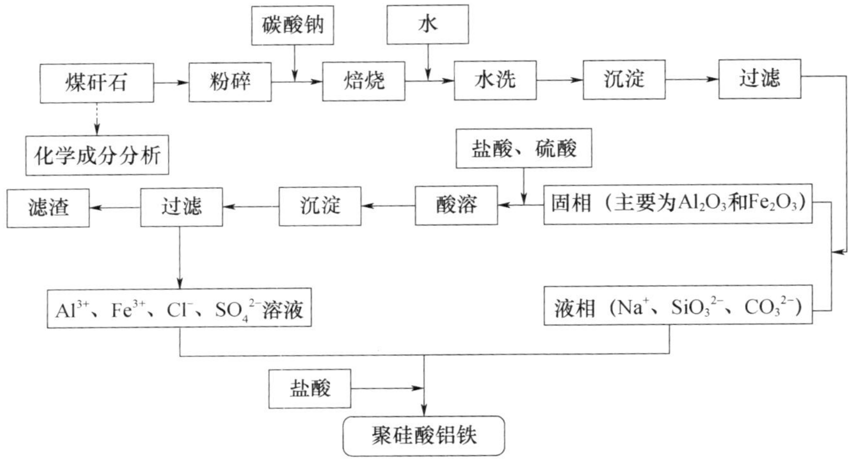

图12-4　煤矸石制备聚硅酸铝铁的工艺流程图

12.3.2　聚硅酸铝铁絮凝剂深度干化污泥

污泥深度处理及循环利用的关键问题在于污泥的含水率。普通的干化工艺技术虽然可以大幅度降低污泥含水率，但其自身也有较多的限制性因素。《城镇污水处理厂污泥处置 混合填埋用泥质》（GB/T 23485—2009）规定污泥含水率在60%以下才能进行填埋。而国内一般采取的污泥浓缩、离心脱水技术，处理后污泥含水率分别为90%左右和80%左右。因此需要对污泥进一步脱水减量，才能满足最终处置要求。

向污泥（含水率90%左右）中分别添加聚硅酸铝铁絮凝剂、助凝剂等污泥调制剂，改善污泥脱水性能，并使污泥中的有机物与重金属物质稳定在污泥中；再用泵将污泥压入压滤机，通过压滤机分离污泥中的水分，脱水过程为常温常压，脱水后污泥含水率小于60%。

将高效调制剂加入污泥（图12-5、图12-6），可以起到电性中和和吸附架桥的作用，破坏污泥胶体颗粒的稳定，使分散的小颗粒之间相互聚集成大颗粒，从而改善污泥的脱水性。经高效调制剂调理后的污泥，很容易脱水干化，经压滤或抽滤后获得的泥饼含水率可以降至50%左右。表明投加聚硅酸铝铁絮凝剂有助于污泥的深度脱水。污泥与煤矸石共处置与资源化利用技术路线如图12-7所示。

400μm　　200μm

图12-5　加调制剂前的污泥电镜照片

400μm　　200μm

图12-6　加调制剂后的污泥电镜照片

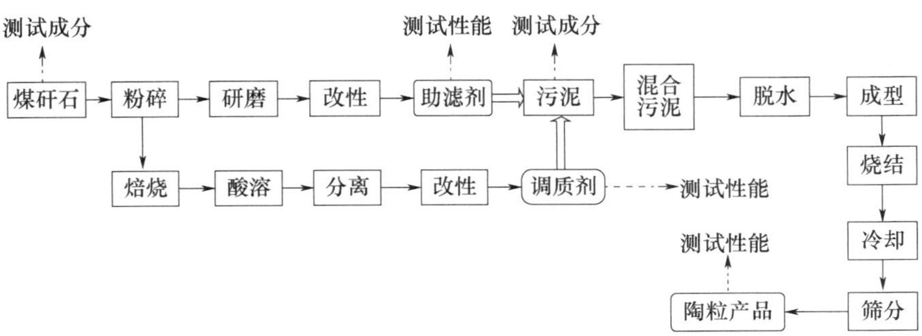

图12-7　污泥与煤矸石共处置与资源化利用技术路线图

12.4 煤矸石在化学工业中的其他重要应用

12.4.1 煤矸石制备氢氧化铝技术

$Al(OH)_3$是用量最大和应用最广的无机阻燃添加剂。利用煤矸石制备$Al(OH)_3$的方法主要可以分为两类：一类是酸溶提取煤矸石中铝，成为$AlCl_3$溶液后，加入NaOH，通过调节pH值得到$Al(OH)_3$沉淀；另一类是通过碱溶得到$NaAlO_2$溶液，碳分得到$Al(OH)_3$。

吕淑珍[228]等人对碳分制取$Al(OH)_3$做了大量研究，可使煤矸石中Al_2O_3提取率大于80%，得到粒径小于100nm的超细$Al(OH)_3$粉体，同时开发了煤矸石自粉化技术，并建立了$Al(OH)_3$晶核生长的动力学模型。

任雪娇[229]等人研究了煤矸石酸法制备$Al(OH)_3$的方法。利用铁离子和铝离子水解pH值的差异而使铁铝得到分离，制备$Al(OH)_3$。煤矸石中Al_2O_3提取率可达到81.8%。

12.4.2 煤矸石制备硫酸铝

当煤矸石中Al_2O_3含量高于33%，Fe_2O_3含量低于2%时可以作为生产$Al_2(SO_4)_3$的原料，$Al_2(SO_4)_3$是重要的化工产品，在水处理、造纸、石油除臭脱色等方面得到广泛应用。硫酸铝的生产工艺如图12-8所示。

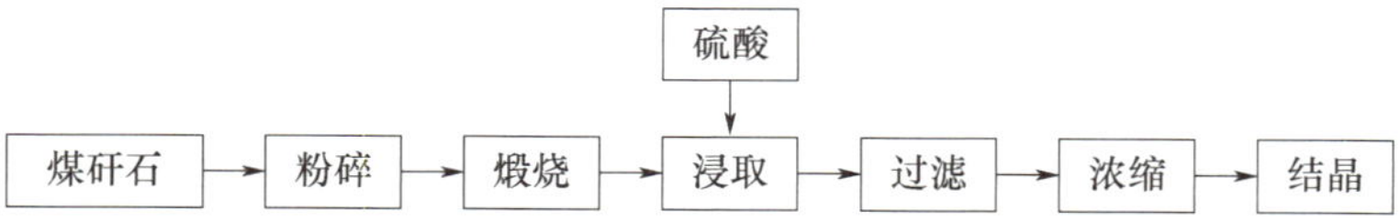

图12-8 硫酸铝的生产工艺流程

12.4.3 煤矸石制备白炭黑

白炭黑（又称沉淀二氧化硅、轻质二氧化硅）作为一种环保、性能优异的助剂，主要用于橡胶制品、纺织、造纸、农药、食品添加剂工业中。2012年，世界白炭黑总需求量约6595万t，中国占亚洲市场的40%，成为全球最大的单一市场。煤矸石制备白炭黑的工艺流程如图12-9所示[230]。

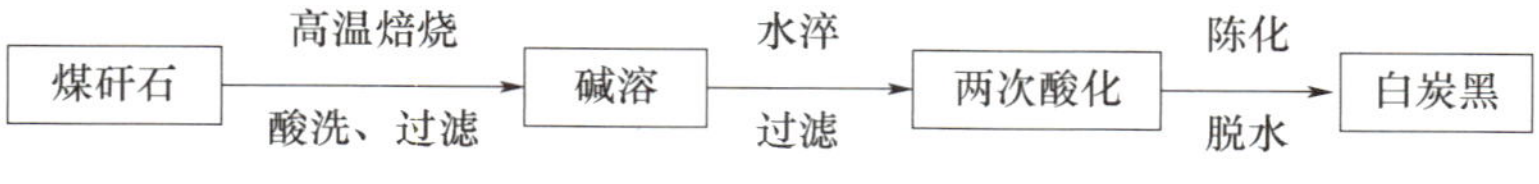

图12-9 煤矸石制备白炭黑工艺流程

江苏省煤矸石综合利用研究所以煤矸石为原料开发的硅铝炭黑（SAC），作为一种新型补强性填料，其应用结果表明，SAC 可部分代替软质炭黑用于橡胶配方，其与橡胶的结合性及弹性效应（膨胀比）介于炭黑与 $CaCO_3$ 之间，主要用于胎侧。在胶辊领域用 SAC 代替白炭黑在混炼时容易吃粉，改善了白炭黑粉尘飞扬问题，缩短了混炼时间，增加了胶片成型黏度。生产硅铝炭黑对煤矸石原料的要求：SiO_2 含量大于 60%，Al_2O_3 含量 15% ~20%，有机物含量要达到 20%；金属杂质及其氧化物含量越少越好。

王德海等用涂覆工艺，选用含羰基化学处理剂对李嘴矿和谢一矿煤矸石粉进行表面改性制得橡胶补强剂。将改性后的煤矸石粉替代 20 份炭黑填充于橡胶中，橡胶制品（黑色鞋底）的力学性能仍然能达到优质化工品的标准。

张镭等用精选的烟煤、煤矸石为原料，经粉碎、筛选、添加化工助剂，进行表面处理后制成的 NRF901 新型橡胶补强助剂，其外观是超细黑色粉状物，经分析鉴定，其化学、物理力学性能高于半补强炭黑（N770），补强性能接近高耐磨炭黑（N330）。试验证明，NRF901 在胶料配方中可全部代替半补强炭黑 N770 使用，也可部分代替 N330 而不降低产品性能，同时可明显降低产品成本。

12.4.4 煤矸石制备钛白粉

钛白粉（又称二氧化钛），因为其具有良好的遮盖和着色性能，被广泛用于油漆、造纸、塑料等行业。用于制备钛白粉的煤矸石原料要求其 TiO_2 含量要达到 7.2% ~8.1%。生产钛白粉的工艺过程：煤矸石经处理后，在反应釜中与硫酸反应，不断加热搅拌，反应完毕，抽滤洗涤后，滤液加入水解反应器，边搅拌边加入总钛量 10% 的晶种，加热促进其水解生成偏钛酸，冷却过滤洗涤后，在回转炉内煅烧脱水，再经粉碎即得钛白粉。以煤矸石为原料生产钛白粉工艺与传统生产 TiO_2 的方法相比，成本更低，效益更高。

12.4.5 煤矸石制备 4A 分子筛

4A 分子筛是一种碱金属硅铝酸盐，能吸附水、NH_3、H_2S、二氧化硫、二氧化碳、C_2H_5OH、C_2H_6、C_2H_4 等临界直径不大于 4A 的分子。广泛应用于气体、液体的干燥，也可用于某些气体或液体的精制和提纯，如氩气的制取。煤矸石虽然主要由硅、铝元素组成，然而不同产地的煤矸石的具体化学组成存在差异，其工艺路线如图 12-10 所示。

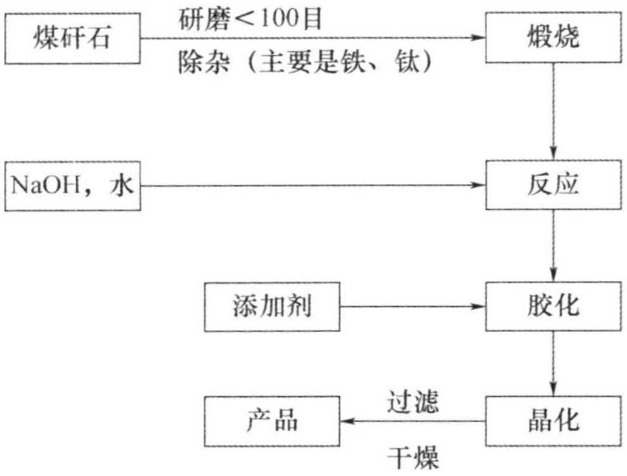

图 12-10　煤矸石制 4A 分子筛工艺

根据煤矸石具体组成的不同，对煤矸石的预处理、胶化和晶化反应也不尽相同。国学军[231]利用碱液分别提取铝物种和硅物种，再在适宜的配比下进行晶化反应。袁峰[232]在煤矸石预处理时加入了 NH_4Cl 以除去铁，在晶化阶段利用添加导向剂来合成 4A 分子筛。而合成过程都是相当复杂的，受到很多因素的影响，文献［233，234］报道在试验中发现，合成 4A 分子筛的主要合成因素为碱液的浓度、晶化温度、晶化时间、反应物固液比及搅拌速度，而 4A 分子筛白度不合要求的原因是煤矸石原料中的 Fe、Ti 元素的存在，这一影响可通过对煤矸石原料选矿和预处理来解决。也有文献［235］报道了在合成过程中除添加导向剂外，还加入 5% 的柠檬酸进行水热合成可以制备出性能优良的 4A 分子筛。许红亮[236]采用超声波辅助胶化，可以合成出 1.6μm 左右、完美的 4A 分子筛晶体。

12.4.6　煤矸石中有价元素的提取

煤矸石中除含有大量的有价元素（铝、硅、铁、钙等）和微量元素（农作物所需）外，还有稀有元素如镓、钒、钛、钴等。对这些稀有元素的提取是煤矸石深加工开发的一个方向。刘广义[237]等从煤矸石中提取镓的工艺主要是高温煅烧浸出和底纹酸性浸出两种方法。提取的镓经多级连续逆流萃取，可使镓富集 100 倍以上。田爱杰[238]以煤矸石/粉煤灰为原料，采用低温酸浸法（浸出液浓度为 6mol/L 的 HCl 溶液，液固体积质量比 40：1）提取率达到 90% 以上。并用正交实验考察了灼烧温度、灼烧时间、酸浸温度、酸浸时间等多个因素对镓提取率的影响，从而得到提取金属镓的最优条件。

13 煤矸石在农林业生产中的应用

煤矸石在农林业中的应用，实际上就是通过改良土壤、覆土造田、造林、生产肥料等手段，促进农林业的发展，以达到提高农作物产量、绿化生态环境等目的。

比如，煤矿区常有大面积洼地、塌陷地，利用煤矸石填平后，可作为建筑用地，复地后可供矿区生活、生产基建用地，缓解基建用地紧张，甚至可以进行覆土还田，种植农作物。鹤岗地区对其煤矸石山进行平整，再覆盖5cm厚的土壤，栽种落叶松、棒子松等植物，成活率很高。内蒙古平庄矿业公司选用草木沙打旺、灌木沙棘、乔木松树等复合混种，周边造防护林的方式进行林草复垦。在平原塌陷区采用渔业复垦模式，进行水产养殖。有的矿区采用旅游复垦模式，美国哈那、德国莱茵锡等矿区对塌陷区充填后，规划为旅游景区，既改变了矿区不良形象，又改善了矿区生态质量，具有较为良好的经济效益和环境效益。

不过，煤矸石中有毒元素含量若超标，经过风化和大气降水的长期淋溶作用，各种有毒元素会析出而渗入地下，导致土壤、地表水体及浅层地下水的污染。因此，煤矸石能否作为充填复垦材料的另一重要条件必须是煤矸石有害元素含量不超标。表13-1所示为我国土壤中Hg、Cd、Pb、As和F含量的环境分级标准。

表13-1　我国土壤中Hg、Cd、Pb、As和F含量的分级标准

等级	名称	水平	w_B（建议值）（$\times10^{-6}$）				
			Hg	Cd	Pb	As	F
一级	背景值	理想水平	0.10	0.15	30	10	300
二级	基准值	可接受	0.20	0.30	60	20	400
三级	警戒值	可忍受	0.50	0.50	100	27	450
四级	临界值	超标	1.00	1.00	300	30	500

煤矸石充填复垦材料的确定，必须从煤矸石的地球化学特性和有害元素状况等方面考虑。煤矸石中的Hg、Cd、Pb、As、F含量等应符合我国土壤的理想水平或可接受水平。煤矸石作为煤田塌陷区充填复垦材料时其有毒元素含量应对环境无毒性影响。

13.1 复垦造田

煤矸石填海平湖为田（日本应用较多），用于露天矿坑、煤矸石山复垦造田，根据煤矸石山风化程度和粒度情况来选择复垦方式，采用全覆土，半覆土、薄覆土或不覆土植被方式。煤矸石山复垦地的肥力显著，可栽培多种植物，而且产量都不低。煤矸石经过粒度等技术处理，采用化学活化法，可配制成有机肥，施于田地可有效增强土壤肥力，改善土壤结构，使土壤疏松透气，进而起到一定的增产效果，对大多数土壤皆适用[239]。对于难处理或处理价值较低的煤矸石，可以用于充填塌陷区或埋填造地。一般做法是在造地的片区上先将熟化表土转移，然后垫铺岩石及自燃矸石至一定厚度，再将该地碾压整平后覆盖熟化土，同时结合煤矸石土壤改良，可以再造优质农田[240-241]。

复垦及回填矿井采空区利用煤矸石作为矿区采矿塌陷区的填充材料，不仅可以减少煤矸石的占地面积，还能使破坏土地得以恢复。经煤矸石填充后，在表层覆土后，可有效增加耕地面积，既解决了土地资源紧缺的问题，又可以有效改善自然环境。目前，煤矸石的充填复垦已在全国广泛应用，有效恢复了原有土地的利用价值，也给煤矿企业带来了较好的经济效益。

目前，煤矸石充填复垦已在我国普遍应用，淮南矿区用于采煤沉陷区复土造地工程，消耗煤矸石 700 余万 t，复垦面积达 76.7 万 m^2。潞安矿业集团和阳泉矿业集团利用煤矸石填埋造地、绿化复垦、发展生态农业、养殖业，大部分矿区已经达到 30% ~40% 的植被覆盖率。

在国外，采煤以露天开采为主，早在 20 世纪 20 年代就开始了土地复垦的研究和实践，美国、荷兰、澳大利亚、加拿大等国的土地复垦均取得显著成绩。在我国，采煤以地下开采为主，20 世纪 80 年代前，我国的土地复垦工作非常落后，在全国 26.7 亿 m^2 的废弃土地中，复垦率仅仅占到 2%，复垦方法也是很简单的“一挖二平三改造”的工程处理。20 世纪 80 年代以后，土地复垦工作取得很大的进展。1986 年颁布了《中华人民共和国土地管理法》，明确规定了土地复垦的任务。1988 年国务院又颁布了《土地复垦规定》，明确了“谁破坏，谁治理”的原则，并且对复垦规划、综合治理、资金来源等也做了相应的规定。虽然我国土地复垦工作起步较晚，但发展较快，土地复垦已经从简单的埋压充填发展到基塘复垦、疏排降非充填复垦、煤矸石和粉煤灰等充填复垦、生态工程复垦和生物复垦等多种形式、多种途径、多种方法相结合的综合技术体系。

1. 煤田塌陷区土地复垦的主要复垦模式

在调查、测定土地破坏范围、塌陷深度、裂缝状况、积水深度、附加坡度、水质、土壤有毒物质、地下水位深度以及土壤基本养分状况等内容基础之上，结合矿区的自然条件、生态环境和当地经济发展状况，对复垦土地做出适宜性评价，据此采取不同的治理模式，使土地的利用方向更加合理。

（1）塌陷稳定区的煤矸石充填建筑复垦模式

利用煤矸石填充复垦煤田塌陷区一方面避免了煤矸石堆放占地污染和自燃等造成的环境损害；另一方面又可为塌陷区充填解决填料，复地后供矿区或城镇生活及生产基建用地。可缓解人口密集、耕地紧张、基建用地矛盾突出矿区的用地，如淮北、徐州、焦作和唐山等地区。其技术关键是采取合理的充填方式和地基加固处理措施。

（2）塌陷区煤矸石、粉煤灰充填农林复垦模式

新的土地管理法加大了耕地的保护力度，并规定复垦土地应优先用于农业。农业复垦可根据不同情况采取不同的治理方法。在山地和丘陵地区，地势本来不平，塌陷不深，不影响耕种，可适当平整，不做其他治理直接复垦。平原地区，地表破坏塌陷不深，经平整后，根据潜水位的高低可改造成旱地或水田；地表破坏塌陷较深、潜水位较低区域，可采用在塌陷区内先充填后覆土的改造方法，然后复垦；对面积较大、塌陷深、潜水位浅的塌陷区，进行综合治理，采用“挖深填浅”的方法，对边缘地带进行填充，然后复垦。其技术关键是进行煤矸石的有害元素分析和淋溶水试验分析，并对酸性煤矸石进行中和处理，以防止二次污染的发生。

（3）渔业复垦模式

在塌陷地进行渔业复垦，投资少，见效快。一般情况下，平原地区的塌陷地，深度超过 2m 的积水区即可辟为养鱼场，对于长年积水区，在“挖深填浅”后，塌陷区深处可进行水产养殖。对于正在采煤的塌陷区，由于塌陷仍在进行，可采取鱼鸭混养的粗放复垦模式。

（4）旅游复垦模式

淮北市矿务局、烈山市矿务局、浙江绍兴市矿务局、河南省永城县矿务局、河北开滦矿务局以及德国莱茵褐煤公司、美国哈那煤炭等对充填后的煤田塌陷区进行合理规划，设置旅游景点，不仅改变了煤矿区脏、乱、黑的形象，改善了煤矿区的生态环境质量，而且为职工提供了良好的休闲场所。

2. 煤田塌陷区土地复垦的主要技术措施

（1）抬田复垦技术

该技术措施主要是利用煤矸石、粉煤灰、城市生活垃圾、工业垃圾等作为填充料进行间填。抬田复垦较好的选择是利用塘河湖泥、生产垃圾，使用煤矸石、粉煤灰、工业垃圾时要防止二次污染的发生。

（2）排涝降渍综合治理措施

该技术措施只适用于水系较发达、具备外部排水条件的地区。利用工程措施与生物措施相结合消除渍害，然后通过土地平整技术、深挖浅垫技术、复垦区种植绿化等对复垦区进行综合治理。

（3）复垦土地改良技术

生物复垦的主要任务是改良复垦后土壤与优化复垦土地利用方向。在综合考虑待复垦土壤的形式、待复垦土壤理化性质、矿区现有的技术条件的同时结合当地的种植方式，对土地进行复垦。

（4）水面利用与生态工程技术

在高潜水位经常积水的矿区，通过采取水面利用和生态工程相结合的办法在消除积水的同时保留一定的水面，对维持矿区生态平衡也具有较高的生态学价值。

13.2 生产农肥

为使农作物生长迅速、高产，过量施用化肥现象极为显著，已经给生态环境造成了极大的危害。而且化肥产业本身是一种高耗能产业，需要大量天然气、优质煤等作为原料，随着全球能源的紧缺及价格的不断上涨，化肥生产成本也在急剧攀升。煤矸石作为我国排放量最大的固体废弃物之一，含有丰富的植物生长所需的微量元素与营养成分，其有机质含量一般为15% ~25%，是携带固氮、解磷、解钾等微生物的理想基质，可用来制作微生物肥料。施于田间可以有效改良土壤结构，调节土壤疏松度，增加土壤肥力，促进农作物的生长。有试验研究表明，采用含碳量较高的煤矸石研制的有机、无机混合肥料施用于苹果树，其产量显著高于等养分含量的掺合化肥及专用肥。

煤矸石中含有非常多的矿物种类，含有 Zn、Cu、Mo、Mn、B、Co 等农作物生长所需的微量元素，可以将煤矸石中有用的微量元素通过新的方法将其提取出来生产微生物有机肥料[242]。一方面，煤矸石中含有炭粉砂岩和含炭质页岩；另一方面，除了其有机质的含量在15%左右，煤矸石中还含有植物生长所必需的锌、铜、钼等微量元素。一般来说，可将煤矸石制备成新型农业肥料，方法是将煤矸石经粉碎磨细后按一定比例与过磷酸钙混合，混合的同时加入一定量的活化剂和水搅拌均匀后堆沤一段时间即可。此外，研究表明，煤矸石具有吸附水并降低其蒸发速度的功能，因此，将煤矸石掺和到土壤中可有效改良土壤的结构（增大土壤内部空隙的体积），从而提高土壤的透气性，结果会使土壤更容易吸水，增加土壤的含水率，土壤中含有的各类细菌的活动加强，无疑，以上优点都会在一定程度上促进植物的生长。长期使用有机化肥可能导致土壤板结和碱性增大，煤矸石中含有较多酸性氧化物和许多营养成分及多种微量元素，将其与土壤按合适比例混合可将土壤改良，调节土壤的疏松度，更有益的方面是这样做可以增加土壤的肥效[243]。

煤矸石制备有机复合肥的方法可选有机质含量在20%以上的粉砂岩或碳质泥岩，经破碎、筛余，并与磷酸钙一定比例配比，再加适量添加剂和水，使配料充分活化，再掺入N、P、K元素，配制煤矸石肥料。利用煤矸石和磷矿粉为原料，实现微生物的分离、培养、基因重组，研制出煤矸石微生物肥料，将煤矸石中富含的由C、H和O组成的腐殖质类复杂大分子聚合物降解为简单有机小分子碳水化合物，有利于其他有效菌的消化吸收，降解过程如下所示。

$$(C_6H_{10}O_5)_n \longrightarrow n(C_6h_{12}O_6) \longrightarrow CO_2 + H_2O + \text{能量}$$

煤矸石微生物肥料具有无害、无毒、保护环境，高效、高产和价低等特点，增产效果明显，提升作物品质，增进土壤疏松，提高土壤活性，深受国内外用户欢迎。

王丽华等团队[244]通过盆栽设计实验，把煤矸石磨碎，与自然风干的沙土和壤土，均过20目筛。盆栽实验都用规格相同的花盆，在保持总质量不变的情况下，按壤土与沙土和煤矸石的比例进行试验测试，通过观察小白菜子叶出现所需天数和苗所需天数、全出苗率、株高等。从出苗情况、幼苗形态和幼苗生理指标等几个方面探讨了煤矸石作为有机肥料的可行性研究，还对于基质是壤土和沙土进行了对比分析，研究表明，随着煤矸石添加量增多，壤土的出苗率比沙土高，当煤矸石与沙土的比例在1：2时，小白菜的生长情况及各项指标达到对煤矸石最大的综合利用。

近年来，以煤矸石为载体生产有机复合肥和微生物有机肥料等的技术发展很快。以煤矸石和磷矿粉为原料基质，外加添加剂等，可制成煤矸石微生物肥料，这种肥料可广泛应用于农业、林业、种植业等（图13-1）。研究表明，煤矸石中的有机质含量越高越好。有机质含量在

20%以上，pH值在6左右的碳质泥岩经粉碎并磨细后，按一定比例与过磷酸钙混合，同时加入适量添加剂，搅拌均匀并加入适量水，经充分反应活化并堆沤后，即成为一种新型实用的肥料。钱兆淦等利用碳含量较高的煤矸石作为主要原料制成的有机-无机复混肥料，在陕西渭南地区进行田间试验表明，苹果施用煤矸石肥料比施用等养分含量的掺合化肥和市售苹果专用肥增产效果明显，平均增产19%～37%。

图13-1　煤矸石生产的有机肥料

利用煤矸石为原料生产农用肥料，在国内外已得到应用。利用煤矸石生产农肥，依照原理和工艺的不同，主要有煤矸石有机复合肥、煤矸石微生物肥和煤矸石改良土壤。

1. 煤矸石生产有机复合肥料

煤矸石有机复合肥含有丰富的有机质和微量元素，并有较大的吸收性，有明显的增产效果。英国、美国和前苏联做了许多试验，证明了洗矸、浮选矸石对冬小麦、西红柿等有很好的增产效果。国内很多煤矿做了试验，效果很好。

（1）煤矸石的技术要求

①有机质含量大于15%。

②N、P、K是植物生长所必需的元素，含量要高。

③含有植物生长的所必需的B、Zn、Cu、Co、Mo、Mn等微量元素。

（2）应用前景

煤矸石有机复合肥属于长效肥，随着颗粒风化，其中养分陆续析出，在2～3年内均有肥效。其能增强土壤的生物活性，增加腐殖酸的含量，使土壤固氮能力大大增强。煤矸石有机复合肥生产加工简单，原料易得易选，建厂投资省，回收周期短，产品可多样化，成本低，有广阔的应用前景。

煤矸石有机复合肥含有丰富有机质和微量元素，并有较大的吸收容量，对农作物的增产和品质的改善有明显的效果。如陕西韩城下峪口矿的煤矸石有机复合肥实践表明，冬小麦可增产 15% ~20% 。煤炭科学研究总院西安分院以煤矸石为主要原料，经粉碎后，加入改性物质，并经陈化后掺入适量氮、磷、钾和微量元素研制而成的全养分煤矸石肥料，田间试验表明，西瓜、苹果等经济作物施用专用煤矸石肥料，一般可增产 15% ~20% ，最高可达 25% 以上。

2. 煤矸石微生物肥料

煤矸石和风化煤中含有大量有机物，是携带固氮、解磷、解钾等微生物最理想的基质和载体，因而可以作为微生物肥料，又称菌肥。以煤矸石和低价的磷矿粉为原料基质，外加添加剂等，可制成煤矸石生物肥料，主要以固氮菌肥、磷肥、钾细菌肥为主。与其他肥料相比，它是一种广谱性的生物肥料，施用后对农作物有奇特效用。

（1）原料技术要求

①煤矸石中有机物质含量越高，煤矸石微生物肥料的碳素营养越充足，越有助于肥料的发挥，各项指标要求见表 13-2。

表 13-2 微生物肥料中煤矸石的指标要求

项目	灰分（K）	水分（%）	全汞（$mg \cdot kg^{-1}$）	全砷（$mg \cdot kg^{-1}$）	全铅（$mg \cdot kg^{-1}$）	全铬（$mg \cdot kg^{-1}$）	全镉（$mg \cdot kg^{-1}$）
指标	<85.0	<2.0	<3.0	<30.0	<100.0	<150	<3.0

②磷矿粉要求全磷含量大于 25% ，粒度小于 0.1mm。

③次淀粉（或面粉）淀粉含量应为 80% ~85% ，以利于生物发酵。

④骨胶黏度（恩氏）3° ~4°，pH 值在 5.5 ~7.0。

以上各原料的配比约为煤矸石 70% ，磷矿粉 20% ，面粉和骨胶 10% 。

（2）应用前景

煤矸石微生物肥料是一种广谱性的微生物肥料。无论是粮、棉、油、果树、蔬菜，还是烤烟、茶叶、甘蔗、甜菜施用后都有良好的效果，施用微生物肥料的增产幅度接近美国磷酸氢二铵的增产幅度，优于国产尿素、硫酸铵、硝酸铵、碳酸氢铵等。微生物肥不但能使农作物增产，还能使农作物的品质有所改善。煤矸石复合微生物肥料并具有克服因施用化肥导致的环境污染、肥效不长、农作物品质下降等功效。

煤矸石微生物肥料制作工艺简单，耗能低，仅相当于同等规模化肥厂的 5% ~10% ，与同等规模化肥厂相比投资可节省 10% 左右，尤其是整个生产过程不产生废渣，对于改善环境、充分利用煤矿资源有重要的作用。有利于发展生态农业和保护生态环境，具有广阔的市场前景。如深圳大学电子光学研究所所长牛憨笨与潞安职业技术学院和北京林业大学合作开发的煤矸石复合微生物新型肥料，在长治市试验，施用煤矸石复合微生物肥料的青椒、玉米、谷子分别要比施普通化肥的同类农作物增产9.3%、0.4%和10.3%，维生素含量提高103.1%，粗纤维、硝酸盐等含量则大为降低。

目前，我国煤炭系统共建有煤矸石微生物肥料厂50余座，年产菌肥约40万t。如北京田力宝科技研究所开发生产的田力宝微生物肥料，南票矿务局与中国农科院合作开发的“金丰牌”微生物肥料，取得了很好的社会效益和经济效益。

3. 煤矸石改良土壤

针对某一特定土壤，利用煤矸石的酸碱性及其中丰富的微量元素和营养成分，适当掺入一些有机肥，可有效改良土壤结构、增加土壤疏松度和透气性、提高土壤含水率、促进土壤中各类细菌新陈代谢、丰富土壤腐殖质、使土地得到肥化、促进植物生长。

长期施用氮、磷、钾的农田，土壤中缺乏硼、硅酸和氧化镁等，用煤矸石烧渣制成的基肥正好可以补充这些成分，而成为很好的土壤调节剂。煤矸石作为矿肥的价值，一是由于在土壤微生物的作用下，煤矸石能提高有机质、氮化物和磷化物的活性；二是煤矸石能吸收大量的铵盐和磷的氧化物，使其存留在土壤孔隙中而阻止其向大气中的挥发；三是提供农作物生长所需的营养元素（锌、铜等），使粮食更富有营养。

13.3 复垦造林

1. 煤矸石的立地条件

立地条件是指待恢复和重建植被场所所有与植被生长发育有关的环境因子的综合，包括气候、地形条件和地表的组成物质的性质。每座煤矸石山占地几万平方米至数十万平方米，高达百余米。除顶部有较宽阔的平面外，其余皆为斜坡，坡度为矸石的自然安息角（30°左右）。

以砂岩煤矸石组成为主的煤矸石，因其结构致密、块大，不易风化，其他黏土岩矸石（高岭石泥岩、伊利石泥岩、碳质页岩、泥质页岩）、钙质岩矸石组成为主的煤矸石表面都有风化现象，其中碳质页岩、碳质泥岩风化很快，一般半年内即可风化成碎屑。

煤矸石风化物因具有颗粒粗、孔隙大、渗透系数高、田间持水量少、凋萎系数和累积蒸发量低的特点，具有一定的保水性能。煤矸石因具有极少毛管孔隙，水分易渗透而不易蒸发，故虽有效水容纳量小于黄土，但有效水利用率高于黄土，尤其在旱季，可高于黄土2% ~5%，故干旱地区煤矸石种植的草、树不易枯萎，水分不是限制植物生长的最主要因子。

2. 煤矸石山复垦的主要技术措施

（1）整形整地技术

由于煤矸石山特殊的立地条件，为了满足煤矸石山植被恢复的栽植工程和水土保持的要求，需要对煤矸石山进行整形整地。不同的地区其整形整地技术也不尽相同。煤矸石山整形包括修建环山道路、平整山顶、重塑地貌景观、建排水系统。煤矸石山的整地方式主要有全面整地和局部整地，局部整地有利于蓄水保墒且经济省工。煤矸石山的整地深度最低限值因植被不同而异：草本植物为15cm，低矮灌木为30cm，高大灌木为45cm，低矮乔木为60cm，高大乔木为90cm。同时，整地季节要按照至少提前一个雨季的原则进行，这样有利于植树带的蓄水保墒和增加土壤养分含量。

（2）酸性改造技术

对酸性煤矸石山要进行中和处理，否则煤矸石淋溶后的酸性物质会通过毛细作用上升到土层，造成土壤的酸化，从而严重影响植物生长和土壤微生物的生成。当植物根系穿过覆土层遇到酸性的煤矸石时，根系的生长发育将受到影响。一般采用的方法是把破碎后的CaO或$CaCO_3$均匀地撒入煤矸石后再翻耕10 ~15cm。CaO或$CaCO_3$的用量根据煤矸石的pH值和中和材料的纯度及煤矸石层的深度确定。

（3）覆土技术

根据煤矸石山表面风化程度的不同，在种植之前，应采取适当的覆土措施，按覆土的厚度不同，可分为不覆土直接种植、薄覆土、厚覆土。对风化程度好的煤矸石，一般采用不覆土直接种植，仅需适当整地即可；对于风化程度稍好，表现为煤矸石山表面酸度过大、含盐量高、表层温度过高时，需要覆土3 ~5cm后才能进行种植。薄层覆土栽植植被的根系能够深入煤矸石深层吸收水分和养分，有利于植物的成活和发育；对于没有风化或风化程度极低的煤矸石山，即煤矸石山表面全为不易风化的砂岩煤矸石，大块的岩石不能保肥、保水，必须覆土50cm以后再种植。厚覆土虽然可以让植被在短期内迅速生长发育，但由于需要的土方量大，提高了复垦投资，难以推广。

（4）施肥技术

煤矸石山养分含量普遍较少，有机活性物质贫乏，尤其是氮素极其贫乏。因此在煤矸石山复垦种植时，必须施肥。根据煤矸石山的元素组成，煤矸石风化物上施肥应将化肥与有机肥的配合施用最好，单施化肥也可，这样既有利于植物迅速生长，又可增加煤矸石中的有机物质及有效养分，同时提高了煤矸石风化物的 CEC 及微生物活性。

3. 煤矸石山复垦造林树种的选择

由于煤矸石山立地条件恶劣，煤矸石山造林应选择抗逆性强、有较强的适应能力，对干旱、瘠薄、盐碱、毒害等不良立地因子有较强的忍耐能力，对粉尘污染、二氧化硫、高温等不良的大气因子有一定的抵抗能力的树种，此外，要特别注意选择有固氮能力的肥土树种。所以，耐干旱、耐高温、耐贫瘠、固氮、速生、根系发达的草本或灌木是首选种类。这类植物可以迅速生长，强有力地改变了遭破坏的生态环境，为其他植物的迁移、定植创造条件。在种植时间上，有春整春种和秋整春种，秋整春种有利于蓄水保墒，可以提高造林成活率。在种植方式上，针对不同的植物种类，采用不同的种植方式：对落叶乔木、灌木采用少量的配土栽植，对常绿树种采用土球移植，对草本植物采用蘸泥浆或拌土播种。

4. 应用

以我国某矿物集团煤矸石山的复垦造林技术及利用情况为例，其采用客土喷播恢复植被技术以及浅层喷射注浆灭火技术两种模式对煤矸石进行综合治理与利用[245]。

在治理煤矸石山的过程中，该地利用全机械化施工技术以及浅层喷射注浆技术对煤矸石山进行全面处理。通过种植乡土灌木植被利用客土喷播技术对当地的土壤环境进行综合改良处理，具体治理技术模式框架如图 13-2 所示。

（1）煤矸石山治理过程中浅层喷射注浆技术的运用

采用防火法与注浆灭火法对煤矸石山中的缝隙进行覆土法操作，结合“以防为攻”的技术实施理念，直接向煤矸石山全面喷射泥浆，依靠高速泥浆巨大的冲击渗漏作用，有效封堵煤矸石山中浅层的缝隙，经过固化之后的煤矸石山能够有效阻隔空气与水分的流动，此技术的实施可有效限制空气氧化增温，同时阻止燃烧的氧气在煤矸石山内部频繁流动，以此控制煤矸石山燃烧，从而起到良好的防火灭火作用。

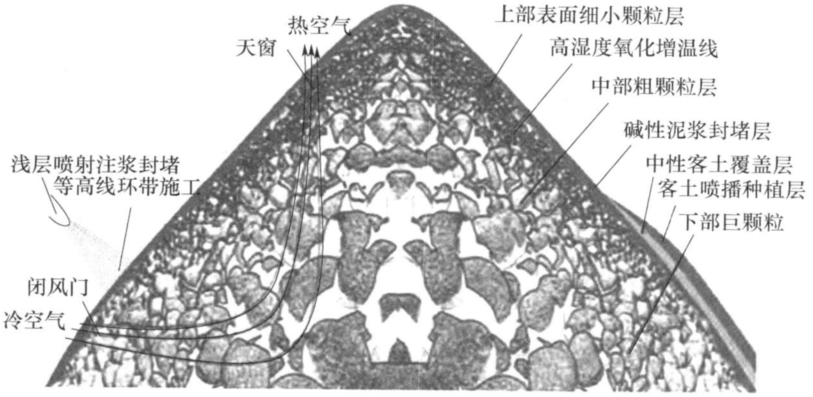

图 13-2 煤矸石山综合治理总体构思

（2）煤矸石山治理过程中客土喷播技术的运用

将黄土以及种子与经过改良的土壤相结合，然后将其采用大功率喷播机械设备喷射到施工坡面，从而形成良好的覆盖层。经过治理后的土壤可起到良好的防侵蚀效果，同时能够保持土层中的孔隙结构完整，将土壤更好地黏结在地表中。由于经过改良处理之后的土壤富含很多养分以及有机物，因此对于地表植物的生长而言非常有利。

（3）煤矸石的综合利用及煤矸石山治理成功案例

我国某矿务局煤矸石山治理过程中采用上述治理模式，并在治理过程中本着利用与处理相结合的原则，通过山体稳定性治理与水系治理和土壤改良治理、防火防控治理以及植被恢复治理等综合实践治理与利用模式，分别经过上述几个阶段的处理后，在四个月之内就实现了该地煤矸石山的全面复绿，而且经过效益评估，煤矸石的综合利用效率大大提升，当期治理成效达到了预期效果，次年该地的植被生长情况良好，获得了当地政府与民众的一致好评，特别是为该矿务集团的发展转型奠定了良好的基础，如图 13-3 所示。

（a） （b）

图 13-3 山体形貌对比图

（a）山体原貌图；（b）治理后总体效果图

13.4 改良沙地土壤

针对我国土地沙漠化严峻的形势，还可利用煤矸石的屏蔽作用改良沙地土壤，遏制沙漠化的进一步扩大。利用煤矸石搭设沙障固沙，不仅起到防风固沙作用，而且对沙地土壤有明显的改良作用。一些研究人员于1997年7月在毛乌素沙地金鸡滩煤矿区流动沙地上布设了煤矸石沙障固沙试验，结果显示由于煤矸石障蔽的防风阻沙作用，使沙地土壤中 <0.1mm 细粒物质较流沙对照地增加90.4%，土壤水分含量提高82%，土壤结构发生改变；土壤中有机质、全N、速效P、速效K含量显著增加，分别是流沙对照地的2.65、2.66、1.30和1.24倍。同时，分析结果表明，障蔽规格对0～20cm层土壤有机质、全氮、水分含量有显著影响，而煤矸石粒径影响不显著[246]。

在沙地煤矿区采用煤矸石搭设障蔽，既能增大地表粗糙度，降低风速，减轻风蚀，收到显著的防风固沙效益，又为沙地煤矿区煤矸石的进一步利用开辟了新途径。

参考文献

[1] 白剑．煤炭经济可持续发展战略探究［J］．山西财政税务专科学校学报，2017，19（04）：62-65.

[2] 耿颖．实现中国煤炭经济可持续发展的战略研究［J］．中国高新技术企业，2015（26）：4-5.

[3] 王军，燕波涛．环境规制、技术创新与煤炭产业可持续发展［J］．技术经济与管理研究，2019（03）：108-112.

[4] 潘跃飞．煤炭行业区域管理体制创新研究［D］．北京：北京交通大学，2010.

[5] 李鹏．我国煤炭工业的现状及可持续发展观［J］．决策探索（中），2018（08）：16-17.

[6] 寇永英．大同煤矿集团循环经济模式及企业可持续发展战略研究［D］．长春：吉林大学，2015.

[7] 曾天琦．新时期能源与煤炭企业可持续发展的探讨［J］．山西能源学院学报，2019，32（02）：29-31＋34.

[8] 杜丽哲．基于循环经济模式煤炭企业可持续发展战略研究［D］．太原：山西大学，2010.

[9] 彭苏萍，张博，王佟．我国煤炭资源“井”字形分布特征与可持续发展战略［J］．中国工程科学，2015，17（09）：29-35.

[10] 中国煤炭清洁高效可持续开发利用战略研究［J］．中国工程科学，2015，17（09）：1-5.

[11] 张建平，王东岩，段治平．知识经济时代煤炭工业可持续发展与清洁能源的生产［J］．中国煤炭，2000（02）：39-41.

[12] 郭兴红．清洁生产是煤炭企业可持续发展的必然选择［J］．洁净煤技术，2004（04）：12-13.

[13] BP Company. BP statistical review of world energy June2015［EB/OL］．［2015－10－20］．http：//www. bp. com/statisticalreview.

[14] 张玉峰．关于我国煤炭可持续发展的探讨［J］．中国煤炭地质，2018，30（S1）：56-59.

[15] 马中华．煤炭企业产业转型及可持续发展的措施［J］．中外企业家，2017（32）：25-26.

[16] 尹牧．资源型城市经济转型问题研究［D］．长春：吉林大学，2012.

[17] ABIDIN M H. Competitive Industrialization with Natural Resource Abundance：Malaysia，In R. M. Auty（ed.），Resource Abundance and Economic Development［M］．Oxford：Oxford University Press，2001. pp. 147-164.

[18] 郭彦霞，张圆圆，程芳琴．煤矸石综合利用的产业化及其展望［J］．化工学报，2014，65（07）：2443-2453.

[19] BP2013World EnergyStatistics（BP 世界能源统计 2013）［R］.

[20] 冷发光．煤矸石综合利用的研究与应用现状［J］．四川建筑科学研究，2000（02）：44-46.

[21] ZHOU S. Study on the reaction degree of calcined coal gangue powder in blended cement by selective solution method［J］. Procedia Earth and Planetary Science，2009，1（1）：634-639.

[22] Ministry of Land and Resources of the People's Republic of China. National People's Congress Wang Mingsheng suggested increasing the low calorific value coal power project approval（全国人大代表王明胜建议应加大低热值煤发电项目核准力度）［OL］.［2014－03－11］. http：//www. mlr. gov. cn/xwdt/jrxw/201403/t20140311_1306488. htm.

[23] Insight net into Chinese industry. Analysis and survey to the conservation and comprehensive utilization of Chinese mineral resources（中国矿产资源节约与综合利用调查分析）［OL］.［2014－04－18］. http：//www. 51report. com/free/3038779. html.

[24] FABIAŃSKA M J，CIESIELCZUK J，KRUSZEWSKI L，et al. Gaseous compounds and efflorescences generated in self-heating coal-waste dumps—a case study from the Upper and Lower Silesian Coal Basins（Poland）［J］. International Journal of Coal Geology，2013，116：247-261.

[25] YAO Y，SUN H. A novel silica alumina-based backfill material composed of coal refuse and fly ash［J］. Journal of Hazardous Materials，2012，213：71-82.

[26] FRÍAS M，SÁNCHEZ de Rojas M I，GARCÍA R，et al. Effect of activated coal mining wastes on the properties of blended cement［J］. Cement and Concrete Composites，2012，34（5）：678-683.

[27] MISZ-KENNAN M，FABIAŃSKA M. Thermal transformation of organic matter in coal waste from Rymer Cones（Upper Silesian Coal Basin，Poland）［J］. International Journal of Coal Geology，2010，81（4）：343-358.

[28] 林漫亚．煤矸石的综合利用［J］．上海建材，2018（02）：29-31.

[29] 董玲．煤矸石酸浸取提取 Al_2O_3 和 Fe_2O_3 技术研究［D］．北京：中国矿业大学，2018.

[30] 段万明．煤矸石电厂提高经济效益途径的探讨［J］．煤炭加工与综合利用，2003（6）：45-47.

[31] 张蕾，李瑜．硫酸法从煤矸石中提取 Al_2O_3 的实验研究［J］．煤炭工程，2011（09）：109-111＋114.

[32] 韩宝平．固体废物处理与利用［M］．武汉：华中科技大学出版社，2010.

[33] 蒋翠蓉，刘瑞芹．浅谈煤矸石的综合利用［J］．煤质技术，2009（S1）：54-58.

[34] 刘锁．煤矸石混凝土抗冻性能和抗氯离子渗透性能研究［D］．沈阳：沈阳建

筑大学，2016.

[35] 甄强，郑锋．煤的伴生资源煤矸石的综合利用［J］．自然杂志，2015，37（02）：121-128.

[36] 关欣杰，司俊鸿，朱兴攀，等．我国煤矸石山综合治理技术探讨［C］．中国煤炭学会钻探工程专业委员会．中国煤炭学会钻探工程专业委员会2017年钻探工程学术研讨会论文集［C］．中国煤炭学会钻探工程专业委员会：中国煤炭学会，2017：316-321.

[37] 董作超．煤矸石集料混凝土的力学性能与抗碳化试验研究［D］．北京：中国矿业大学，2016.

[38] 刘彦广，补建伟，周爱国．煤矸石对矿区农业可持续发展影响及治理途径［J］．安徽农业科学，2013，41（06）：2741-2743.

[39] 王小辉，张俊，李永峰．煤矸石资源的综合利用及合理分布［J］．煤炭加工与综合利用，2008（03）：47-50.

[40] 王鹏涛．煤矸石综合利用的现状及存在的问题研究［J］．科学技术创新，2019（16）：182-183.

[41] 杨方亮．煤炭矿区资源综合利用现状与前景分析［J］．煤炭加工与综合利用，2018（09）：69-73.

[42] 段晓牧．煤矸石集料混凝土的微观结构与物理力学性能研究［D］．北京：中国矿业大学，2014.

[43] WU X W，MA H W，WU N，et al. Nepheline-Based Water-Permeable Bricks from Coal Gangue and Aluminum Hydroxide［J］. Environmental Progress & Sustainable Energy，2016，35（3）：779-785.

[44] 国家经贸委，科技部．煤矸石综合利用技术政策要点［J］．煤炭加工与综合利用，2000（2）：1-5.

[45] 范跃强．煤矸石制备铝系化工产品技术研究［J］．煤，2016，25（11）：67-69.

[46] 左鹏飞．煤矸石的综合利用方法［J］．煤炭技术，2009，28（01）：186-189.

[47] LIU B，LIU M X，CHEN X P. Preparation of SiO_2-Al_2O_3 composite aerogel with high specific surface area by sol-gel method from coal gangue［J］. Hua gong Xue bao/CIESC Journal，2017，68（5），2096-2104.

[48] FINKELMAN R B，OREM W，CASTRANOVA V. Health impacts of coal and use: possible solutions［J］. International Journal of Coal Geology，2002，（1）：425-443.

[49] AKDEMIR O，SDMNEZ L. Investagation of coal and ash recovery and entrainment in flotation［J］. Fuel Processing Technology，2003（1）：1-9.

[50] QIAN T T，LI J H. Synthesis of Na-A zeolite from coal gangue with the in-situ crystallization technique［J］. Advanced Powder Technology. 2015，26（1），98-104.

[51] 杨莎莎，张贵泉．煤矸石特性与资源化利用研究综述［J］．商品混凝土，2017（10）：23-26.

[52] 本刊讯．新版《煤矸石综合利用管理办法》发布 煤矸石高附加值利用可获鼓

励扶持［J］．墙材革新与建筑节能，2015（02）：6.
［53］吴丹虹．煤矸石综合利用产业化发展现状［J］．粉煤灰，2013，25（02）：20-21 +24.
［54］韦宝玺，孙晓玲．我国煤矸石综合利用现状及对策研究［J］．中国国土资源经济，2016，29（04）：51-53 +72.
［55］曹启坤．自燃煤矸石在水泥、混凝土及路基中应用的试验研究及机理分析［D］．阜新：辽宁工程技术大学，2013.
［56］曹金钟，田晓贺，李玉麟．我国煤矸石的综合利用技术现状［J］．现代矿业，2016，32（07）：284-285 +292.
［57］曹振兴，李娟，董宁，等．煤矸石的环境效应和综合利用的探讨［J］．能源技术与管理，2009（03）：104-106.
［58］章安治．煤矸石的地质灾害效应与综合利用途径分析［J］．现代矿业，2010，26（07）：74-78.
［59］唐泉．高速公路煤矸石路堤沉降与边坡稳定性研究［D］．长沙：中南大学，2014.
［60］谢武．煤矸石的生态治理及综合利用［J］．今日科苑，2009（06）：294-295.
［61］刘成长．从煤矸石中提取氧化铝和二氧化硅的新工艺［J］．煤炭加工与综合利用，2009，（01）：49-52 +5.
［62］任根宽，张克俭．煤矸石提取氧化铝工艺研究［J］．无机盐工业，2010，42（08）：54-56.
［63］赵莹莹，高金路，刘锦英，等．煤矸石发电技术浅析［J］．设备管理与维修，2017（04）：113-114.
［64］SHI T，XU B，SHI H. The evolution of coal gangue（CG）-calcium hydroxide（CH）-gypsum-H_2O system［J］. Materials and Structures，2008（41）：1307-1314.
［65］MASUI T M. Policy evaluations under environmental constraints using a computable general equilibrium model［J］. European Journal of Operational Research，2005（1）：843-855.
［66］狄升贯．高速公路煤矸石路基路用性能研究［D］．西安：长安大学，2008.
［67］吴妍瑾．煤矸石填筑公路路基沉降分析与施工技术研究［D］．邯郸：河北工程大学，2014.
［68］杨国清，刘康怀．固体废弃物处理工程［M］．北京：科学出版社，2000.
［69］王喜富，张禄秀，王玉顺，等．煤矸石及其在矿区铁路中的应用［M］．北京：煤炭工业出版社，2003.
［70］李化建．煤矸石的综合利用［M］．北京：化学工业出版社，2010.
［71］马成理．自燃煤矸石的材料性能试验研究［J］．太原理工大学学报．2003，34（2）：154-157.
［72］ZHANG C S. Pozzolanic Activity of Burned Coal Gangue and Its Effects on Structure of Cement Mortar［J］. Journal of Wuhan university technology materials science，2006，21，（4）：150-153.

［73］邓军．煤矸石特性分析和综合利用研究［J］．煤炭技术，2009，28（06）：149-150.
［74］张长森，等．煤矸石资源化综合利用新技术［M］．北京：化学工业出版社，2008.
［75］陈炜林．煤矸石作为水泥混凝土集料可行性的基础研究［D］．北京：北京工业大学，2010.
［76］方达，吴铭清，邹磊，等．煤矸石的综合利用及其替代页岩配料生产熟料的实践［J］．新世纪水泥导报，2018，24（01）：61-64+6.
［77］贾海林，余明高．煤矸石绝热氧化的失重阶段及特征温度点分析［J］．煤炭学报，2011，36（04）：648-653.
［78］REN J，XIE C J，LIN J Y，et al. Co-utilization of two mine residues：Non-catalytic deoxygenation coal mine methane over coal gangue［J］. Process Safety and Environmental Protection，2013：1-7.
［79］邬剑明，卫鹏宇，王俊峰，等．成庄矿3#煤矸石特征温度的热重实验研究［J］．中国煤炭，2011，37（12）：97-100.
［80］王雨，赵斌，赵利杰，等．城市污泥与煤矸石混燃实验研究［J］．电力科学与工程，2013，29（10）：54-60.
［81］冉景煌，牛奔，张力，等．煤矸石综合燃烧性能及其燃烧动力学特性研究．中国电机工程学报，2006（15）：58-62.
［82］ZHOU C C，LIU G J，YAN Z C，et al. Transformation behavior of mineral composition and trace elements during coal gangue combustion［J］. Fuel，2012（97）：644-650.
［83］张圆圆．煤矸石燃烧特性及影响机制研究［D］．太原：山西大学，2016.
［84］李淑强．不同气氛下煤矸石热解特性及热解动力学机理［D］．重庆：重庆大学，2008.
［85］冉景煜，牛奔，张力，等．煤矸石热解特性及热解机理热重法研究［J］．煤炭学报，2006（05）：640-644.
［86］牛奔．煤矸石热解和燃烧动力学特性及与煤层气循环流化床混烧试验研究［D］．重庆：重庆大学，2005.
［87］GAVALAS G R，Coal Science and Technology，Coal Pyrolysis，Elsevier，New York，1982：19-33.
［88］THOMS P E，PHILLIP F B，Buehanan Ⅲ A C. Does decarboxylation lead to cross-linking in low-rank coals，Energy & Fuels，1996，10（6）：1257-1261.
［89］MIURA K，MAKI T. A simple method for estimating f（E）and $k_{\circ}$（E）in the distributed activation energy model，Energy&Fuel，1998（12）：864.
［90］张世鑫，刘冬，邵飞，等．煤矸石综合利用工艺探索［J］．洁净煤技术，2013，19（5）：92-96.
［91］陈富松，袁闯，李国富，等．煤矸石的综合利用研究进展［J］．产业与科技论坛，2017，16（02）：72-73.
［92］李静，温鹏飞，何振嘉．煤矸石的危害性及综合利用的研究进展［J］．煤矿

机械，2017，38（11）：128-130.
[93] 傅利锋．煤矸石综合利用的产业化发展［J］．资源节约与环保，2016（06）：16.
[94] 周坤．单颗粒煤泥燃烧特性的研究［D］．合肥：中国科学技术大学，2018.
[95] 张迪，刘昕，宋玲玲，等．煤矸石制砖余热发电研究［J］．环境保护，2009（10）：86-88.
[96] 张晶，李华民，丁一慧．煤矸石发电发展趋势探讨［J］．煤炭工程，2014，46（2）：103-105.
[97] 裘国华，施正伦，余春江，等. 煤矸石代黏土煅烧水泥熟料配方优化试验研究［J］. 浙江大学学报，2010，44（2）：315-310.
[98] 张晓宇．煤矸石综合利用途径的分析［J］．化工管理，2014（35）：3-4.
[99] 田英凤，郝斌．煤矸石在无机非金属材料方面的综合利用［J］．陶瓷，2009（12）：47-50.
[100] 陈仕香．用煤矸石替代黏土配料生产优质水泥熟料［J］．水泥，2003（4）：18-19.
[101] 建筑科学研究院水泥研究所．煤矸石水泥及建筑制品［M］．北京：中国建筑工业出版社，1982.
[102] 谢晓旺．煤矸石及其综合利用［J］．环境科技，2009，22（S1）：121-123.
[103] 刘祥，刘伟辉．用含热值原料代替黏土的配料计算［J］．四川水泥，2005（03）：8-10.
[104] 李同锋．煤矸石代黏土的配料计算［J］．水泥，2005（02）：18-19.
[105] 张顺利，王泽南，贾懿曼，等．煤矸石的资源化利用［J］．洁净煤技术，2011，17（04）：97-100.
[106] 杨凤玲，严生．低温合成煤矸石水泥的研究［J］．水泥工程，2006（6）：16-18.
[107] 赵洪东，王君．煤矸石代替黏土配料生产高强度等级水泥的实践［J］．山东建材，1997（3）：36-37.
[108] 裘国华．煤矸石、尾矿代黏土匹配低品位石灰石煅烧水泥熟料试验研究［D］．杭州：浙江大学，2012.
[109] LIU X，ZHANG N，YAO Y，et al. Micro-structural characterization of the hydration products of bauxite-calcination-method red mud-coal gangue based cementitious materials［J］. Journal of Hazardous Materials，2013（262）：428-438.
[110] LI D，SONG X，GONG C，et al. Research on cementitious behavior and mechanism of pozzolanic cement with coal gangue［J］. Cement and Concrete Research，2006，36（9）：1752-1759.
[111] 马宏强，易成，陈宏宇，等．碱激发煤矸石-矿渣胶凝材料的性能和胶结机理［J］．材料研究学报，2018，32（12）：898-904.
[112] 杨南如．碱胶凝材料的物理化学基础（I）［J］．硅酸盐学报，1996，24（2）：209-215.

[113] WANG J, WU X L, WANG J X, et al. Hydrothermal synthesis and characterization of alkali-activated slag-fly ash-metakaolin cementitious materials [J]. Micropor. Mesopor. Mater., 2012, 155: 186.
[114] 李永靖，闫宣澎，张旭，等. 煤矸石集料钢筋混凝土柱的抗震性能试验研究 [J]. 煤炭学报，2013 (38): 1006.
[115] GUO W, LI D X, CHEN J H, et al. Structure and pozzolanic activity of calcined coal gangue during the process of mechanical activation [J]. J. Wuhan Univ. Technol. -Mater. Sci. Ed., 2009, 24: 326.
[116] YI C, MA H Q, ZHU H G, et al. Study on chloride binding capability of coal gangue based cementitious materials [J]. Constr. Build. Mater., 2018, 167: 649.
[117] 易成，马宏强，朱红光，等. 煤矸石粗集料混凝土抗碳化性能研究 [J]. 建筑材料学报，2017 (20): 787.
[118] 王聪. 碱激发胶凝材料的性能研究 [D]. 哈尔滨工业大学，2006.
[119] 顾炳伟，王培铭. 化学激发剂对煤矸石及煤矸石水泥激发作用的比较研究 [J]. 新型建筑材料，2009, 36 (05): 12-15.
[120] 杨南如. 一类新的胶凝材料 [J]. 水泥技术，2004 (3): 11-17.
[121] 张长森，薛建平，房利梅. 碱激发煤矸石胶凝材料的力学性能和微观结构 [J]. 硅酸盐学报，2004 (10): 1276-1280.
[122] 吕一波，王庆堂，陈俊涛. 利用煤矸石制造空心砖 [J]. 选煤技术，1999, 4: 11-12.
[123] 杨越. 我国煤矸石堆存现状及其大宗量综合利用途径 [J]. 中国资源综合利用，2014, 32 (06): 18-22.
[124] 马骏，郁钟铭，舒仕海，等. 煤矸石对矿区的环境危害及治理措施 [J]. 煤炭工程，2015, 47 (10): 70-73.
[125] 尹相勇. 自燃煤矸石低熟料复合水泥的配制及其性能研究 [D]. 太原：太原科技大学，2016.
[126] 易铁生，王同林，李侠. 煤矸石烧结多孔砖性能及应用前景分析 [J]. 科技与企业，2012 (15): 151+150.
[127] 李文宇. 煤矸石在建筑材料中的应用 [J]. 建材技术与应用，2009 (11): 4-7.
[128] 张淑坤，张向东，李永靖，等. 用煤矸石研制免烧路面砖的实验研究 [J]. 非金属矿，2014, 37 (5): 46-49.
[129] 邓寅生，邢学玲，黄存捍. 利用煤矸石生产轻型空心砌块是煤矸石资源化的有效途径 [J]. 重庆环境科学，2003 (06): 52-54+62.
[130] 谢晓旺. 煤矸石及其综合利用 [J]. 环境科技，2009, 22 (S1): 121-123.
[131] 张全国，樊国太. 利用煤矸石熔制岩棉的机理与工艺研究 [J]. 环境保护科学，1994 (03): 17-20+24+78.
[132] 甄强，郑锋. 工业固废煤矸石在节能和环保材料中的高值化利用 [C]. 中国硅酸盐学会陶瓷分会、山东省淄博市科技局、山东硅元新型材料有限责任

公司．中国硅酸盐学会陶瓷分会2015学术年会论文集．中国硅酸盐学会陶瓷分会、山东省淄博市科技局、山东硅元新型材料有限责任公司：中国硅酸盐学会，2015：186-193.
[133] 王旭东．酸浸煤矸石制备介孔材料的研究［D］．合肥：安徽建筑大学，2016.
[134] 罗作球，姚源，孟刚，等．煤矸石用作混凝土集料的建材资源化研究进展［J］．材料导报，2015，29（S2）：460-462+475.
[135] 陈本沛．煤矸石混凝土的强度［J］．工业建筑，1994（7）：29.
[136] 邱景平，李小庆，孙晓刚，等．煤矸石资源化利用现状与进展［J］．有色金属（矿山部分），2014，66（01）：47-50.
[137] 周梅，田爽，郭涛，等．自燃煤矸石配制混凝土的试验研究［J］．硅酸盐通报，2011，30（5）：1221-1226.
[138] 王栋民，王剑锋，范兴旺，等．自燃煤矸石粉对混凝土耐久性的影响［J］．硅酸盐通报，2013，32（5）：839-843.
[139] 郭金敏，朱伶俐．煤矸石混凝土耐久性的正交试验研究［J］．辽宁工程技术科技大学学报（自然科学版），2011，30（4）：566-570.
[140] 由世岐，刘斌．自燃煤矸石轻集料混凝土碳化性能综述［J］．混凝土，2004（6）：22-24.
[141] 由世岐，沈玄．自燃煤矸石轻集料混凝土结构耐久性综述［J］．粉煤灰，2005（02）：39-42.
[142] 李庆文，李桂秀，李洋．冻融和碳化交替作用煤矸石混凝土耐久性研究［J］．非金属矿，2015，38（4）：39-42.
[143] 张向东，李庆文，李桂秀，等．自燃煤矸石轻集料混凝土碳化性能试验研究［J］．非金属矿，2015，38（3）：40-51.
[144] 张向东，李庆文，宋洋，等．防冻剂对掺减水剂煤矸石混凝土抗冻性能研究［J］．非金属矿，2016，39（1）：48-51.
[145] 王洋，胡凯伟．煤矸石混凝土碳化性能初步研究［J］．粉煤灰综合利用，2016（5）：3-6-18.
[146] 胡达平，王译民，周天复．利用煤矸石进行沥青混合料生产的研究［J］．市政技术，2007（06）：438-441+521.
[147] 牛存良，胡世金，崔建壮，等．温拌煤矸石沥青混凝土的配合比与施工技术［J］．市政技术，2015，33（05）：170-173+176.
[148] 杨宝贵，孙恒虎，等．采空区胶结充填与矿山可持续发展［C］．中国煤炭学会第六届青年科技研讨会论文集，2000，11：232-241.
[149] 胡华，孙恒虎．矿山充填工艺技术的发展及似膏体充填新技术［J］．中国矿业，2001（6）：47-50.
[150] 许家林，等．中国煤矿充填开采的发展前景与技术途径探讨［C］．第八届国际充填采矿会议论文集，2004.
[151] 黄志伟，张炳旭．全尾砂分级充填新工艺的研究［J］．金属矿山，2004（6）：65-67.

[152] 李翕然，杨耀亮，罗元新．我国地下金属矿山全尾砂胶结充填技术述评［J］．矿业研究与开发，1996（S1）：72-75.

[153] 王新民，肖卫国，张钦礼．深井矿山充填理论与技术［M］．长沙：中南大学出版社，2005.

[154] 李贻久，江新兵．综采膏体充填工艺在太平煤矿的应用［J］．煤矿开采，2009（2）：42-43.

[155] 王新民，龚正国，张传恕，等．似膏体自流充填工艺在孙村煤矿的应用［J］．矿业研究与开发，2007，28（2）：10-13.

[156] 李延东．邢台矿粉煤灰膏体充填工艺试验研究［J］．中国矿山工程，2008（4）：38-40.

[157] 杨小聪，贯鸿林．全尾砂高水速凝充填材料特性的研究［J］．矿冶，1995（4）：5-12.

[158] 冯光明，王成真，李凤凯，等．超高水材料袋式充填开采研究［J］．采矿与安全工程学报，2011，28（4）：602-607.

[159] 过江，张钦礼，郑双春，等．矿用低成本高水速凝材料的开发及应用研究［J］．有色金属：矿山部分，2003（1）：13-14.

[160] 柳凯，马延栋，侯小可．我国煤矸石的环境危害及综合利用现状［J］．煤，2013，22（05）：59-61.

[161] 张吉雄，缪协兴，郭广礼．矸石（固体废物）直接充填采煤技术发展现状［J］．采矿与安全工程学报，2009，26（4）：395-401.

[162] 崔增娣，孙恒虎．煤矸石凝石似膏体充填材料的制备及其性能［J］．煤炭学报，2010，35（6）：896-899.

[163] 李燕，李婧．煤矸石综合利用途径的有效性分析［J］．北方环境，2011，23（12）：137-139.

[164] American Concrete Institute. Controlled Low Strength Materials［R］. ACI229, 2005.

[165] BURNS F. Flowable Fly Ash Backfill for Buried Pipelines［D］. M. S. Thesis, University of North Carolina at Charlotte, 1990, 127-128.

[166] BHAT S T, LOVELL C W. Use of Coal Combustion Residues and Foundry Sands in Flowable Fill［R］. Joint Highway Research Project, School of Civil Engineering, Purdue University, 1991: 221-222.

[167] BREWER W E. Controlled Low Strength Material-Controlled Density Fill（CLSM-CDF）Research-Corrosion Testing［R］. The Cincinnati Gas&Electric Company, Cincinnati, OH. 1991.

[168] BERNARD R D, TANSLE R S. Laboratory Testing Program for Development of a Lean Mix Backfill Specification［R］. Department of Housing and Urban Development, Washington, DC, 1981: 30-32.

[169] American Concrete Institute. Cement and Concrete Terminology［R］. ACI116, 2000.

[170] NRMCA. Recommended Guide Specification for CLSM（Flowable Fill）. NRMCA Publication 2 PFFGS, National Ready Mixed Concrete Association, Silver Spring, MD.

[171] Rajani B, Kuraoka. Field performance of PVC water mains buried in different backfills [A]. Proc, 2nd Int. Confon Adv in Underground Pipeline Engrg [C]. N. Y.: ASCE, 1995.
[172] 张土乔，王直民，黄亚东，等. 控制性低强度材料（CLSM）在管沟回填中的应用 [J]. 中国给水排水，2006，22（6）：87-91.
[173] 成岳，李燕孙，李蒋超，等. 利用铜矿尾砂研制低强度可控性填料 [J]. 环境科学与技术，2011，34（9）：170-173.
[174] 王栋民. 关于“水胶比定则”在现代混凝土中适用性的讨论 [J]. 商品混凝土，2013（4）：1-3.
[175] P. Kumar Mehta，Paulo J. M. Moneteiro. 混凝土：微观结构、性能和材料 [M]. 3 版. 覃维祖，译. 北京：中国电力出版社，2008.
[176] 阎培渝，张庆欢. 粉煤灰在复合胶凝材料水化过程中的作用机理 [J]. 硅酸盐学报，2007，35（S1）：167-171.
[177] 吴中伟. 高性能混凝土 [M]. 北京：中国铁道出版社，1999.
[178] 何智海. 浅谈粉煤灰效应和粉煤灰的激发 [J]. 粉煤灰综合利用，2007（5）：44-46.
[179] 牟善彬. 粉煤灰的微观形态及其在水泥中的水化 [J]. 新世纪水泥导报，2002（2）：31-33.
[180] 吕林女，等. 钙硅比对水化硅酸钙形貌和结构的影响 [C]. 中国硅酸盐学会水泥分会首届学术年会论文集，2009.
[181] 高丹盈，等. 水泥用量对塑性混凝土强度的影响 [J]. 水利水电技术，2008：9.
[182] 王栋民. 高性能膨胀混凝土 [M]. 北京：中国水利水电出版社，2006.
[183] MINDES S，YOUNG J F. 混凝土 [M]. 方秋清，等译. 北京：中国建筑工业出版社，1989.
[184] 中华人民共和国住房和城乡建设部. 普通混凝土配合比设计规程：JGJ 55—2011 [S]. 北京：中国建筑工业出版社，2011.
[185] 郭静芸，蔡志翔，刘小飞. 煤矸石资源化利用及发展趋势 [J]. 煤炭技术，2009，28（06）：3-5.
[186] 刘兴德，等. 充填料浆管道输送流体力学分析及流速计算 [J]. 现代矿业，2010，11（499）.
[187] 张兴荣. 管道水力输送 [M]. 北京：中国水利水电出版社，1996.
[188] 庄筱. 偏高岭土在混凝土中的应用研究 [D]. 南京：东南大学，2015.
[189] 刘园圆，雷绍民，赵亮，等. 偏高岭土水泥基材料的水化性能与微观结构 [J]. 非金属矿，2019，42（05）：31-34.
[190] 李云峰，马建栋，张帅，等. 偏高岭土掺合料对高强混凝土抗压强度的影响 [J]. 中国科技论文，2017，12（13）：1488-1493.
[191] 莫宗云，刘益良，王大光，等. 偏高岭土-水泥基材料力学性能研究进展 [J]. 硅酸盐通报，2018，37（03）：911-917.

［192］孙升林，吴国强，曹代勇，等．煤系矿产资源及其发展趋势［J］．中国煤炭地质，2014，26（11）：1-11.

［193］张峰玮．“十三五”煤系高岭土岩市场需求预测研究［J］．煤炭经济研究，2016，36（11）：6-10.

［194］杨磊．浅谈煤矸石的综合利用研究［J］．中国石油石化，2017（11）：54-55.

［195］陈金凤．富铝煤矸石的烧结性能及其莫来石化研究［D］．武汉：武汉科技大学，2015.

［196］任强，武秀兰．煤矸石-滑石-菱镁矿低温合成堇青石的工艺研究［J］．非金属矿，2006，29（3）：29-31.

［197］王晓刚，孙维，等．煤矸石的纳米结构及其对合成 SiC 的影响［J］．无机材料学报，2001，16（4）：715-719.

［198］谷晓华，王瑞生．Sialon 材料的制备方法［J］．陶瓷，2006（3）：47-49.

［199］徐斌，徐利华，张微，等．煤矸石合成环境友好赛隆复相陶瓷的研究［C］．中国硅酸盐学会特种陶瓷分会．第十三届全国高技术陶瓷学术年会摘要集．中国硅酸盐学会特种陶瓷分会：中国硅酸盐学会特种陶瓷分会，2004：126.

［200］何恩广，王晓刚，陈寿田．用硅质煤矸石合成 SiC 的研究［J］．硅酸盐学报，2001（01）：72-75+79.

［201］HAN B Q，LI N. Preparation of β-SiC/Al_2O_3 composite from kaolinite gangue by carbothermal reduction［J］. Ceramics International，2005，31（2）：227-231.

［202］冯蕊．煤矸石综合利用发展方向研究［J］．环境与可持续发展，2013，38（05）：122-125.

［203］FODEN A J，BALAGURU P，LYON R E. Mechanical Properties and Fire Response of Geopolymer Structural Composites［J］. Int Sampe Symp Exhib，1996（41）：58-68.

［204］FODEN A J，BALAGURU P，LYON R E，et al. Flexural Fatigue Properties of An Inorganic Matrix-carbon Fiber Composite［J］. Int Sampe Symp Exhib，1997（42）：134-137.

［205］REES C A，PROVIS J L，LUKEY G G，et al. In Situ ATR-FTIR Study of the Early Stages of Fly Ash Geopolymer Gel Formation. Langmiru，2007，23：9076-9082.

［206］徐林，岳建华．减少煤矿矸石采出量的若干途径［J］．能源技术与管理，2005（06）：54-55.

［207］孙春宝，董红娟，张金山，等．煤矸石资源化利用途径及进展［J］．矿产综合利用，2016（06）：1-7+12.

［208］王栋民，范德科．煅烧煤矸石制备矿物掺合料的研究进展与思考［R］．北京：混凝土与环境材料研究所，2006.

［209］孟宪忠．煤矸石路基路用性能研究［D］．西安：长安大学，2013.

［210］赵蓉．膨胀土吸附煤矸石中重金属及岩土—化学—力学耦合效应［D］．呼和浩特：内蒙古农业大学，2017.

[211] SUN Y Z, FAN J S. Pollution extents of organices from a coal gangue dump of Jiulong Coal Mine [J]. Environmental Geochemistry and Health, 2009, 31 (1): 81-89.
[212] KIRJAVAINEN V M. Review and analysis of factors controlling the mechanical flotation of gangue minerals [J]. Int. J. Miner. Process, 1996.
[213] 赵秀峰. 煤矸石活性与应用研究 [D]. 西安：长安大学公路学院，2008.
[214] 李勇，王风敏，王萍，等. 煤矸石在铁路路基中的应用研究 [J]. 煤，2003 (01)：16-17.
[215] 崔莉. 煤矸石综合利用制备聚合氯化铝絮凝剂的研究 [D]. 太原：山西大学，2009.
[216] 王晓刚，陈维，陈寿田，等. 煤矸石与烟煤合成 β-SiC 研究 [J]. 煤炭学报，1998，23 (3)：327-331.
[217] 董玲. 煤矸石酸浸取提取 Al_2O_3 和 Fe_2O_3 技术研究 [D]. 北京：中国矿业大学，2018.
[218] 谢德瑜，张凤辰. 煤矸石及其综合利用 [J]. 中国资源综合利用，2004，(10)：20-23.
[219] 陈胜福，黄坚，李建文. 多品种氧化铝开发进展、动向及市场现状 [J]. 材料导报，2006，20 (7)：22-26.
[220] DENG J, LI B, XIAO Y, et al. Combustion properties of coal gangue using thermogravimetry-Fourier transform infrared spectroscopy [J]. Applied thermal Engineering, 2017: 116, 244-252.
[221] FENG S S, ZHOU N S, LI J W. Effect of mild-calcined coal gangue addition on hot strength and thermal shock resistance of ULC castables in Al_2O_3-SiO_2 system [J]. Proceedings Unitecr 2011 Congress: 12th Biennial Worldwide Conference on Refractories-Refractories-Technology to Sustain the Global Environment. 2011: 164, 149-152.
[222] 高宏，王保奎. 超高纯超细氧化铝粉体制备技术 [P]. 中国专利 CN-1195646A，1998：10-14.
[223] 边炳鑫，谢强，赵由才，等. 煤系固体废物资源化技术 [M]. 北京：化学工业出版社，2005.
[224] 李平，田红丽，刘荣杰. 煤矸石制备高附加值化工产品的研究现状 [J]. 能源环境保护，2014，28 (03)：24-25+37.
[225] 马艳然，于伯蕖. 从煤矸石中制备聚合氯化铝及应用研究 [J]. 化学世界，2004，2：64-66.
[226] 赵星，胡友彪. 煤矸石制备絮凝剂生产分析 [J]. 淮南师范学院学报，2009，11 (05)：103-104.
[227] 张秀璋，董成江，徐朝阳，等. 污泥与煤矸石共处置与资源化利用技术探究 [J]. 天津科技，2012，39 (03)：90-92.
[228] 吕淑珍，方荣利. 利用煤矸石制备超细 $Al(OH)_3$ [J]. 矿产综合利用，

2004（03）：34-37+26.
［229］任雪娇，夏举佩，张召述．煤矸石酸解制备氢氧化铝的实验研究［J］．非金属矿，2012，35（02）：12-14+27.
［230］尹茂书，李大纲，邢鹏飞．我国煤矸石的资源化利用分析［J］．内蒙古煤炭经济，2013（09）：7-8+11.
［231］国学军．由煤矸石制备4A分子筛实验研究［J］．辽宁师专学报．2012，4（12）：99-100.
［232］袁峰．黔西南煤矸石制备4A分子筛研究［J］．环保科技．2009，1（15）：4-6.
［233］廉先进．用煤矸石作原料合成A型沸石分子筛工艺条件的探讨［J］．郑州大学学报（自然科学版），1998，2（30）：36-37.
［234］付克明，路迈西．煤矸石制备4A分子筛研究［J］．中国煤炭，2006，5（32）：53-54.
［235］杨建利，杜美利．煤矸石制备4A分子筛的研究［J］．西安科技大学学报，2013，1（33）：64.
［236］许红亮．煤矸石制备4A分子筛工艺研究［J］．非金属矿，2011，2（34）：16.
［237］刘广义，戴塔根．富镓煤矸石的综合利用［J］．中国资源综合利用，2000（12）：16-17.
［238］田爱杰．煤矸石/粉煤灰中镓的提取与分离［D］．青岛：山东科技大学，2005.
［239］段永红，白中科，赵景逵．阳泉煤矸石山浅层矸石风化物水分特性初探［J］．煤炭学报，1999，24（5）：533-537.
［240］薛方明，徐波，刘清侠．煤矸石综合利用技术路线［J］．煤炭加工与综合利用，2016（01）：76-78.
［241］关杰，李英顺．煤矸石综合利用现状及前景［J］．环境与可持续发展，2008（1）：34-36.
［242］凌超发，张旭．宜宾市煤矸石综合利用研究［J］．中州煤炭，2015（4）：126-128.
［243］朱金萌．以煤矸石为硅源制备SiO_2气凝胶材料及其性能研究［D］．西安：西安科技大学，2015.
［244］王丽华，关禹，道涵，等．煤矸石与不同基质比例对小白菜生长的影响［J］．地球环境学报，2014，5（4）：265-270.
［245］闫永强．试析煤矸石的综合利用措施及矸石山治理技术［J］．科技展望，2016，26（30）：139.
［246］高宝山，朱首军，高国雄．煤矸石障蔽防风固沙效益研究［J］．土壤侵蚀与水土保持学报，1998（S1）：90-93.